# 茶人之魅

马 力 著

上海交通大学出版社
SHANGHAI JIAO TONG UNIVERSITY PRESS

**内容提要**

本书分为四个部分:第一部分介绍与茶文化相关的名人,包括“茶仙”陆廷灿、“当代茶圣”吴觉农,著名茶人钱樑、刘启贵、许四海、尹在继等;第二部分向读者介绍基本的茶叶知识,如太平猴魁、黄山毛峰、碧螺春等,以及作者关于茶文化的些思考;第三部分向读者介绍了上海茶叶学会及一些著名茶馆;第四部分是作者通过研究茶文化而体会出的一些人生哲理。本书对于传播茶知识、弘扬茶文化具有一定的意义与价值。

**图书在版编目(CIP)数据**

茶人之魅/马力著. —上海:上海交通大学出版社,2020

ISBN 978-7-313-23398-1

Ⅰ.①茶… Ⅱ.①马… Ⅲ.①茶文化-中国-通俗读物 Ⅳ.①TS971.21-49

中国版本图书馆CIP数据核字(2020)第113201号

**茶 人 之 魅**

CHAREN ZHI MEI

著　　者:马　力

出版发行:上海交通大学出版社　　地　　址:上海市番禺路951号

邮政编码:200030　　电　　话:021-64071208

印　　刷:上海新艺印刷有限公司　　经　　销:全国新华书店

开　　本:710mm×1000mm　1/16　　印　　张:17

字　　数:275千字

版　　次:2020年9月第1版　　印　　次:2020年9月第1次印刷

书　　号:ISBN 978-7-313-23398-1

定　　价:78.00元

# 序

《茶人之魅》作者马力，是中国茶叶学会会员，现任吴觉农茶学思想研究会理事，吴觉农纪念馆秘书长。他早年毕业于华东政法学院。20世纪80年代我担任安徽农业大学副校长时，他在上海市军天湖农场（安徽省宣城市）从事“两劳”工作，该农场大面积茶园产制茶叶，因工作需要，派他到安徽农业大学进行短期进修茶学，师从全国著名茶业专家陈椽教授。他将茶叶生产中的实践与问题，结合理论，刻苦钻研，取得显著成效，在制茶学和茶的审评检验方面，有了很大的提高与收获。我与他因茶结缘，我们退休后，在上海的茶事活动中再次有机会一起喝茶、吃茶、研茶、习茶、玩茶，成为茶友。

《神农本草经》中就有“神农尝百草，日遇七十二毒，得茶而解之”的记载，发现了茶具有“解毒”的功效。唐代陆羽《茶经》记载：“茶之为用，发乎神农氏，闻于鲁周公。”中国是世界上最早发现、利用和饮茶的国家，至今已有四千多年的历史。在长期的实践过程中，形成了中国独特的茶文化，中华源远流长、博大精深，集天地于“一叶”的茶文化魅力，大大提高了人们的文化修养与欣赏水平，把茶人、爱茶人们的智慧和精神引导到了一个高境界。尤其是中国改革开放40年来，茶文化的发展获得了更大的活力，为弘扬中华悠久而优秀传统茶文化和提升社会文明程度发挥了重要的动力和作用。

“茶以载道”。茶与文化的紧密结合，是中华优秀文化体系的重要组成部分，它不仅是一般文化的表现，并具人类文明、人际融合的功能。以茶养德，既体现和平友爱和高洁宁静的魅力；以茶传情，又体现了以茶为纽带的人际祥和之气；以茶育人，还体现了爱茶人修身养性的素质，这亦充分呈现新时代的茶文化的深厚资源。也正如本书作者提及的陆羽在《茶经》中所说：“茶之为用，味至寒，为饮最宜精行俭德之人。”

《茶人之魅》内容丰富，既有良师益友的事迹，又有品茗识茶的文化，还有对中国茶业的观察与思考，充分体现了作者从爱茶人到茶人的40多载中，对国饮产生的深厚感悟和收益，坚持了全民饮茶、健康全民的信念，退而不休，继续为促进中华茶、弘扬茶文化贡献自己力量的精神风貌。

是为序。

并赋打油诗一首：时跨半世纪，书含四魅力。缘结中华茶，献与爱茗人。

王镇恒

2019年元月

（王镇恒教授：著名茶学家，曾任安徽农业大学党委书记、中国茶叶学会副理事长、中国国际茶文化研究会顾问）

# 序

《茶人之魅》作者马力，是中国茶叶学会会员，现任吴觉农茶学思想研究会理事，吴觉农纪念馆秘书长。他早年毕业于华东政法学院，上世纪八十年代我担任安徽农业大学副校长时，他在上海市军天湖农场（安徽省宣城市）从事"两劳"工作，该农场大面积茶园产制茶叶，因工作需要，派他到安徽农业大学进行短期进修茶学，师从全国著名茶业专家陈椽教授。他将茶叶生产中的实践与问题，结合理论，刻苦钻研，取得显著成效，在制茶学和茶的审评检验，有了很快的提高与收获。我与他因茶而结缘，到了这世纪，先后退休在上海的茶事活动中每次有机会一起喝茶、吃茶、研茶，习茶，玩茶，成为茶友。

《神农本草经》中就有"神农尝百草，日遇七十二毒，得茶而解之"的记载，发现了茶具有"解毒"的功效。唐代陆羽《茶经》记载："茶之为饮，发乎神农氏，闻于鲁周公"，中国是世界上最早发现，利用和饮茶的国家，至今已有四千多年的历史。在长期的实践过程中，形成了中国独特的茶文化，中华源远流长的、博大精深的，集天地于"一叶"，茶文化的魅力，大大提高了人们文化修养与欣赏水平，把茶人、爱茶人们的智慧和精神引导到了一个高境界。尤其

书写文稿纸 500格　　第 1 页

是中国改革开放40年来，茶文化的发展获得了更大的活力，也就为弘扬中华悠久而优秀传统茶文化和提升社会文明程度发挥了重要的动力和作用。

"茶以载道"。茶与文化的紧密相结合，是中华优秀文化体系的重要组成部分，它不仅是一般文化的表现，并具人类文明、人际融和的功能。以茶养德，既体现和平友爱和高洁宁静的魅力；以茶传情，又体现了以茶为纽带的人际祥和之气；以茶育人，还体现了爱茶人修身养性的素质，这亦充分呈现新时代的茶文化的深厚资源。也正如本书作者提及的陆羽《茶经》中："茶之为用，味至寒，为饮最宜精行俭德之人"，习近平主席的话："茶事高雅，茶味清香。以茶为缘，以和为贵。""品茶品味品人生"。

《茶人之魅》内容丰富，内既有十位良师益友的事迹，十篇中国名茶识茗的文化，还有结缘茶事的三十五例和茶由心情十则。充分体现了作者从爱茶人到茶人的40多载中，对国饮产生深厚感悟和收益，坚持了全民饮茶、健康全民的信念，退而不休，继续为促进中华茶、弘扬茶文化贡献自己。是为序。并赋打油诗一首、时跨半世纪，书含四魅力。缘结中华茶，献与爱茗人。

王镇恒　2019年元月

书写文稿纸500格　第　页

# 前　言

一个有志气的人，退休以后也能干出一番事业。

这本书是我退休以后边带孙子边参加茶事活动的产物。我喜欢喝茶，早年从事茶叶生产经营工作，1980年加入安徽省茶叶学会，1983年加入上海市茶叶学会，后又加入中国茶叶学会，茶龄已有50年整，自称是一个茶人，所以事茶是我的本分。书中大部分内容记载了我所参加的茶事活动及其感悟，包括茶人风采、品茗识茶、茶人说茶、茶由心悟四个部分。第四部分内容比较杂，但仍然与我这个老茶人有关，其中悟出了一些人生哲理。

这里先向读者朋友做个自我介绍。我1953年生于上海。五十年前，我是命运多舛的"老三届"学生之一，后来考上了监狱的人民警察，从事监管改造工作45年。退休前，我是上海市新收犯监狱副调研员，监狱人民警察一级警督，中国管理科学研究院学术委员会特约研究员，农艺师，上海市茶叶学会会员，中国茶叶学会会员，获得司法部颁发的"两劳工作30年"荣誉奖章和证书。

我于1968年11月在上海市军天湖农场参加工作。这个单位属于原上海市劳改局（现上海市监狱管理局）管辖，而地处皖南宣城县境内，所以这是上海在安徽的一块飞地。这个农场原来是从福建省将乐县、泰宁县闽北农场迁来的，是一个劳教农场，20世纪70年代开始关押罪犯，成为上海市第三劳动改造管教总队。1993年3月，我调到上海市监狱管理局下属单位申江特钢公司工作，1996年6月，调到上海市新收犯监狱工作，直至退休。2008—2011年，我担任上海市司法警官学校专职教官，后又兼任上海政法学院高级教官。退休后，我又将自己原有的律师证申请登记注册，办理了专职律师执业证，继续发挥余热。

2012年，我出版了《人生如茶》《高墙夜雨》《有教无类》三本书。这是我近半个世纪以来从事"两劳"工作的真实写照。《人生如茶》记述了我在闽北农场、皖南农场的经历,以及我的茶人生涯;《高墙夜雨》探讨了如何教育改造罪犯,使之早日回归社会成为守法公民的话题;《有教无类》则是我在监狱工作的实践和探索中所作的思考。

我于2013年退休,退休生活有滋有味、有张有弛、丰富多彩,令我乐在其中。我坚持每月参加一次党支部活动,做到"离岗不离党,退休不褪色",不忘初心,永葆本色。例如,我参加了新收犯监狱组织的党课教育辅导,关心下一代成长,以"人生如茶"为题,对监狱青年干警进行"红烛精神"传统教育;受局团委邀请,为"改革路上共成长,青年结伴心向党"青年佳偶事迹宣传活动作报告;参加监狱局"薪火相传主题宣讲团"作巡回演讲;2018年3月23日为上海市司法警官学校司升督培训班干警讲述"红烛"故事,用实际行动践行社会主义核心价值观。我的宣讲材料《堂堂正正做人 认认真真做事》被收录在中共上海市市级机关工作委员会编著的《不可失传的家风》一书中。

闲暇时,我还会为自己居住的小区做一些有益的事情。我在小区担任志愿者和业委会副主任,协调召开小区业主委员会和物业管理联席会议,协助小区事务的管理,无偿为居民服务,为小区居民做了不少实事。例如,我和相关部门沟通,经过全面登记摸底,解决了小区业主停车难的问题;我接待媒体采访,促成河道违章建筑的拆除,为小区的环境保护消除了障碍;我主动担任小区绿化员,经常参加义务劳动,除草修枝,清洁环境;由于我的律师身份,有些居民会向我咨询离婚问题,经过我耐心说服、劝解和引导,促使了家庭和睦、人际关系和谐。

作为上海市茶叶学会的创始会员之一,我对茶业感情深厚,因此担任了"吴觉农茶学思想研究会"理事、上海市茶叶学会第八届理事、"吴觉农茶学思想研究会"上海联络处秘书长、吴觉农纪念馆秘书长。如今,我们每年4月14日都要组织全国性的茶事活动,参加"上海市全民饮茶周"活动,倡导"全民饮茶,健康全民"理念,宣传"爱国、奉献、团结、创新"的茶人精神。

此外,我还和老伴帮助儿子做一些接送孙子上学之类的家务。我认为,作为退休老人,只要力所能及,有空时帮助儿孙做一些家务,是我们的义务。平时儿子、儿媳要上班,我们能帮上忙的,就帮一把,这既有利于家庭和睦,又有利于社会和谐；既可以省下一些请人代劳的费用，也可以享受三代同堂的天伦之乐。当然，这也是“老有所乐”的具体体现。

经过几年的退休生活，我有三点体会：

第一，作为一个老人，退休回到家晚霞尚满天。退休生活只是原先工作历程的休止符，绝不是句号。在休止符的另一端，我们又要开始续写人生新的篇章，因此要在力所能及的范围内继续做一些有意义的事情。

第二，作为一个老人，退休以后不能静止不动。活动，活动，要活就要动。生活，生活，要生就要干活。适当的活动和干活对于老年人是有好处的，可以让大脑不生锈，让筋骨能活动，让子女有帮助，让朋友能交往，让社会能和谐。

第三，作为一个老人，人虽退休，思想不能退休。老年人开展各项活动离不开社区的帮助和支持，而且也可以充分利用社区的活动中心、图书室等宝贵资源。所以，退休老人要到社区报到，与社区建立密切的联系，条块联手、同心同行，互帮互助，这对于提高退休人员自身的修养是很有必要的。

马 力

2018 年 12 月

# 目　录

## 茶人风采



## 品茗识茶

## 茶人说茶

## 茶由心悟

# 茶人风采

# 茶之魅 人之魅 茶人之魅

## ——纪念著名茶人钱樑先生诞辰100周年

2017年1月17日是著名茶人钱樑先生诞辰100周年纪念日。茶界和茶人以发自肺腑的虔诚之心和爱戴之意隆重纪念他。吴觉农茶学思想研究会顾问、上海市茶叶学会顾问刘启贵曾经在《钱樑选集》序中写道:"钱樑先生一生许茶、一生事茶、一生为茶。"这既是对钱樑先生的全面概括,又是对钱樑先生的准确评价,也是对钱樑先生的高度赞扬。

我们纪念钱樑先生,因为他是上海茶人的杰出代表,是茶之魅、人之魅、茶人之魅的卓越典范。

### 一、茶之魅

钱樑先生离开我们已有二十多年。光阴荏苒,思念依然。他的形象始终活在茶人心中。时过境迁,我们对他却难以忘怀。人虽逝,茶不凉。

钱樑先生曾有一篇极具影响力的文章《茶之魅》,其中有一段精彩的描述:"中国历代有不少爱茶的科学家、医学家、文学家和艺术家,为后人留下了珍贵的茶文化遗产。今天,茶已进入千家万户,茶艺馆和茶艺表演正在陆续兴起,茶将以它的特别魅力,写下文化的新篇章。"钱樑先生是茶之魅的实践者、倡导者,也是茶之魅的传播者。钱樑先生在宣传茶之魅的同时,无形中也把他的茶人之魅留在了人间。

我们纪念钱樑先生,最好的纪念,就是要认真学习钱老生前积极倡导的"爱国、奉献、团结、创新"的茶人精神,并付诸行动,争做一个真正的茶人。我们学习钱樑先生,最好的行动就是传承他的茶人精神,就是从《钱樑选集》中吸取内涵丰富、茶韵悠长的精神饮料,以达到振兴华茶、普及饮茶、健康长寿、服务人民之目的。

### （一）饮茶思源

钱樑先生是上海市茶叶学会的创始人之一。钱樑先生极力倡导“茶为国饮”，把茶的普及和茶文化的宣传推向一个新高潮，奠定了他在上海茶界的地位。钱樑先生因为深刻阐述“茶之魅”的文化内涵，持续受到茶人和爱茶之人的尊重。钱樑先生以他为茶叶事业奋斗终身的坚韧不拔的精神，始终受到茶叶学会全体会员的敬仰，受到广大茶人的赞扬。

为了纪念钱樑先生，2012 年出版发行了《钱樑选集》。这是上海茶人不忘初心、凝心聚力所做的一件大好事，也是全国茶界的一件大事。钱樑先生追随现代中国茶业奠基人吴觉农先生，在福建崇安武夷山创办了中国第一所国家级茶叶研究所，并参加了茶叶研究的实际工作。他在吴先生家帮助吴老整理旧稿，协助吴老出版了《茶经述评》和《吴觉农选集》两部著作。他同时还出色地完成了《中国农业百科全书·茶业卷》的编写任务。

钱樑先生是一生许茶的楷模。1935 年，年仅 18 岁的钱樑先生在有“当代茶圣”之誉的我国现代茶业奠基人吴觉农老先生的推荐下，开始从事茶业工作，一干就是 58 年，以身许茶，矢志不渝，成绩卓著，声名远扬。钱老告诫我们：“要以专业为基础，知识面要广；要有分析判断能力，忠心耿耿、坚忍不拔办好企业；要有远见，有气魄；要重知识、重人才，敢于承担责任。”他对茶叶强烈的事业心，促使他把自己的一生献给了茶叶事业；他对茶叶事业极端的责任心，造就了一位赤胆忠心的茶人。

钱樑先生是一生事茶的典范。为了献身茶叶事业，他深知全面掌握专业知识的重要性。1935—1937 年，他刻苦研习茶学知识，还在沪浙大学商学院读完大学课程。为了开创茶叶事业新局面，他深知理论与实践紧密结合的必要性。1949 年后，他在担任上海茶叶进出口公司技术科长、出口科长期间，主持制定茶区各类茶叶收购加工样；主持制定出口绿茶茶号；主持制定出口苏联的茶样及审评、定级、交货办法；恢复开拓小包装茶出口业务，还研制成功驰名中外的“8147”雨茶、“天坛”牌珠茶、“万年青”牌眉茶等产品。1936—1950 年末，钱樑每年在茶季时至少要去祁门红茶改良场一次，进行检验、指导、教学等工作。他在 1956—1957 年，花费大量业余时间，与黄清云合作翻译并出版 **N.A·霍卓拉**瓦编著的《制茶工艺学》一书。钱老告诫我们：“起决定作用的是知识和人才。

所以讲知识是资源，人才是财富，主意是金钱。”钱老非常强调专业知识、人才资源和金点子的作用；非常强调重知识、重人才、重信息（主意）。他不愧为振兴中国茶叶事业而鞠躬尽瘁的业务精英、茶界奇才、茶学专家。

钱樑先生是一生为茶的榜样。1960—1978 年，钱老蒙受不白之冤，但他事茶的信念从未动摇，“文革”后，他倾注全力，日以继夜忘我工作，以茶人精神自勉，以茶人精神励人，要把失去的时间夺回来，他为上海市茶叶学会的创建、开拓、发展、壮大，呕心沥血，日夜操劳，病危之际，仍念念不忘学会工作，表现了一位茶人的高尚情操与思想境界。1989 年 9 月 18 日，他所组织的首次茶文化研讨会，为上海现代都市茶文化的兴起做了舆论准备。在他的倡导下，上海成功举办了历届一年一度的国际茶文化节。绚丽夺目的茶文化悄无声息地进入了千家万户，他所倡导的茶人精神已经在全社会蔚然成风。饮水不忘挖井人，我们永远缅怀钱樑先生。

### （二）“茶为国饮”

早在 20 多年前，钱老就已经对“茶为国饮”有过精辟的论述。他说：“茶不仅在中国早已成为‘国饮’，而且，随着茶和茶文化的广为传播交流，扩大了在人们生活中的影响。世界各地也已普遍认识到，茶是独一无二的保健饮料和文明饮料。”其实，饮茶文化是茶为国饮的载体，饮茶推广是茶为国饮的媒介，饮茶习惯是茶为国饮的基础，饮茶好处是茶为国饮的根本。只要继续扩大茶在全国的影响，进而继续普及茶文化，那么，全民饮茶定将成为国人的文明保健习惯，全民饮茶定将造福于国人，茶为国饮定将实至名归。

### （三）茶识渊博

钱樑先生是一位学识渊博的老师，他对晚辈茶人精心扶持，谆谆教诲；他特别注重茶叶人才的培养和茶叶基地的建设。他心胸坦荡，远见卓识，乐于助人，诲人不倦，是一位提携后生的长者。在我和他接触的 10 年时间里，他给了我极大的帮助和教诲，使我终生难忘。20 世纪 80 年代初期，钱樑、李乃昌、何耀曾先生千里迢迢，相继到军天湖农场考察，为农场茶叶出口作出了巨大贡献。为了提高茶叶经济效益，他们又要求军天湖茶厂增加红碎茶出口生产。钱老等前辈专家还亲临现场加以指导。他们对工作认真负责的精神使我深受教育。

## 二、人之魅

《离骚》中有“虽九死其犹未悔”的名言，钱樑先生的一生也是如此，历经磨难而不悔，体现出顽强的人格力量。钱樑先生是茶文化的热情普及者，也是茶人精神的积极宣传者，他以无私奉献的茶人精神确立了他在茶界高风亮节的人格魅力，他以“茶之魅”的妙语华章确立了他在茶人中历久弥新的不朽丰碑。我们从《钱樑选集》中有机会阅览一位老茶人的精心杰作，有机会回顾一位老茶人的耀眼风采，有机会接受一位老茶人的谆谆教诲。读着《钱樑选集》，感受一次比一次深刻，触动一次比一次强烈，领教一次比一次翻新。他的个性魅力感动着全体茶人，他的人格力量震撼着全体茶人。

### （一）坚强“铁人”

我认识钱老已有十年之久，觉得他和蔼可亲，谈笑风生，平易近人，乐观豁达。但我先前却不知他的身世如此艰难。我在《钱樑选集》中读到了他的坎坷身世，愈发感受到他的高大伟岸：1934 年，他年仅 17 岁，因担任上海惠灵英文专科学校学生会负责人，并参加共产党领导的抗日救亡学生运动，被当局以“犯校规和国法”的罪名开除和通缉。这是他第一次遭受人生的劫难。1938 年，他 21 岁，受命去香港筹备负责全国进出口贸易的富华公司茶叶业务，担任贸易组长、制茶组长等职，为抗战物资的换取作出很大贡献。在港工作期间，他与国民党官僚贪污腐败、中间商盘剥等恶习开展积极斗争，受到排挤打击。这是他第二次遭受人生的劫难。1960 年，他 43 岁，遭到极“左”路线的迫害，受到长达 18 年的不公正待遇，但他拥护党和社会主义的信念不变。这是他第三次遭受人生的劫难。

钱老蒙受的莫须有“罪名”主要有：1960 年，可能由于翻译了苏联制茶工艺书籍，并在对苏贸易方面与某些领导有过不同意见，钱樑蒙受不白之冤，被陷入狱。他不能容忍不懂业务、指手画脚的指挥和人浮于事、讲讲空话的领导，常常因为工作与领导针锋相对，据理力争，结果这位领导恼羞成怒，以“泄密、里通外国”的罪名将他送进了监狱。所谓“泄密”的罪行，起因于钱樑先生主持谈判的与英国驻香港的怡和洋行在 1959 年所签的红茶合同。但当时茶叶公司的领导人却说他“经济上胜利了，而在政治上失败了”。因为这个英国公司与中国台湾有贸易往来。他在监狱里因为拒绝承认所谓“泄密”罪，手被反铐，磨得鲜血淋淋，留下累累伤疤。1965 年 7 月，法院的审查结束，宣判书上写着“无罪释放，回原单位搞技术工作，工资待遇不变”。可他万万没想到，上海茶叶进出口公司不让他回，而把他“下放”到外贸局底下的上海广告公司纸盒厂。“文革”开始后，造反派来他家里抄家，白天他在纸盒厂上班糊纸盒，晚上公司的人给他戴着高帽子、脖子上挂着木牌子，用铁丝牵着去游斗。1970 年，他被下放到五七干校，从乡下回来，又被送回纸盒厂糊纸盒。

经过 18 年的磨难、周折、挣扎和等待，1978 年春节除夕，钱老在给当代茶圣吴觉农的信中说道：“十几年来糊涂地坐牢、糊涂地被释放、糊涂地被批斗、糊涂地归队，直到糊涂地退休，真是糊涂的一生。”1979 年的春天，在吴觉农的一再邀请下，他终于决定到北京去。临行前，他得到了“平反”的结论。1979 年在北京的一段时间是他“沉舟侧畔千帆过，病树前头万木春”的转折点。

从钱老三次蒙难的人生经历中可以看到，要干好一件事、干成一件事绝不是轻而易举的。坚定不移的信念和对祖国的赤胆忠诚是事业成败的决定因素，非凡的毅力和百折不挠的勇气是事业成败的重要条件。正因为钱老具有这样的忠诚和勇气，他矢志不渝为茶业奋斗的信念从未动摇。他历经坎坷，愈挫愈勇，“文革”后，他日以继夜，争分夺秒，倾注全力，忘我工作，为振兴华茶献计献策，积极倡导现代茶文化，争取把失去的时间夺回来。在平反后的 12 年中，他毅然决然承担起上海市茶叶学会的筹建和发展工作，老骥伏枥，志在千里，呕心沥血，日夜操劳。特别是在病危之际，仍然念念不忘学会工作，表现出一位茶人的人格力量、高尚情操与思想境界。他的业绩有目共睹，他的精神感人至深。可以说，茶人的人格力量是钱樑先生泰山压顶不弯腰、天塌下来不低头的精神支柱。

### （二）睿智“哲人”

钱老说：“开创茶叶出口贸易新局面，必须具备三个观点和一个前提，即全球观点、发展观点、生产观点和不断提高经济效益的前提。”因为树立全球观点，不仅是茶叶生产经营的需要，而且是做好其他工作的需要。因为科学发展是社会经济发展的动力，也是茶业发展的动力。因为生产是人类社会进步的原动力。只有生产的进步,才有社会的发展。只有在茶业生产大发展的前提下,茶文化和茶普及才能得到相应发展。不断提高经济效益,既是茶业发展的前提,也是茶业发展的归宿。所以,要发展茶叶事业,必须努力提高经济效益,使茶农、茶人和产茶国都因之受益。钱老还说,要“树立坚定的爱国心、责任心、事业心”。树立坚定的爱国心就是要有民族尊严和主权意识。树立坚定的责任心就是要敢于承担义务和担当责任。树立坚定的事业心就是要摆正职业和事业的关系。总之,钱老提出的“三观”是与他的爱国心紧密相连的,是寄希望于祖国的繁荣昌盛和兴旺发达;钱老提出的“三心”是与他的责任心紧密相连的,是寄希望于茶文化的普及推广和深入人心;钱老提出的“一个前提”是与他的事业心紧密相连的,是寄希望于茶叶事业的复兴梦想和持续发展,只有经济效益和社会效益的双重提升才有茶业的光辉未来。

### (三)罕见“茶人”

钱樑先生的一生可以用一首对联加以概括:“以身许茶,无私奉献,茶人精神四海扬;历经坎坷,对党忠诚,傲骨清风万古传。”在钱老身上,对党、对祖国、对人民、对事业的奉献、忠诚品质演绎得淋漓尽致。这种品质就是“茶人精神”和人格力量的完美体现。

茶人精神有四大要义,可用“爱国、奉献、团结、创新”八字加以概括。这就是刘启贵先生在《钱樑选集》序言中所说的“钱樑先生生前积极倡导的‘默默地无私奉献,为人类造福’的‘爱国、奉献、团结、创新’的茶人精神,并身体力行努力实践体验的宝贵经验”。茶人精神的第一要义是赤子之心,肝胆相照。你看那古老的千年茶树,扎根在祖国的肥田沃土中,风吹雨打不动摇,天寒地冻不低头,赤胆忠心,报效祖国,五千年不变色,意欲何为?茶人精神的第二要义是不讲索取,只讲奉献。你看那绿油油的茶树,把自己身上的嫩芽和绿叶无私地奉献给人类,采了又发,发了又采,牺牲自己,乐于助人,几十年如一日,求在何方?茶人精神的第三要义是紧密相处,团结和睦。你看那炒青绿茶和工夫红茶,经过千揉万捻而百折不挠,条索紧结,亲密无间,你中有我,我中有你,九牛拉而不回头,此为何故?茶人精神的第四要义是常采常新,永葆青春。你看那一望无际的茶园,始终保持着朝气蓬勃的本色,苍茫翠绿,郁郁葱葱,日新月异,永葆青春,历二百载而不衰老,又为何因?钱樑先生好比一棵茶树,无私奉献了绿叶嫩芽，用茶汁滋润了别人的心田，用茶文化教化了来者的心灵。他忠心耿耿，任劳任怨，心甘情愿，为民造福。钱樑先生是茶人精神的倡导者，更是茶人精神的实践者。他为茶业鞠躬尽瘁，死而后已，最终把茶魂留给了我们——这就是熠熠生辉的茶人精神。

## 三、茶人之魅

### （一）茶是祖国的荣誉

钱老有一篇著名论文《世界非主要产茶国试植茶树之经过》，写于 1937 年 2 月，时年 20 岁。这是一篇佐证茶树原产地的不朽杰作。

茶树原产地之争的实质就是争夺世界各产茶国之间的历史地位，争夺世界茶叶的话语权，争夺全球茶叶的名誉权，争夺茶叶商品的知识产权。总之是争夺茶文化（茶叶物质文明和精神文明）的发源地。所以，茶树原产地之争是为了捍卫祖国荣誉，其意义非同寻常。

众所周知，茶树原产地的争论由来已久。1824 年，驻印度的英国少校勃鲁士在印度阿萨姆省沙地耶发现了野生茶树。1838 年他又印发了一本小册子，列举了在印度阿萨姆地区发现野生茶树多处，其中在沙地耶发现的一株野生茶树高达 43 英尺，胸围 3 英尺。因此，勃鲁士断定印度阿萨姆是茶树原产地。1877 年英国人贝尔登步其后尘，在其著作《阿萨姆之茶树》中指出，茶树原产于印度，再次提出对中国原产地的异议。由此，开始了一场旷日持久的茶树原产地之争。在这方面，当代茶圣吴觉农先生为论证中国是茶树原产地奠定了基础。他在日本求学时写的《茶树原产地考》是在亲自调研，充分掌握有说服力的资料后写的。全国著名茶学专家陈椽教授也以确凿的证据证明了中国的云南、贵州、四川是茶树的原产地。因为我国云、贵、川地区是世界上最早发现、利用和栽培茶树的地方，又是最早发现野生茶树和现存野生大茶树最多、最集中的地方。而且那里的野生大茶树又表现出茶树最原始的特征和特性。再从茶树的分布、地质的变迁、气候的变化等方面的大量资料，得出了中国是茶树原产地的结论。然而，钱樑先生却从另一个侧面佐证了“中国是世界茶叶的祖国”。他是从世界非主要产茶国试植茶树之经过加以论证的，是运用了排除的方法。他们的论证达到了异曲同工的效果。

## （二）茶是华夏的贡献

钱老在《世界非主要产茶国试植茶树之经过》一文中开宗明义："茶树本为我国特产，自印度、锡兰、日本等国家试植得告成功后，爪哇、苏门答腊等地相继植茶。"茶是中华民族的举国之饮。它发乎神农，闻于鲁周公，兴于唐朝，盛于宋代。茶树发源于中国，传遍于世界，现在已有50多个国家种茶产茶。寻根溯源，全球各地最初饮用的茶叶、引种的茶树、饮茶的方法、茶仪茶礼、茶道茶艺、茶树栽培技术、茶叶制作工艺、茶叶保管方法等，莫不是由中国直接或间接传播过去的。

很多史书把茶的发现定为公元前2739—2697年。相传上古三皇的神农氏炎帝所作的《神农本草经》中有这样的记载："神农尝百草，日遇七十二毒，得茶而解之。"神农所处的时代是中国的上古时期，当时人类正处于原始社会的母系氏族社会的晚期。可以说，我国用茶饮茶早在春秋战国时期就已开始了，人工种植茶树也在西周初年就开始了。可见我国祖先发现、利用、栽培、制作茶叶的历史是悠久的，具有近五千年文字可考的依据，华茶对世界的贡献无可争议。

## （三）茶是中华的瑰宝

结合钱老的考证并联系有关资料加以分析，可以得出一个基本结论：世界各国的饮茶和茶叶产、制、销活动，除日本、朝鲜和中亚、西亚一带是唐朝前后从中国传入的以外，其他各国大多是16世纪以后甚至是近200年以来才从中国逐渐传入和发展起来的。欧洲各国曾数度试植茶树，然大都因土壤气候不合而遭失败。从钱樑先生的论文中，我们看到了世界各产茶国的茶叶发展脉络。他是通过列举各国试植茶树的证据，反证了茶是中华民族的瑰宝。钱樑先生饱含深情地说："茶最先为中国人所发现、所利用——从药用、食用到成为最受人们喜爱的饮料，也最先由中国人从野生植物变为人工栽培，并最早发明和创造了丰富多彩的制茶工艺技术，最早在中国成为商品，形成专门的行业。我国给予世界各国以茶的知识、茶的名字、茶的饮法和栽制技术。随着饮茶习俗的发展传播，又大力推动了东西方的文明建设和文化发展。中国是世界茶叶的祖国。茶是我们祖国的瑰宝，是祖国的荣誉。它对世界全人类作出了巨大的贡献。"

钱老在《漫谈"茶人"和"茶人精神"》一文中说："茶不论生长的环境是僻谷

偏野，从不顾自身的给养厚薄，也不管酷暑严寒，每逢春回大地时，尽情抽发新芽，任人采用，周而复始地默默地为人类作出无私的奉献，直到生命的尽头。”我们从《钱樑选集》中增进了对祖国茶文化历史的了解，增进了对祖国茶业的热爱，增进了对普及“茶为国饮”意义的认识。感谢钱樑先生给我们留下了如此可口、如此丰厚、如此营养的精神饮品。他所阐释的“茶人精神”让我们切身体会到从茶之魅到人之魅到茶人之魅的人生如茶的心路历程！

（原载《上海茶业》2013 年第 2 期）

# 关于“茶仙”陆廷灿

近来，我们开始关注“茶仙”陆廷灿。因为他是出自沪上的“茶仙”，是继唐代陆羽《茶经》之后作《续茶经》的第一人，他为中华茶业作出了历史性的贡献，应该受到我国全体茶人的敬仰。《上海茶业》2018 年第 2 期刊载卢祺义的文章《建议立碑纪念陆廷灿》，接着第 3 期刊载梁似瑛的文章《读陆廷灿——我听到了茶山的呼唤》，引出了有关陆廷灿的话题。我们支持卢祺义先生立碑纪念陆廷灿的建议。

陆廷灿（1678—1743 年），字扶照，又字秩昭，自号幔亭。他出生于江苏嘉定（今上海市嘉定区南翔镇）。从小跟随司寇王文简、太宰宋荦，好古博雅，明理解人，深得吟诗作文的窍门，被录取为贡生，后被任为宿松教谕。1717—1723 年任崇安（现福建省武夷市）知县。他在茶区为官，长于茶事，采茶、蒸茶、试汤、候火，颇得其道。《续茶经》一书草创于崇安任上，从采集材料到撰录成册，前后不少于 17 年时间，编定于归田后，成书于 1734 年。《续茶经》全书包含正文三卷、附录一卷，共约 7 万字，几乎收集了清朝以前所有茶书的资料，四库全书有著录。

陆廷灿出生于一个乐善好施之家，其父陆培远，“性慷慨，好施不倦。岁饥，出粟麦，散给贫民”。陆廷灿年轻时就有“隐居以求其志，行义以达其道”“穷则独善其身，达则兼济天下”的心胸。他好古博雅，“尝于搓溪之上，卜筑读书，名花异卉，琳琅满目，而尤喜艺菊，遍觅奇种，罗植阶砌，真可谓继渊明高躅而不逐时趋者矣”，“夫初隐槎圃也，事亲弦诵，山林经济，偶寓于菊。及其司铎松滋也，诗拟郑虔，教侔安定，如菊之清幽华丽”。他任崇安知县时所管辖的境内有武夷山，出产举世闻名的武夷茶。“值制府满公，郑重进献。究悉源流，每以茶事下询。查阅诸书，于武夷之外，每多见闻，因思采集为《续茶经》之举。囊以簿书鞅掌，有志未逞。及蒙量移，奉文赴部，以多病家居，翻阅旧稿，不忍委弃，爰为序次”。寿椿堂刊本书前有雍正乙卯黄叔琳的序及陆廷灿作的凡例。他将陆羽《茶经》另列到卷首。其体例也按照《茶经》,分成十目。上卷续《茶经》的一之源、二之具、三之造。中卷续《茶经》的四之器。下卷又分上中下三部分,卷下之上续《茶经》的五之煮、六之饮;卷下之中续《茶经》的七之事、八之出;卷下之下续《茶经》的九之略、十之图。另外由于陆羽的《茶经》没有“茶法”项目,所以此书把历代茶法另列为附录。从唐代至清朝,茶的产地、采制、烹饮方法及用具,都有了很大发展,情况也大不相同,《续茶经》就把多种古书资料摘要分录,虽然并不是自撰的系统著作,却具有征引繁富、便于聚观等特点。《四库全书总目》也称这部书“订定补辑,颇切实用”。另外,从书中还可以看到中国茶文化的发展脉络,这也是对中国传统文化的一个贡献。书名虽有“续”字,实际上却是一本独具特色的著作。他还撰有《艺菊志》八卷、《南村随笔》六卷,并重新修订了《嘉定四先生集》《陶庵集》。

陆廷灿十分喜欢喝茶,有“茶仙”之称。陆廷灿《咏武夷茶》云:“桑苎家传旧有经,弹琴喜傍武夷君。轻涛松下烹溪月,含露梅边煮岭云。醒睡功资宵判牒,清神雅助昼论文。春雷催蒸仙岩笋,雀舌龙团取次分。”陆廷灿能写出《续茶经》,除了品茗有一定造诣外,与其任崇安知县有很大关系。陆廷灿说:“余性嗜茶,承乏崇安,适系武夷产茶之地。值制府满公,郑重进献,究悉源流,每以茶事下询,查阅诸书,于武夷之外,每多见闻,因思采集为《续茶经》之举。”崇安县自宋以来一向是著名的茶叶产地,所以产出的武夷茶闻名遐迩,清朝以后,武夷山一带又不断改进茶叶采制工艺,创造出了以武夷岩茶为代表的乌龙茶。

我们不妨浏览一下近年来有关陆廷灿《续茶经》的评论文章。

2006 年 4 月 16 日“第二届婺源国际茶会”,江西省中国茶文化研究中心胡长春发表关于《陆廷灿〈续茶经〉述论》,其文指出:“在中国封建社会末世的清朝,中国茶文化的发展业已进入到了一个总结提高和集大成的历史阶段,当时多部汇编性茶书尤其是陆廷灿《续茶经》的问世,就是这一过程到来的最为明显的标志。从现存的七十余部中国古代茶书来看,若论内容之丰富,卷帙之浩繁,征引之繁富,当首推《续茶经》。《续茶经》全书洋洋七万余言,属于总结前代茶文化成果的一部典范作品,也是我国古代茶书中少有的鸿篇巨制。此书虽然以分类摘录为主,没有自己的写作,但是书中向人们展示出了一帧自远古至清代茶文化发展的巨幅长卷,保存了大量的稀见的茶文化史料,因而具有较高的学术价值和史料价值……对中国古代茶文化文献史料的保存与流传，对中国茶文化的传承与茶道精神的发扬光大，都具有特别重要的意义。”

2012年8月10日，有作者撰文《陆廷灿茶著〈续茶经〉》论述，陆廷灿在崇安任知县六年，还与王草堂共同修撰成《武夷山九曲志》，这也是留给武夷山的珍贵遗产。大凡茶文化爱好者，都阅读过一部清代茶著《续茶经》，其编辑者就是清初在崇安县任过知县的陆廷灿。陆为官洁身爱民，颇有廉政声名。史载他常“抱琴携鸽”，有仙家风度。陆廷灿常自言为茶圣陆羽之后，为“家传旧有经”而自豪。这位富有学识的县令，在知崇安县期间，遍览前人赞颂、载记的武夷茶诗文，因而对茶产生了浓厚兴趣。在广泛接触当代茶事后，他认为：“《茶经》着自桑苎翁（陆羽之号）迄今已千有余载，不独制作各异，而烹饮迥异，即出产之处亦多不同。”这是自然之事，近千年中哪有不变之事。本来就“性嗜茶”的陆廷灿，在“承乏崇安，适系武夷产茶之地”后，“究悉源流，每以茶事下询”，同时“查阅诸书，于武夷之外每多见闻”，但是由于公务繁忙，无法静心审录。六年后，陆知县任满，便借以“多病家居”，才得以闲暇“翻阅旧稿”，并请教他人，终在雍正十二年（1734）将《续茶经》编就，刊印于世。该书众采博引，内容丰富，不愧为一部研究中国茶业的珍贵文献。

2014年5月12日，《闽北日报》刊载李德富撰文《茶人当记陆廷灿》，文章论述：“好多年前，我注意到《新民晚报》‘夜光杯’上的一篇短文《茶仙原是嘉定人》，作者楼耀福先生。文中说，他从福州路书城忽见《茶经》一书，足有三百多页，颇觉惊讶。略略翻阅，原来编者将陆羽的《茶经》和清代陆廷灿的《续茶经》合二为一了。陆羽占全书八分之一，余下篇幅全归陆廷灿。尤其让楼先生惊奇的是，这位被誉为‘茶仙’的陆廷灿竟是嘉定人。楼先生定居嘉定多年，此前对陆廷灿一无所知，为此他觉得‘汗颜不已’。楼先生策划编辑的《人文嘉定》，又让这样的重要人物缺席，‘更觉内疚不安’。当楼先生捧出一大摞当代地方史志，在数以千万计的文字中，竟无一字半句关于陆廷灿的，更让他感慨万千。他甚至为陆廷灿未得到当地文史部门应有的关注和重视而抱不平。楼先生对于先贤如此敬重、如此重视、如此动情，让我十分感动！”

值得欣慰的是，在《建茶志》所收编的16位“历代茶人”中，陆廷灿就是其中一位。书中关于陆廷灿的记载是：陆廷灿，生卒不详。洁己爱民，性嗜茶，自称是陆羽之孙，曾与王草堂校订《九曲志》。1734年左右编《续茶经》，摘引古书有关资料编入书目，记述了乌龙茶的创制炒焙技术。继陆羽著《茶经》之后，又有一位陆姓之人来续《茶经》，倒是一件趣事。如何评价《续茶经》这部茶叶专著，意见不尽相同。黄裳先生说："这是一部内容丰富、编次有法的集大成撰著。"有研究者认为，从现存的七十余部古代茶书来看，若论内容之丰富，卷帙之浩繁，征引之繁富，当首推《续茶经》。当然也有持不同看法的，有人认为该书少有陆廷灿自己的记叙与论说——这至少可说是有所欠缺吧。《四库全书总目》称此书"订定补辑，颇切实用"，是比较确切而公允之论。

2016年10月15日，陆廷灿茶学思想暨《续茶经》研讨会在上海市嘉定区南翔镇召开，来自全国各地的茶文化专家、学者汇集古镇，开展茶仙陆廷灿茶学思想暨《续茶经》研讨活动。从茶圣陆羽的《茶经》到茶仙陆廷灿的《续茶经》，都记述了前人对我国茶叶的研究成果。在研讨会中，中国国际茶文化研究会学术委员会副主任沈冬梅、华东师范大学社会发展学院副院长田兆元等20余位嘉宾，围绕主题，畅所欲言，共商茶事，分别从陆廷灿生平研究、陆廷灿茶学思想研究、《续茶经》相关研究等议题深入探讨，取得丰硕成果。

2018年2月11日，《清代名士陆廷灿其人其作》论述：陆廷灿的主要代表作有《续茶经》《艺菊志》《南村随笔》三部，涉及不同的领域，具有不同的价值。陆廷灿到茶乡崇安任官后不久，就萌生了写一部茶叶专著的想法，在崇安的6年中，为撰写这部茶叶专著，深入茶乡，做了大量的材料准备工作。为了深入了解茶文化，他走遍了武夷的山山水水，多次深入茶园茶农中，访问故老，掌握了采摘、蒸培、试汤、候火之法，逐渐得其精义，并从查阅的书籍中汲取大量有关各种茶叶的知识，同时整理出大量的有关茶叶文稿，开始着手编撰《续茶经》准备工作，赋闲后，他更专注于此书。

故乡文友张撰方钦佩陆廷灿六年如一日的不懈坚持，以及他求真务实的科学精神，作诗《幔亭小照桐山以武夷山水补景》赞誉："幔亭老仙今王乔，两脚凫舄超矜遥。仙山仙令六年住，烂醉长生瘿木瓢。归来载得郁林石，宾朋裙屐恣游遨。桐山绘图笔傀儡，墨花怒卷闽海潮。武夷山水插斗杓，洞中毛竹抽烟梢。武夷仙人降恍惚，灵风神雨闻仙璈。此中哭卧倘容我，脱去世故同逋逃。高掷龙头九节杖，铁船峰顶看云涛。"

陆廷灿父亲陆培远早年就开始觅地建园，陆培远选择在嘉定四先生之一李流芳的故园檀园邻近、东庄桥北处构筑园林，以传承李流芳的"文酒风雅"。陆培远因喜爱陶渊明的诗歌和菊花,取名"陶圃"。陆廷灿是个孝子,他知道年迈的双亲爱菊成癖,就精心经营陶圃。同邑文友张云章在《陆扶照松滋草诗序》中说:"陆君扶照,往者于家园中多植菊以娱尊人。尊人每策杖逍遥其间,陆子令善画者为图谱之,一时士大夫闻而艳之,相与歌咏其事,余亦有文以记之。"这里记述了陆廷灿为了哄父母开心,特意在陶圃中植遍名菊,看着父母拄着拐杖,在花圃间游玩,陆廷灿特意请画工将此事画了下来,一时传为佳话,陶圃后来成为南翔著名的文人园。陆廷灿的友人王复礼在《艺菊志序》中描写了当年陶圃的盛景,说陆氏父子"尝于槎溪之上,卜筑读书,名花异卉,琳琅满目,而尤喜艺菊,遍觅奇种,罗植阶砌,真可谓继渊明高躅,而不逐时趋者矣","夫初隐槎浦也,事亲弦诵,山林经济,偶寓于菊。及其司铎松滋也,诗拟郑虔,教侔安定,如菊之清幽华丽"。陆廷灿有求实精神,他遍觅千余罕见菊花的奇种,亲手种植,亲手管理,积累了丰富的实践经验,为编撰菊花的专著《艺菊志》,打下良好基础。

晚年的陆廷灿,其主要兴趣在编书和治园,显示出一个传统文人的本色。陆廷灿热心于整理地方文献,尤其重视嘉定先贤著作的整理出版。重订乡贤王彝、嘉定四先生及黄淳耀等人的诗文集。陆廷灿对地方文献的研究、保护、整理和出版作出了重要的贡献,今天能让我们看到这些先贤的著作,陆廷灿功不可没。陆廷灿付梓的这些著作,都珍藏于陶圃寿椿堂,后毁于太平天国运动战火。

陆廷灿爱交友,他常将自己亲手培育的花卉作为礼品送人,与人分享,如康熙二十八年(1688),陆廷灿把李流芳的《檀园集》整理完毕,在付梓前,向昆山名士徐秉义求序。随着陆廷灿的名声越来越响,他的人脉也越来越广,与同县状元王敬铭也攀上了儿女亲家,他的女儿嫁给了王敬铭的儿子王元晟为妻。晚年的陆廷灿爱故乡,爱家园,过着宁静淡泊的生活。

自唐至清,历时近千年,产茶之地、制茶之法以及烹煮器具都发生了巨大的变化,而此书对唐以后的茶事史料收罗宏富,并进行考辨,虽名为"续",实是一部完全独立的著作。陆羽的《茶经》为茶事的开山之作,但陆廷灿的《续茶经》则使《茶经》承先启后,首尾贯通,浑然一体,方得始终。

《续茶经》很多地方都写到了武夷山及周边的茶事,有种茶情况、乌龙茶的制作技法、武夷茶的功效等,保存了许多稀见的茶文化史料。武夷茶人、茶叶专家黄贤庚对陆廷灿及《续茶经》有颇为深入研究和独到见解,并有专文收录于他的茶叶专著《武夷茶说》中。武夷人对陆廷灿无比感念崇敬,他们以陆廷灿为响亮的文化名片，还成立了“陆廷灿茶叶公司”，以传承历史，唱响品牌。

总而言之，陆廷灿《续茶经》对于我国茶文化的传承、保存和普及的贡献价值是巨大的；对于中华茶文化、茶经济和茶艺术的历史影响是深远的；特别是对于具有武夷山独特自然环境的福建茶业的推动作用是不可估量的。正如我们高度重视“茶圣”陆羽那样，我们也不能忘记“茶仙”陆廷灿。

为“茶仙”陆廷灿立碑，是茶业之幸，茶界之幸，茶人之幸，沪上之幸，嘉定之幸，南翔之幸。“茶仙”陆廷灿纪念碑立与不立？立在何方？由谁出资？由谁管理？不妨疾呼几句，呐喊几声；讲讲故事，造造舆论；业内人士，形成共识；大街小巷，家喻户晓。立碑之事容待茶界共商之，茶人共谋之。

（原载《上海茶业》2019 年第 1 期）

# 吴觉农纪念馆及其他

中国当代茶圣吴觉农(1897.4.14—1989.10.28)是中华茶业当之无愧的继承人和杰出代表。为了纪念吴觉农先生，缅怀他的丰功伟绩，传承他的茶叶事业，歌颂他的茶人精神，发扬他的道德情操，为研究茶科技，普及茶知识，弘扬茶文化，发展茶经济，推动茶国饮，促进茶扶贫，发挥宣传和教育功能，2015年，上海百佛园吴觉农纪念馆建成开馆。

## 一、吴觉农纪念馆建立前上海茶人所做的工作

吴觉农先生是中国茶界的一面旗帜，是中国茶业复兴、发展的奠基人，他的茶学思想、茶人精神是中国茶界的巨大财富。上海是国际大都市，是我国茶叶的重要集散地，上海有着海纳百川的情怀，上海茶人对吴觉农先生一往情深。因此，上海茶人与吴觉农先生素有心心相印的缘分、千丝万缕的联系和历久弥新的情感。为了永久纪念吴觉农先生，上海茶人坚持不懈，孜孜以求，吹尽狂沙始到金，于1994年4月完成了第一步目标，建立了"当代茶圣吴觉农先生在上海陈列室"。其间，上海茶人所做的具体工作如下：

(1)帮助吴觉农先生整理旧稿。1979年1月，在茶圣吴觉农的一再邀请下，上海老茶人钱樑终于决定到北京去。钱樑和陈君鹏先生在吴觉农寓所开始撰写《茶经述评》初稿，时约一年。吴觉农先生的孙女吴宁女士在《回忆爷爷的好友钱樑先生》一文中写道："在北京的这段时间是钱樑先生沉舟侧畔千帆过，病树前头万木春的转折点。"(《钱樑选集》第360页)。王泽农、闵玮琳在《悼樑兄》一文中写道：钱樑先生"追随现代中国茶业奠基人吴觉农先生，在福建崇安武夷山，创办中国第一所国家级茶叶研究所，并参加茶叶研究的实际工作"，"他在吴先生家帮助吴老整理旧稿，完成吴老晚年出版的两部著作《茶经述评》和

《吴觉农选集》。”(《钱樑选集》第334、337、339页)。

1986年1月11日,为纪念茶界泰斗吴觉农先生90华诞与事茶70周年,中国茶叶学会决定编选《吴觉农选集》,上海市茶叶学会积极支持,热情参与,并选派钱樑、何耀曾、陈君鹏、王克昌参加选编工作;郑国君、陈舜年、尹在继、向耿酉、宋孟光参加注释工作。1987年2月,《吴觉农选集》正式出版。

(2)《茶报》编辑出版《祝贺吴觉农先生90华诞和从事茶业70周年》专辑。1987年3月30日,上海市茶叶学会会刊《简讯》,正式改名为《茶报》,刊名由吴觉农亲笔题写,并增设《祝贺吴觉农先生90华诞和从事茶业70周年》专辑。4月12—14日,中国茶叶学会在北京隆重举行“祝贺吴觉农先生90大寿和从事茶业工作70周年大会”,上海市茶叶学会委派钱樑、何耀曾、陈君鹏等出席。

(3)上海市茶叶学会派员参加吴觉农先生追悼会和纪念活动。1989年10月28日,吴觉农先生不幸在北京仙逝,享年92岁。这是我国茶界的巨大损失。上海市茶叶学会委派钱樑、陈君鹏赴京参加告别仪式。1990年10月28—30日,中华茶人联谊会、中国茶叶学会、浙江上虞县人民政府联合在上虞县举行“纪念吴觉农逝世一周年暨吴觉农茶学思想研讨会”,上海市茶叶学会委派钱樑、何耀曾、陈君鹏出席。

(4)“当代茶圣吴觉农先生在上海陈列室”开馆。1994年4月17日,在闸北宋园二楼革命史料馆举行“当代茶圣吴觉农先生在上海陈列室”揭牌仪式。在陈列室照片的提供、文字的撰写、资料的筹集过程中,上海市茶叶学会给予了大力支持,一批著名老茶人给予了鼎力相助(见卢祺义《在吴觉农先生家搜集资料》,载《茶报》1997年4月增刊)。“当代茶圣吴觉农先生在上海陈列室”是全国第一家陈列“当代茶圣”伟业,具有地域性特色的纪念场所,曾引起全国茶界高度赞赏。对于茶文化热的兴起具有积极意义,并增添了一个爱国主义、传统文化教育的重要基地。同时,上海市茶叶学会、上海市闸北区人民政府、上海市文联联合主办的1994年上海国际茶文化节(首届)在闸北公园与宋园茶艺馆拉开帷幕。陈至立、龚学平、陈彬藩、陈宗懋、王家扬、谈家桢、杨堤、夏征农、王文波、吴重远等领导与各界人士近千人冒雨出席开幕式。4月18日,举办了“当代茶圣吴觉农思想”研讨会。会议在上海茶叶进出口公司六楼会场举行。来自中国的北京、上海、杭州、香港、台湾等地的茶学专家、教授和来自新加坡、马来西亚的160多位茶人出席。研讨会的主题是“茶人精神和当代民族文化建设”

与“当代中国茶圣吴觉农茶学思想”。有关代表分别作了“吴觉农茶学思想与华茶发展之路”“继承吴觉农茶学思想,促进我国茶业登上新台阶”“吴觉农与华茶发展战略”“吴觉农茶叶对外贸易思想的探讨”等演讲。上海市茶叶学会理事长程庄远主持会议,谈家桢到会讲话。会议收到论文 43 篇。

(5)雷洁琼为吴觉农先生题词。1997 年 1 月,全国人民代表大会常务委员会副委员长、全国政协副主席雷洁琼为吴觉农先生题词:“农学宗师,茶界泰斗。”

(6)编写《吴觉农年谱》。1997 年 4 月 11 日,上海市茶叶学会与上海出入境检验检疫局在海关大楼举行“纪念当代茶圣吴觉农先生诞辰 100 周年座谈会暨《吴觉农年谱》首发式”,50 多人出席会议。《吴觉农年谱》由上海市茶叶学会主持编写,谈家桢教授题写书名,并为之作序。会议由上海出入境检验检疫局副局长吴仕良主持,杨堤、程远庄、陈舜年、吴甲选、陈君鹏等到会祝贺。

(7)开展纪念吴觉农诞辰 100 周年系列活动。1997 年 4 月 14 日,发行印有吴觉农头像的茶友卡 5500 套。在百年老店程裕新茶号发行许四海先生设计监制、谈家桢教授题词的“吴觉农诞辰 100 周年”纪念壶 100 只。选派代表参加吴觉农家乡浙江省上虞绿洲山庄举行的“吴觉农诞辰 100 周年座谈会暨吴觉农铜像落成揭牌仪式”。

(8)召开“纪念吴觉农先生诞辰 100 周年学术研讨会”。1997 年 4 月 26 日—5 月 25 日,上海市茶叶学会、上海市闸北区人民政府、上海市文联、上海市广电局、上海市旅游局、上海市园林局、上海市文化局联合主办了“1997 上海国际茶文化节”。其间,上海市茶叶学会程远庄主持了在复旦大学举行的“弘扬茶文化,发展茶经济——纪念吴觉农先生诞辰 100 周年学术研讨会”,收到论文 29 篇。会议提出学习吴觉农先生,弘扬茶人精神,让茶人精神代代相传。谢希德、王家扬、郭天成等 200 多位国内外专家、学者出席。《茶报》出版了《吴觉农先生诞辰 100 周年纪念》专刊。

(9)召开“吴觉农先生仙逝 10 周年座谈会”。1999 年 10 月 28 日,缅怀当代茶圣吴觉农先生仙逝 10 周年座谈会在宋园茶艺馆举行,新老茶人 40 人参加,刘启贵主持会议。

(10)成立吴觉农茶学思想研究会。2001 年 5 月 22 日,吴觉农茶学思想研究会在浙江省上虞市正式宣告成立。全国政协副主席万国权、浙江省政协主席刘枫到会祝贺。刘启贵、黄汉庆、徐永成、吴仕良、周金彩、刘修明、卢祺义、赵海金等当选为理事，还有8位茶人当选为顾问，谈家桢当选为名誉顾问，刘启贵当选为常务副会长。

(11)参加全国"吴觉农奖"中青年茶学优秀论文征文活动。2002年3月31日，上海市茶叶学会积极配合吴觉农茶学思想研究会主办的征文比赛，认真组织茶人参加全国"吴觉农奖"中青年茶学优秀论文征文活动。

(12)举行"纪念当代茶圣吴觉农先生诞辰105周年"暨吴觉农茶学思想研究会上海联络处成立大会。2002年4月12日，上海出入境检验检疫局、吴觉农茶学思想研究会、上海市茶叶学会、上海出入境检验检疫协会联合在上海科学会堂隆重举行"纪念当代茶圣吴觉农先生诞辰105周年"暨吴觉农茶学思想研究会上海联络处成立大会。上海市委领导胡立教、杨堤，浙江上虞市市委副书记卢一勤、上海出入境检验检疫局副局长徐朝哲、上海市茶叶学会顾问薄志明、蒋达宁等70多位新老茶人出席，会议决定由刘修明任上海联络处主任。王理平主持会议。会议主题是发扬茶人精神，献身茶叶事业，让吴觉农茶学思想代代相传，旨在发扬"爱国、奉献、团结、创新"的茶人精神，动员全体茶人不断地、系统地研究、学习、弘扬、传承吴觉农茶学思想，使之发扬光大。

(13)组织吴觉农茶学思想报告会。2003年2月21日，沪北新村小学组织吴觉农茶学思想报告会。上海市茶叶学会副理事长兼秘书长刘启贵先生应邀为全校老师作了"学习吴觉农茶学思想，发扬当代茶圣茶人精神"的报告。

凡此种种，不一而足。以上列举的各项纪念吴觉农先生的活动与上海市茶叶学会的发展历史是一脉相承、同步共生的。特别是1994年4月"当代茶圣吴觉农先生在上海陈列室"的成立，为十年后吴觉农纪念馆的诞生奠定了基础。2004年春天，伴随着一声春雷，上海茶人怀抱着振兴华茶的梦想，肩负着全国茶人的希望，以《茶者圣——吴觉农传》首发式为契机，以高屋建瓴的姿态迎接吴觉农先生入住上海百佛园，拉开了筹建吴觉农纪念馆的序幕。

## 二、吴觉农纪念馆的筹建与运作轨迹

2004年早春三月，春风拂面，春雨连绵，春茶萌动。刘启贵、赵国君、尹在继、刘修明、王理平、许四海等先知先觉的上海茶人在百佛园内紧锣密鼓地酝酿着筹建吴觉农纪念馆的设想。吴觉农先生是中国茶界的一面旗帜,是中国茶业复兴、发展的奠基人,他的茶学思想、茶人精神是中国茶界的巨大财富。多年以前,茶界的许多志士仁人就渴望为吴觉农先生树碑立传,振兴华茶,建立吴觉农纪念馆是全国茶人的梦想。4月初的上海滩,一缕春风终于吹进来了。吴觉农茶学思想研究会上海联络处、上海市茶叶学会、上海出入境检验检疫协会、上海四海茶文化发展有限公司联合发起筹建吴觉农纪念馆。后来又得到中华茶人联谊会和中国茶叶股份有限公司的响应和支持,共同成为倡议单位。当时全国各地茶叶社团、企业和茶人纷纷捐款、捐物和提供资料。在大家的共同努力下,办馆的许多难题都迎刃而解了。万事俱备,只欠东风。创办纪念馆最重要的是场馆,怎么办呢?上海四海茶文化发展有限公司许四海总经理做出了惊人之举,毅然提供400平方米展馆(价值400万元)给吴觉农纪念馆无偿使用30年(2005—2035年),解决了筹建展馆的最后一道难关。

2004年11月28日,上海市茶叶学会、上海出入境检验检疫协会、吴觉农茶学思想研究会上海联络处吴觉农纪念馆筹备组发出《筹建吴觉农纪念馆倡议书》,倡议书全文如下:

> 吴觉农先生是我们中国茶界的一面旗帜,是中国茶业复兴、发展的奠基人,他的茶学思想、茶人精神是中国茶界的巨大财富。
>
> 吴觉农先生一生热爱祖国、热爱人民、热爱茶叶事业,一生许茶为茶,他的茶学思想非常丰富,内容十分广泛,涉及了茶学的方方面面,他很早就研究"三农"问题,在上世纪三十年代就提出了复兴我国茶业的蓝图;他重视培养茶业专业人才,重视华茶出口,注重茶叶质量标准,关心茶叶销售市场;他重视茶叶科研,致力于科技兴茶;他重视历史借鉴,为中国茶界创立了"十个第一",为振兴中华茶业作出了巨大贡献。
>
> 一个行业要振兴、要发展,需要有自己的楷模、典范和旗帜,我们感到吴觉农先生就是我国茶业的楷模、典范和旗帜。为了让全市、全国的茶人、爱茶人进一步了解吴觉农其人,让大家知道吴觉农茶学思想的核心和爱国、奉献、团结、创新的茶人精神,为了更好地宣传吴觉农茶学思想,让爱国、奉献、团结、创新的茶人精神世代盛传,我们上海

市茶叶学会、上海出入境检验检疫协会、吴觉农茶学思想研究会上海联络处和上海四海茶文化发展有限公司联合发起倡议，准备在上海筹建吴觉农纪念馆，为上海青少年、上海茶界和全国茶界增加一个新的爱国主义教育基地和茶文化人文景观。

这个倡议得到8月28日召开的筹建吴觉农纪念馆预备会议上全体到会的20多位茶界代表的热烈响应与认可，现筹建工作已启动。为了加快步伐，争取明年4月14日吴觉农先生108岁诞辰时开馆。为此，特向全市茶人、全体会员倡议呼吁，希望大家都来关心、支持吴觉农纪念馆筹建工作，为吴觉农纪念馆添砖加瓦。我们倡议：

(1)要向许四海同志学习，许四海同志慷慨为吴觉农纪念馆免费、无偿提供了价值400万元的400平方米最佳场地(30年供布展使用)。

(2)请茶界各位积极热忱提供捐助(捐助钱款、资料、图片、实物、当义工、协助寻找合作者、赞助者、献计献策等均可)。

(3)对捐赠者，纪念馆将按贡献大小给予必要的回报。捐赠十万元者，其名将冠以纪念馆创建者并立碑，铸入大钟，编入纪念册，同时提供三年免费灯箱广告。捐赠五万元者，其名将冠以纪念馆赞助者，也立碑，铸入大钟，编入纪念册。捐赠一万元者，其名将铸入大钟，编入纪念册。其他捐赠实物、资料、图片和一万元以下(钱款不论多少)，其名将编入纪念册。

(4)请大家根据上述要求，积极填写支持筹建意见反馈表，将您的意向反馈学会。谢谢大家！

2005年1月21日，在茶恬园召开筹建吴觉农纪念馆第一次专家论证会。吴觉农茶学思想研究会会长高麟溢，吴觉农茶学思想研究会常务副会长吴甲选、刘启贵，吴觉农茶学思想研究会副会长刘祖生，吴觉农茶学思想研究会常务理事徐永成，吴觉农茶学思想研究会理事张素娟，吴觉农茶学思想研究会顾问尹在继、刘祖香，中国茶叶流通协会秘书长吴锡端、中国茶叶流通协会会展部主任梅宇，中国茶叶博物馆副馆长王建荣，浙江上虞市农林水产局农技中心副主任戚建乔、办公室主任吴建平，上海出入境检验检疫协会副秘书长董士友、上海四海茶文化发展有限公司总经理许四海，高级工艺美术大师张忠飞以及若干工作人员出席。来自北京、浙江、上海的专家针对四大板块各抒己见，提出了很好的意见和建议。下午又去曹安路1978号百佛园实地考察，对可行性方案进行了首次论证。会后，筹备组人员献计献策，齐心协力，进一步完善吴觉农纪念馆设计方案。

1月22日，来自北京的专家会同上海筹备组人员认真协商讨论，求同存异，就吴觉农纪念馆四大板块内容分类细化，达成共识。

3月15日，在对四大板块两次修改的基础上，筹备组成员专程赴浙江杭州邀请浙江省茶叶学会、吴觉农茶学思想研究会杭州联络处和中国茶叶博物馆的专家对纪念馆设计方案进行第二次论证。与会专家进行认真审阅，提出修改意见，加以补充完善，使纪念馆的图片、文字稿更趋成熟。

3月17日，在上海茶恬园大楼八楼会议室，筹备组邀请在沪的顾问和有关专家召开第三次论证会。经过对设计方案反复审阅和斟酌，展馆内容基本定稿。然后经过整理归纳，分送吴觉农茶学思想研究会上海联络处主任刘修明教授和吴觉农纪念馆顾问团审定。至此，展馆的200多幅照片和文字说明最终完成。在筹建吴觉农纪念馆过程中，各茶业社团、企业和茶人纷纷捐款捐物，总价值近100万元。

4月14日，上海市茶叶学会与吴觉农茶学思想研究会联合在百佛园隆重召开纪念当代茶圣吴觉农先生诞辰108周年大会暨吴觉农纪念馆开馆仪式，完成了建馆的第二步目标。

## 三、让吴觉农茶人精神发扬光大

上海市茶叶学会成立35年的历史雄辩证明：上海茶人因为一贯坚持和弘扬吴觉农茶人精神，所以一直保持着蓬勃朝气；上海市茶叶学会因为始终高举吴觉农的旗帜，所以一直走在全国茶界的前列。

曾任国务院副总理的陆定一这样评价吴觉农先生：“如果陆羽是茶神，那么，吴觉农先生是当代中国的茶圣，我认为他是当之无愧的。”曾任全国人大副委员长的雷洁琼题词赞扬吴觉农先生：“农学宗师，茶界泰斗。”如今全国茶人早已一致公认：吴觉农先生是我国茶界最先服务“三农”（农村、农业、农民）的光辉典范，是祖国茶叶荣誉的最先捍卫者，是茶叶产业的最先觉醒者，是茶叶科技的最先普及者，是茶业复兴的最先实践者。吴觉农对我国茶业的影响是巨大的，对社会风气的影响是巨大的，对民众生活的影响是巨大的，因而他得到了全国茶人的爱戴和敬仰。上海市茶叶学会成立至今的历史，就是发扬光大吴觉农茶人精神的历史。

## （一）吴觉农纪念馆历经坎坷终圆梦

2005 年 4 月 14 日，经过艰难曲折、种种困苦、精心策划，精心筹备，在中华茶人联谊会、中国茶叶股份有限公司、上海市茶叶学会、上海出入境检验检疫协会、吴觉农茶学思想研究会上海联络处、上海四海茶文化发展有限公司等 6 家单位联合倡议下，在中国茶叶学会、吴觉农茶学思想研究会、中华茶人联谊会、中国国际茶文化研究会、中国茶叶流通协会、中国茶叶股份有限公司、中国茶叶博物馆、上海市茶叶学会、上海茶叶进出口公司、上海出入境检验检疫协会、上海出入境检验检疫局、浙江省上虞市人民政府、上海大统路茶叶市场经营管理有限公司、杭州西湖龙井茶叶有限公司、上海四海茶文化发展有限公司、上海紫藤苑茶馆、华侨茶业发展研究基金会、吴觉农茶学思想研究会北京联络处、吴觉农茶学思想研究会上海联络处、吴觉农茶学思想研究会杭州联络处、吴觉农茶学思想研究会江苏联络处、吴觉农茶学思想研究会昆明联络处、浙江省长兴县人民政府、上海市监狱管理局、吴觉农先生亲属等 24 家单位（个人）的通力合作下，在社会各界的积极响应与大力资助下，吴觉农纪念馆终于在上海百佛园成立了。这是人心所向，大势所趋，是茶界大幸，茶人大幸！中国国际茶文化研究会说："吴觉农上海纪念馆的建成，充分体现了中国茶人对当代茶圣的无限敬仰和缅怀之情，生动地展示了从神农氏到陆羽到吴觉农数千年文脉不绝、薪火传承、源远流长的璀璨茶文化。"中国茶叶学会说："吴觉农纪念馆的成立为弘扬吴觉农先生茶学思想，继承振兴华茶的事业，使吴觉农创导的茶人精神代代相传。"绍兴市上虞区人民政府说："十年来，纪念馆吸引了大量的游客驻足参观，为振兴中国的茶文化、茶产业作出了积极贡献，这是贵馆的光荣，也是全国茶界的光荣。祝愿贵馆越办越红火！"

上海百佛园吴觉农纪念馆是全国首家吴觉农纪念馆。它的建成是上海和全国茶界的一件大事，是全国茶人通力合作的成果。吴觉农纪念馆的开馆，为向全社会宣传吴觉农生平业绩建立了窗口。吴觉农茶学思想研究会名誉会长、原全国政协副主席万国权为吴觉农纪念馆题写了馆名。茶界老前辈王家扬先生、张天福先生到会祝贺，并为纪念馆揭牌。全国茶界200多人出席会议。刘修明主持会议，黄汉庆致欢迎辞，赵国君汇报筹备情况，金玲宣读谈家桢院士贺词，俞永明、戚泉木分别致辞祝贺。高麟溢、吴甲选发表了热情洋溢的讲话。梅宇、邵曙光、郭巧林、刘启贵、徐永成、薄志明、蒋达宁、王镇恒、王理平、许四海、刘祖香、王家斌、童启庆、徐南眉、张素娟、关维康、昌智才、朱元忠、王亚雷、王建荣、俞包象等领导和知名人士出席了会议。当天下午还举行了《茶经述评》再版首发式和吴觉农茶学思想研讨会。

吴觉农纪念馆位于上海市曹安路1978号占地40亩的百佛园西北侧。纪念馆为明清建筑风格，面积400平方米。馆内陈列着吴觉农先生生前从事革命与茶叶事业活动的照片、文稿、书籍和实物资料，另有各地茶人学习、研究、宣传吴觉农茶学思想学术活动的材料，还有播放专题资料的影视室。百佛园是以茶文化为核心的综合性园林，园内的“四海壶具博物馆”荣获“全国十大民间博物馆”称号。整个园区是一个集旅游、参观、实训、教学、研究为一体的茶文化园林，是对青少年进行爱国主义教育的基地，是弘扬中华民族优秀文化和茶人精神的课堂，又是一个富有特色的人文旅游景点。走进吴觉农纪念馆，迎面可见当代茶圣吴觉农先生半身塑像，塑像后面醒目地写着原中共中央宣传部副部长、国务院副总理陆定一对吴觉农先生的评价。纪念馆内容丰富，分为四个部分。有两百多幅珍贵照片和文稿、书籍等实物资料，并配以简明的文字说明，能使参观者一目了然。第一部分“爱国忧民、觉农为民”，介绍吴觉农先生一生爱国、护国、忧民、为民的高贵品质。第二部分“科教兴茶、振兴中华”，介绍他的在实践中依靠科技进步和培养人才，复兴和发展中华茶业，创全国茶业“十个第一”的光辉业绩。第三部分“一代宗师、茶界泰斗”，进一步介绍他在茶业领域中丰富的茶学思想和卓越业绩。第四部分“茶人精神、代代相传”，介绍他的光辉一生和崇高人格，激励人们发扬茶人精神，为现代茶业作出新的贡献。

2006年4月1日，中国国际茶文化研究会、吴觉农茶学思想研究会、中国茶叶学会、中国茶叶流通协会、中华茶人联谊会、绍兴市人民政府、上虞市人民政府、中国茶叶博物馆、上海市茶叶学会、浙江省茶叶学会、浙江省茶叶产业协会、浙江省茶文化研究会、浙江国际茶人之家基金会、华侨茶业发展研究基金会

发布了《弘扬吴觉农茶学思想倡议书》,倡议书中写道:

> 当代茶圣吴觉农先生(1897—1989)一生事茶,是我国近代著名的茶叶专家、茶学泰斗,尊为“当代茶圣”,是我国茶界一面光辉的旗帜。他热爱祖国,热爱人民,热爱茶业,为振兴华茶奋斗了七十二个春秋,做出了历史性的突出贡献!在长期实践中形成的吴觉农茶学思想,内容极其丰富,是我们茶人的宝贵精神财富。
>
> 吴觉农一生的实践,就是我们学习的楷模,吴觉老临终前说:“我一生事茶,是一个茶人。”至于什么是茶人和茶人精神,吴老曾经有过这么一段概括,他说:“我从事茶叶工作一辈子,许多茶叶工作者,我的同事和我的学生同我共同奋斗,我们不求功名利禄、升官发财,不慕高堂华屋、锦衣美食,没有人沉溺于声色犬马、灯红酒绿,大多一生勤勤恳恳,埋头苦干,清廉自守,无私奉献,具有君子的操守,这就是茶人风格。”吴觉老倡导的“茶人精神”必须永远发扬光大!

2006年10月,王郁风先生撰写《吴觉农茶学思想精义初编》一文,文中写道:“吴觉农先生生活在二十世纪,中国茶业处于原始状态向现代化过渡的萌芽阶段,吴老为茶业改革创新奋斗七十余年。发挥聪明才智、实践力行,推动事业进步,一生成就证明吴老是我国自唐代陆羽以后,千余年来涌现出的一位对茶业贡献最为凸出的重要人物,是我国乃至国际茶界公认的一面光辉旗帜,被誉为‘当代茶圣’。”文章认为,吴老一生的成就是多方面的,他的茶学思想可以整合如下:

### 吴老茶学思想事目

(1)正身篇:修身正心,君子操行,清廉自守,无私奉献。

(2)励志篇:立志改革,创新开拓,科学兴茶,矢志不渝。

(3)开创篇:雄心壮志,无畏艰难,开辟道路,创出新局。

(4)立检篇:条立规章,规范运行,国茶入世,树立信誉。

(5)调查篇:理察实情,探索真谛,高屋建瓴,基础建设。

(6)考察篇:放眼世界,调研市场,知彼及理,洋为中用。

(7)科研篇:集拢人才,实验研究,探求规律,应用实践。

(8)创学篇:创立茶学,百年树人,培养专才,壮大队伍。

(9)应用篇:时地制宜,灵活实施,久暂兼利,兴茶富民。

(10)规划篇:着眼全局,高瞻远瞩,胪陈问题,陈策改革。

(11)兴茶篇:发展农茶,增产量值,减费利民,繁荣经济。

(12)社会篇:启导业界,纵论茶事,集贤良谋,晋献国策。

(13)机构篇:建立组织,创造优势,统筹布局,推进事业。

(14)正风篇:独立思考,坚持真理,目光远大,刚正不阿。

(15)治学篇:态度严谨,立论有据,不苟因循,端正学说。

(16)贸易篇:贸易立业,以销定产,先予重质,品牌效应。

(17)写作篇:搜集材料,探求要义,勤于笔耕,弘扬学理。

(18)译著篇:绍介译著,吸取经验,扬长避短,为我增益。

文章说:"以上简篇,既是吴老事茶一生的博学约取,也是今后茶业建设可资参酌的指南,吴老的茶学思想是承前启后,超越时空,与时俱进的活的指导思想体系,不是凝固的历史学说,如若最简要地概述吴老茶学思想实质,可以浓缩成四句话 16 个字表述之,即'胸怀壮志,追求真理,改革创新,爱国兴茶'。"

王郁风先生撰写的《吴觉农茶学思想精义初编》,是打开吴觉农茶学思想之门的金钥匙,是认识吴觉农茶业人生的教科书,也是研究吴觉农茶人精神的指南针,为我们认识当代茶圣吴觉农、研究吴觉农茶学思想、弘扬吴觉农茶人精神提供了不可多得的入门索引。

### (二)吴觉农纪念馆升级改版换新颜

一个纪念馆的生命力在于它的价值。物有所值,它就长盛不衰;众望所归,它就蒸蒸日上。

2015 年在吴觉农纪念馆成立十周年之际,出版纪念册 1000 册,全国茶人隆重召开座谈会。十年一剑铸茶魂,万众齐心建展馆。四海茶人是一家,朋友相聚只为茶。这次座谈会旨在给吴觉农纪念馆十周年划个圆满的句号;动员全国茶人继续关心支持吴觉农纪念馆;公布捐赠名单,感谢全体茶人。会议形成纪念馆十周年座谈会纪要,与会代表一致认为,纪念馆十年工作成效显著。纪念馆是全国的纪念馆。全国茶人有责任、有义务、有能力把纪念馆越办越好。

以此为契机,吴觉农纪念馆开始了升级版建设。纪念馆新馆的硬件设施建设，由许四海馆长投入巨资，土地现价3000万元/亩。许四海馆长对纪念馆的投入和付出是全国茶人有目共睹的，不愧为茶人精神的真实体现。新馆的兴建更是他茶人精神的再接再厉、发扬光大。他不求回报，只求奉献，体现了一份无私奉献的崇高社会责任，是值得全国茶人和全社会尊敬的。

刘启贵先生是吴觉农纪念馆的创始人之一，是吴觉农纪念馆首任馆长、第一功臣。他为纪念馆建设起早摸黑，兢兢业业，不计名利，无私奉献。在策划、筹措、协调、安排上费尽心机，多方运作，走南闯北，不辞辛劳。就在如今耄耋之年，他还担任着吴觉农纪念馆名誉馆长之职。

纪念馆新馆的重头戏之一是布展设计，由王理平主任负责。为了突出展板亮点和展示效果，他立意高、起点新，突破条条框框，开拓创新，从《吴觉农选集》中找线索，从网络中找资料，并从吴觉农家属中找实物，搜集先生的文物、著述、书信、图片、声像和生平事迹等史料，充实和升华纪念馆展示的内容；吴觉农先生曾经用过的钢琴、办公桌等运抵纪念馆。他加班加点，全力以赴，克服天气炎热、工作繁重的困难，不计名利，抓住节点，保质保量及时完成了任务。他对工作任劳任怨、一丝不苟，完成了任务，累坏了身体。他的负责精神是十分感人的，他付出的努力用废寝忘食来形容一点也不过分。

2015年8月13日，在王理平主任家中召开了布展方案评审会。会议由名誉馆长刘启贵主持。王理平主任用PPT详细介绍了近三个月来吴觉农纪念馆新馆的筹备工作情况和日程进度安排表。许四海馆长强调吴觉农纪念馆新馆展示、陈列、布置的指导思想要坚持三个突出：突出政治、突出茶经济、突出茶文化。要做到三个规范：规范意识、规范语言、规范行为。大家围绕设计方案开展热烈讨论，充分肯定王理平主任所做的大量工作，同时提出了修改意见。会议决定在2015年底拿出吴觉农纪念馆新馆最终设计方案，并在2016年2月底前完成布展工作。

在许四海馆长的带领和安排下，用时2年多，耗资3千万，吴觉农纪念馆新馆终于建成了。其间，全国茶人积极提供有关吴老生前活动的照片、著作、谈话、书信、题字、讲话录音、视频、生活用品、纪念品等实物，给予了极大的关心、支持和帮助。通过增加大量文物资料，大大提升了吴觉农纪念馆的全面性、完整性和感染力。许四海馆长对“中国茶圣博物馆”的建设有一个完整的构想，包括兴建一个吴觉农纪念馆新馆，再建一个陆羽馆，然后把炎帝神农馆建立起来，在百佛园建成反映我国茶叶发展三个里程碑的"三圣馆"——"中国茶圣博物馆"。许四海馆长把原先的吴觉农纪念馆迁移到后建的陆羽馆对面，让当代茶圣吴觉农纪念馆与古代茶圣陆羽馆两馆并存，相映生辉。其间177米的茶圣长廊，象征着中国茶叶走向世界之茶马古道的延伸和发展。陆羽亭、茶圣阁两亭并立水上，相对而立，相得益彰。"中国茶圣博物馆"的建立，以其丰富多彩的文化内涵给人耳目一新之感。这是很有意义的创举，提高了纪念馆的历史感、知名度、观赏性和感染力。

纪念馆建馆以来，成绩多多，大家有目共睹，赞扬声不断，值得共同庆贺。但是，纪念馆存在的问题和困难也不少，历经了风风雨雨、甜酸苦辣的成长过程。从它诞生开始，能否健康生存、持续发展、提升壮大，一直存在着不同的声音。由于"造血功能"尚不健全，引起不少人的担忧和质疑，有人建言献策互相帮助，有人却"吹冷风放冷拳"，扬言让纪念馆"南迁北移"……在这关键时刻，承蒙吴老的"大粉丝"许四海先生挺身而出，为纪念馆"排忧解难"，终于保护了吴觉农纪念馆继续在百佛园生存、发展和提升。如今许四海先生还在努力实践把"吴觉农纪念馆"越办越好的诺言，不仅启动了"纪念馆二期工程"及其配套项目，而且大搞绿色工程，引进古老桂花树100多棵，树龄在100岁以上的有13棵，树龄最大的有三百多岁，最高的树干高度13米。金秋时节，百佛园里桂花飘香，令人陶醉。如果吴觉农先生在天有灵，一定也会感到十分欣慰。

升级版纪念馆的建成，大大提升了纪念馆的硬件和软件设施。吴觉农茶学思想研究会梅峰会长说："在吴觉农纪念馆新馆落成之时，我要特别赞扬许四海先生，他为新馆的建设投入了千万元的个人资金，为新馆的顺利建成，提供了物质支撑。同时也要赞扬王理平先生，他退休后，致力于研究吴觉农先生的生平，对新馆布置进行精心设计和文字编排，全面完整地展示了吴觉农先生光辉的一生。还值得赞扬的是刘启贵先生，他对吴觉农纪念馆的建立和新馆的落成，费尽心血，进行筹措、策划和落实。他们为中国茶叶事业做了一件功德无量的大好事。他们的名字也将载入中国茶业史册，永世流芳。吴觉农纪念馆新馆的落成，更系统地展现了吴觉农先生的光辉形象和为中国茶业发展作出的历史性贡献。吴觉农纪念馆是中国茶业发展史上的一座丰碑，标志着中国茶业进入伟大复兴的新时代。"

据不完全统计，纪念馆成立13年来，坚持开展公益活动，向社会免费开放，累计接待参观者10万人次,取得很好的社会效果。上海人大主任刘云耕来参观时提出:“希望大家向吴觉农学习,进一步研究吴觉农茶学思想,做好弘扬茶文化的工作。”纪念馆还推出简报、特刊12期,举办纪念会、研讨会、茶文化、茶道茶艺、茶与健康报告会、推介会、讲座、文艺演出等44场次,接待地方人大和政协30批次,文化交流协会54批次,大专院校34批次,中国茶文化研究会24批次,企事业组团35批次,来自美国、日本、韩国、马来西亚及我国台湾的客人25批次,中小学青少年组团24批次。在吴觉农茶人精神的影响下,数以万计的新时代茶人正在沿着中华民族遥远的茶马古道,穿越“一带一路”的金光大道,奔向四面八方,华茶的未来前途无量。随着我国茶业与茶文化的发展普及和一年一度茶人纪念活动的开展,当代茶圣吴觉农先生的高大形象更加深入人心,吴觉农茶人精神更加发扬光大。

### (三) 吴觉农纪念馆来日方长显身手

年复一年,任重道远。纪念馆每年都要交出一份庄严的答卷。

纪念馆于2017年1月17日在百佛园邀请百位茶人纪念钱樑先生百岁诞辰。钱樑先生是上海市茶叶学会创始人之一,第二届学会理事长。在钱樑百岁诞辰之际,特别举行纪念活动,编辑《钱樑先生诞辰100周年纪念册》。

纪念馆在第八届吴觉农茶学思想学术研讨会“红茶颂”高峰论坛提出成立“红茶联盟”意向的基础上,召开十多次“红茶联盟”会议落实各项事宜。提出以“红茶联盟助推华茶复兴”的建议,希望在全国茶人的共同努力下,以“红茶联盟”的形式,发展规模经济,促进红茶产品升级换代和红茶品牌更新发展,在激烈的市场竞争中做优、做大、做强中华红茶,为恢复到年出口红茶10万吨的历史纪录而奋斗。

纪念馆接受吴觉农茶学思想研究会委托,落实第三届“觉农勋章”评选工作。对来自全国16个省市和香港特别行政区的109位候选人的表格登记复印,快递给7位评委,并对评比结果统计汇总。最后对50名“觉农勋章”得主着手勋章刻字和准备荣誉证书;对38名“觉农贡献奖”得主印制获奖证书。这一举措受到吴觉农茶学思想研究会的好评。

纪念馆组织上海茶人专程赴杭州为王家杨先生百岁诞辰祝寿,献上蛋糕、贺词、寿桃、寿礼。不忘初心,知恩图报,是上海茶人的一贯传统。

2017年3月26日，学会组织茶人赴奉贤滨海古园，为谈家桢院士扫墓。谈老长期以来热情支持、关心、指导上海市茶叶学会的工作，生前对吴觉农纪念馆爱护备至，专门捐赠一万元共建费并撰写了开馆贺词。上海茶人永远怀念他。

2017年4月16日，开展纪念当代茶圣吴觉农先生诞辰120周年暨2017第四届“上海全民饮茶周”系列活动，宣传“人人饮茶，个个健康”理念，组织23个单位的茶艺、茶展、茶销、品茶交流活动。

2017年6月4日，惊悉茶界泰斗张天福先生逝世，纪念馆给治丧委员会发去唁电，表示哀悼，并经过精心策划，编辑《茶缘——茶寿茶人张天福先生与上海茶人的情怀》，召开纪念册首发式，张天福夫人张晓红女士专程来沪参会。

2017年9月3日，假座秋萍茶宴馆举行“上海茶界茶人热烈祝贺全国著名茶学专家王镇恒教授米寿品茗会”。嘉宾敬献寿联、寿礼、题词。寿星王镇恒教授讲话，刘启贵先生敬献刘祖生、胡月龄教授贺词并讲话。大家共品生日蛋糕，共尝长寿茶面，共聚秋萍茶宴。并编辑了《王镇恒教授米寿(88)华诞》专刊。

2017年10月10日，上海各界人士送别杨堤同志。上海老茶人22人参加了悼念会，敬送花圈和横幅。

2018年4月14日，“莲花杯”第五届全民饮茶周启动仪式暨纪念当代茶圣吴觉农诞辰121周年，不忘初心传承经典——中茶蝴蝶“茶圣茶”品鉴会在百佛园举行。来自全国各地的300余位茶人和媒体记者出席了系列活动。《解放日报》《新民晚报》《新闻晨报》及上海电视台等30家媒体记者现场采访，当日晚间，上海电视台新闻综合频道给予及时报道，翌日被央视全国转播，盛况空前。

会上，王理平诵读了《当代茶圣吴公祭辞》，辞曰：

圣哉，巍巍兮浙江上虞山，涛涛兮上海浦江情。时值茶圣觉农，诞辰一百二十一周年。今地北天南吾辈茶人，肃立于百佛园中，祭奠茶圣英灵。‘圣’者乃传承创造之楷模，人格魅力之化身，后人学习之风范。‘当代茶圣’封称于觉农，一代宗师乃茶人公认。纵观吴老，您的一生，心系国家之命运，情结民族之精神，参与华茶变革之实践，投身中华民族之复兴。为恢复发展华茶之生产，振兴中国茶叶之出口，呕心茶学科技之教育，沥血研究茶业之文化，创导高雅茶人之精神。

毕生奋斗，卓著功勋。今告慰吴老在天之灵，茶人重任来者担承。中华伟业，中国共产党指引航程，新时代中国特色社会主义欣欣向荣。中华茶业早已苏醒，繁荣的茶经济、昌盛的茶文化未艾方兴。我们立志，继承发扬您的茶学思想和茶人精神 。以茶之品质福之于民，以茶之内涵铭之于灵。今祭宗师之翁魂，千秋乃享祭；长敬圣茶之茶香，万古乃流芳。

2019 年 4 月 14 日，“莲花杯”第六届上海全民饮茶周启动仪式暨纪念当代茶圣吴觉农诞辰 122 周年系列活动于上海百佛园隆重举行。这是多年来申城推进“全民饮茶”常态化的又一抓手。“全民饮茶 健康全民”是上海全民饮茶周的永恒主题。2019 年全民饮茶周活动在原有基础上着力突出“科文并举”的理念，按照年年都有新起色，一年比一年办得好，真正起到科学饮茶、服务全民的要求，上海茶叶学会发挥各区力量，调动各茶企、茶城、茶馆的参与积极性，大力拓展饮茶周的活动平台，助力推动茶消费并增强全民饮茶的长期效应。帮助市民识茶、懂茶、爱茶、饮茶，使之逐步成为大众的一种健康生活方式。为了使上海全民饮茶周活动常办常新，茶事活动的内容和形式都有新变化。第六届全民饮茶周开展了近 100 场主题活动，影响很大，真正做到了：全国茶界是一家，众人拾柴火焰高。百佛园内迎宾朋，茗闻天下乐陶陶。

总之，吴觉农纪念馆走过的历程是与全国茶人的支持分不开的。所做工作我们责无旁贷，不足之处我们亟需改进。让我们携起手来，不忘初心，牢记使命，振作精神，努力奋斗，共圆美好的中国梦和茶人梦。

## 四、《吴觉农选集》读后感

《吴觉农选集》已经出版 28 年了。28 年来，《吴觉农选集》发挥了非常重要的作用，成为我们茶人不可多得的精神食粮。其中的经典之作、茶人茶语和警言佳句，犹如精美的香茶，让读者有回味无穷之感。重温他的著作对于实现我国茶人振兴茶业的中国梦仍然具有十分重要的现实意义。

吴觉农先生是举国公认的当代茶圣，是中国茶界的一面旗帜，是推进祖国茶业发展的精神领袖。他在生前用毕生精力谱写了我国茶业发展的宏伟蓝图，并引领着全国茶业大军开创了中华茶业的新局面；在他身后，以他的精神为动力而崛起的一批又一批茶人继承了他未竟的事业，以茶人之梦托起中国梦，以茶人精神共圆中国梦。

翻开《吴觉农选集》，映入读者眼帘的是振聋发聩的呐喊："中国茶业如睡狮一般，一朝醒来，绝不至于长落人后，愿大家努力罢！"（见《吴觉农选集》第54页，《中国茶业改革方准》）这是吴觉农先生总结我国五千年茶史，从历史经验中得出的光辉结论。吴觉农先生对祖国茶业饱含深情厚谊，倾注了满腔热忱。他对祖国茶业的衰落痛不欲生，他对祖国茶业的每一个进步欢欣鼓舞，他盼望着国人万众一心共同奋斗，他一生以自己的言行拼命助推茶业的崛起。他看到了祖国茶业的无限潜力，急切企盼祖国茶业睡狮醒来。在短短27言的字里行间，吴觉农先生激情燃烧的茶人精神跃然纸上。过去，它鞭策着中华茶人急起直追；如今，它依然鼓舞着全国茶人奋勇前行。经过岁月洗礼、沧桑巨变，这段话更加闪耀出夺目的光芒。它是茶人的战鼓，它是茶人的号角，它是茶人的警钟，时时刻刻提醒茶人勿忘国耻，奋发图强。

"我们是茶的祖国，我们又得天之时，得地之利，只需上下一心，定可战胜一切。这里敬为茶叶界的前途祝福！"（见《吴觉农选集》第100页，《华茶销美的新展望》）吴觉农先生对祖国茶业爱至深，情至切，对祖国茶业的前途饱含赤子之心，对茶叶界的未来充满希望。他分析了当时茶业的现状，肯定了天时、地利的有利条件，认识到只要天时、地利、人和三者合一，中国茶业将无敌于天下。吴觉农先生热爱祖国茶业，是他爱国主义精神的具体体现。他痛恨旧社会"洋行敲诈茶栈，茶栈压迫茶号，茶号受到双重盘剥，又循环转嫁到茶农身上"，认为"长此以往，生产无法发展，技术无从改进，华茶又怎能不衰落呢？"（《吴觉农选集》第4页）他为茶业焦虑，为茶业奔忙，为茶业耗尽了全部心血。在他身上，爱茶业、爱祖国、爱人民三者得到了完美的统一。吴觉农先生为祖国茶叶事业付出的辛劳和功绩是巨大的，他为茶业的恢复和振兴，奋斗了72个春秋。他是我们茶人学习的光辉榜样。

"建立中国新茶业，对于国计民生，实寄其无限之祈望焉！"（《吴觉农选集》第299页，《三年来茶树更新工作之检讨》）吴觉农先生从振兴华茶的初衷出发，从维护茶农的切身利益出发，从国计民生的大局出发，提出了"建立中国新茶业"的口号，不仅摇旗呐喊、鸣锣开道，而且身体力行、鞠躬尽瘁，并对此寄予了无限的希望。他从茶叶的历史到茶树原产地的考证，从茶园管理到茶叶采摘，从茶叶加工到茶叶销售，从茶叶检验到茶叶出口，从茶叶机械化到茶叶标准化，从茶学教育到科技兴茶，从茶的饮用到茶文化，从茶的物质属性到茶的精神属性，从茶叶的政治经济学到社会民生学，总之，他涉猎了他能涉猎的茶业的所有方面。可以说，他对茶业的贡献是巨大的。

“茶业在中国，是具有其最大的前途的，不要说全世界的茶叶，我们是唯一的母国，而我们生产地域之阔、茶叶种类之多、行销各国之广，以及特殊的品质之佳，是各产茶国家所望尘莫及的。”“希望同学们，我们复旦全体同学，永远纪念着寒冰先生，并须以我们的不断的努力，拿工作和事业的成就，以慰寒冰先生在天之灵。”(《吴觉农选集》第 233 - 235 页，《复旦茶人的使命》)吴觉农先生早年致力于茶业人才的培养，创办了我国高等院校中最早的茶叶专业系科。从《复旦茶人的使命》的演讲中，他注重教育和科技兴茶的理念由此可见一斑。孙寒冰先生曾经是复旦大学的教务长，他在日寇对重庆校区的轰炸中遇难，时年 37 岁，为茶叶事业献出了年轻的生命。这是复旦茶人所最痛心最不能忘怀的一件事，他们的无私奉献精神是永远值得后人敬仰的。

“我们相信，茶叶将永为中国的国宝，中国茶叶产区之广，地理环境的优良，是任何产茶国家所不及的。一向只是因为中国整个政治经济的落后，致使茶业自亦无由单独发展。抗战赋予中国以新的生命，也赋予了茶业以新的生命。”(《吴觉农选集》第 294 页，《抗战与茶业改造序》)当时在抗日战争的形势下，茶叶在统购统销政策实施以后，“对于易货及外汇的吸收，曾表现了相当良好的成绩，直接增加了抗战一部分的力量。”1938 年至 1939 年，我国茶叶每年出口总值五千万港元，换回的外汇直接用于购买武器打击日寇，给抗战尽了极大的力量，作出了巨大的贡献。2015 年 9 月 3 日，正值抗日战争胜利 70 周年纪念日，回顾这段历史，可以激发全体茶人的爱国主义热情，提高我们的荣誉感、使命感和责任感。吴觉农先生在看到中国茶业得天独厚的优势的同时，也看到了中国茶业的弱点和缺点。为了改变茶业现状，他提出了“茶业改造”的要求，甚至还提出了“茶业的革命”的口号，力求赋予茶业以新的生命。

“但茶叶购销停顿，茶农求售无门，茶园荒芜，这些情况对每一个以茶业作为自己第二生命的人来说，心情是不能平静的。”(《吴觉农选集》第 406 页，《我在崇安茶叶研究所的一些回忆和感想》)吴觉农先生对于处在半封建、半殖民地时期的我国茶农的悲惨命运给予了高度关注。他同情茶农,爱护茶农,关心茶农,服务三农的心情是有目共睹的。他一生事茶、一生许茶、一生为茶的拳拳之心,在这段话中表现得淋漓尽致。可以毫不夸张地说,他是“以茶业作为自己第二生命”的中国茶界第一人。

“茶园经营的集约化,茶农的组织化,茶叶制造的机械化以及茶叶的标准化——分级厂的建立,这些都是基本的问题,盼同仁们负起责任来研究。”(《吴觉农选集》第287页,《国茶机械化的方针》)吴觉农先生早年提出的茶叶“四化”的基本问题,特别是标准化的问题是振兴华茶的关键问题,是一个带有根本性的问题。即使在今天,茶业的标准化也是一个迫在眉睫的大问题。例如茶叶质量标准、卫生标准、农残标准、矿物质标准等,都将影响茶业的前途。因为我国茶业只有达到标准化,才能做到规范化,才能实现现代化和国茶化。

“关于茶树原产地的研究,当前主要的任务,是对我国野生茶树资源、特别是对那些原始森林中的野生茶树资源要进行调查。通过对野生茶树的调查研究,不仅可以了解不同类型茶树的地理分布、生态要求、形态特征和亲缘关系,为研究茶树起源和品种分类提供科学依据,而且可以发掘新的良种和种质资源,为育种研究、生态保护、农业区划现代化的工作创造条件……通过大家共同努力,我们可以向全世界宣告:我国不但有丰富多彩的茶树资源,而且还存在着原始型的野生茶树……从而揭示我国是茶树原产地的真面貌。关于这项研究工作的进行,我认为,是我们茶叶科学工作者责无旁贷的任务。”(《吴觉农选集》第419-420页,《略谈茶树原产地和外销红细茶的问题》)吴觉农先生为了振兴华茶,立志学茶,更名觉农,并以此为己任,鞠躬尽瘁,死而后已,为我们树立了光辉的榜样。他毕其一生为祖国茶叶正名,自始至终勇敢捍卫我国茶叶的始祖权、发现权、发明权和话语权,毕生为普及华茶而不懈奋斗。他以我国是茶叶的祖国而自豪、而荣耀、而骄傲,因而他也理所当然地为全国茶人所自豪、所荣耀、所骄傲。

吴觉农先生把他的工作态度毫无保留地传授给我们,这是十分珍贵的。“第一点,工作的态度要‘公而忘私’。”“为人服务,的确也就是为了自己,古话说‘助人者人恒助之’,所以我现在还相信公私分明和公而忘私的重要。”这是一个世界观的问题,是核心价值观,是灵魂,是统帅,是做人的根本,是做事的前提条件。做到了这一点才能堂堂正正做人,清清白白做人。

“第二点，工作的态度要‘动静兼顾’。”“动而不静，工作不易有成绩，静而不动，工作不易有进展。所以我主张以冷静头脑处理一切事，以活泼的自动的精神去争取工作。”这是一个方法论的问题，动和静是相辅相成的两个方面，是对立统一的，没有动就没有静，没有静也就没有动。即所谓“文武之道，一张一弛”。工作一段时间以后，要静下来想一想，看看有什么经验教训。只有在实践中思考，在思考中实践。才能总结经验，发扬成绩，纠正错误，以利再战。

“第三点，工作的态度是‘即知即行’。”“因为我们大致是审慎有余，并且是廉洁自守，不怕做错，只怕不做，所以我们该‘即知即行’。”他告诫我们，要敢于实践，善于实践，做一个知行统一论者。我们要努力做到言行一致，即知即行，反对言行不一或只说不做。特别是在当今全面改革开放的年代，更要坚持大胆试验，敢于创新。

“第四点，工作的态度是‘替人着想’。”“能够为人设想就是‘忠’和‘恕’两字。孔老夫子的人生哲学也只是句‘忠恕而已矣’。”他提倡的“替人着想”的境界是一种“先人后己”的崇高境界，如果大家都能这么做，社会就和谐了。我们要学习“替人着想”的人生哲学，只有做到我为人人，才能实现人人为我。要求自己忠诚老实，对待别人宽恕为怀，这就是“替人着想”的精神实质，也是吴觉农先生一生的真实写照。

“第五点，工作必须时时‘训练自己’。”“我们只要不放松自己，努力上进，必可成功。”(《吴觉农选集》第 244－247 页，《我们的工作态度》)刀不磨要生锈，人不学要落后。时代在进步，事物在发展。人要与时俱进，知识要不断更新，只有注重自我修养，才能跟上时代前进的步伐。总之，他的五点工作态度是修成正果的至理名言，也是我们为人处世的规范和标准。

“总之，茶叶前途是很大的。我们要共同努力，为振兴中华作出贡献。”(《吴觉农选集》第 446 页，《茶叶与健康、文化学术研讨会是个创举》)吴觉农先生把振兴茶业置于振兴中华的大前提之下是很有见地的。茶业的命运与祖国的命运是息息相关的，茶业的兴旺发达离不开祖国的富裕强盛。我们全体茶人要继承他的遗志，为振兴中华作出自己应有的贡献。

学习和弘扬吴觉农茶学思想是以茶人精神共圆中国梦的最好载体。我们学习《吴觉农选集》是为了继承发展我国茶叶事业；我们纪念吴觉农先生是为了让茶人精神发扬光大。我们要在学习中纪念，在纪念中学习，把学习和纪念结合起来，培养和造就高素质的新时代茶人。十年前，在全国茶人的通力合作下，于上海百佛园建立了吴觉农纪念馆，提供了一个不可多得的学习吴觉农先生事迹和弘扬吴觉农茶人精神的宝贵基地。在吴觉农先生诞辰118周年之际，全国几十家共建单位分别发来了贺信、贺词、贺电，充分表达了全国茶人的共同心愿，充分肯定了吴觉农纪念馆的价值和贡献。不妨摘录于此，以供茶人学习和分享。

吴觉农家属吴甲选、吴谷茗、吴肖茗、吴鹏写道："吴觉农纪念馆成立以来，为传承吴觉农科学兴茶的思想，及为了弘扬'爱国、奉献、团结、创新'的茶人精神，取得了众所瞩目的成绩，作为吴觉农的家属，我们对此表示衷心的感谢，并希望贵馆在现有的基础上做出更大的努力和贡献。"

中华茶人联谊会写道："吴老身上的茶人精神所代表的其实就是中华民族的魂，为大众谋福利，为苍生建功德。吴老的这个纪念馆最重要的事情就是告诉我们，吴老的这种舍我为民的精神，才是我们要天天记在心上的。"

中国茶叶学会写道："吴觉农纪念馆的成立为弘扬吴觉农先生茶学思想，继承振兴华茶的事业，使吴觉农创导的茶人精神代代相传。"

中国茶叶流通协会写道："吴觉农先生的茶人精神将激励一代又一代的茶人，为中国的茶叶事业的发展而努力、而奋斗。"

中国国际茶文化研究会写道："吴觉农上海纪念馆的建成，充分体现了中国茶人对当代茶圣的无限敬仰和缅怀之情，生动地展示了从神农氏到陆羽到吴觉农数千年文脉不绝、薪火传承、源远流长的璀璨茶文化。"

华侨茶业发展研究基金会写道："吴觉农纪念馆是由上海茶人发起、全国茶人支援建成的。这里集大量图片、文字、实物，简洁明快地介绍了吴觉农先生光辉的一生，它集聚了茶人对吴觉农的敬仰之情，……它是学习、研究、继承的殿堂。"

中国茶叶博物馆馆长王建荣表示："吴觉农纪念馆为弘扬吴觉农茶学思想，使茶人精神代代相传而设，是爱国主义教育基地，是弘扬中华优秀传统的文化课堂。"

绍兴市上虞区人民政府表示："十年来，纪念馆吸引了大量的游客驻足参观，为振兴中国的茶文化、茶产业作出了积极贡献，这是贵馆的光荣，也是全国茶界的光荣。祝愿贵馆越办越红火！"

上海出入境检验检疫协会表示:“衷心祝愿各界茶叶人士、茶叶相关机构能探索茶叶发展新思路,寻求茶叶发展新途径,进一步以科学发展观为导向,不断创新,以特有的优质、特色的服务和经营理念,积极推动我国茶事业的发展。”

上海市茶叶学会表示:“十年前建立的吴觉农纪念馆在学习吴觉农茶人精神和弘扬吴觉农茶学思想上发挥了重要作用,吴觉农纪念馆建馆十周年的历史证明,建立吴觉农纪念馆就是为了更好地学习吴觉农复兴中华茶业的雄心壮志,以茶人之梦托起中国梦,以茶人精神共圆中国梦。”

谈家桢院士 2005 年 4 月贺词:“希望大家能关心、支持、呵护纪念馆的工作,使之成为全国一流的纪念馆。”

首任吴觉农纪念馆管委会主任高麟溢题词:“吴觉农纪念馆建馆十周年纪念,为弘扬吴觉农茶学思想作出重要贡献。”

现任吴觉农纪念馆管委会主任梅峰题词:“中华茶魂。”

原安徽农业大学党委书记王镇恒题词:“吴公思想茶学扬,立馆十载天下仰。复兴华茗宏图显,世代相传永流芳。”

原浙江农业大学教授刘祖生题词:“要养成科学家的头脑,宗教家的博爱,哲学家的修养,艺术家的手法,革命家的勇敢及对自然科学、文艺和社会科学的综合能力。敬录当代茶圣吴觉农先生名言,庆贺吴觉农纪念馆成立十周年”

中日韩茶道联合会顾问寇丹题词:“茶业走向科技产业化并让平民广受茶的恩惠,是吴觉农茶学思想的继承与发展。”

吴觉农纪念馆管委会副主任黄继仁题词:“当今茶业发展盛况不忘吴老奠定根基。”

吴觉农茶学思想研究会副会长于观亭题词:“弘扬茶文化的阵地,宣传当代茶圣的平台。”

西南农业大学教授、著名茶学专家刘勤晋题词:“牢记茶圣教诲,弘扬茶人精神。”

吴觉农先生儿子吴甲选题词:“播火传薪,与时俱进。”

我国台湾中华茶文化学会理事长范增平题词:“觉茶发展世世旺,农艺振兴代代传。”

吴觉农纪念馆顾问团顾问施兆鹏题词:“茶学宗师,风范永存。”

吴觉农先生女儿吴谷茗、吴肖茗题词:“茶为国饮,觉志兴业。”

上述摘录的贺信、贺词、贺电和题词，反映了全国茶人对吴觉农先生的爱戴和敬仰，反映了全国茶人对吴觉农纪念馆开馆十周年的肯定和支持，也反映了全国茶人对吴觉农纪念馆未来愿景的希望和要求。真可谓“十年春秋如过隙，再启征程谱新曲。谁是觉农后继者，茶人精神永矗立”。

随着时间的推移和学习纪念活动的开展，当代茶圣吴觉农先生的高大形象将更加深入人心，吴觉农茶学思想将更加发扬光大。在吴觉农茶人精神的感召下，数以千万计的新时代茶人正在茁壮成长，中华民族原来的茶马古道上已经筑起了“一带一路”的金光大道。试看未来的茶业，必是繁华的世界。

## 五、学习吴觉农精神，做新时代的茶人

2015 年 3 月 16 日，笔者采访了刘修明教授，病榻上的刘修明教授饱含深情地讲述了两个茶圣的源流关系和内心的崇敬之情以及学习吴觉农精神，以及做新时代茶人的深远意义。

### （一）“两个茶圣”源远流长

在中国优秀传统文化中，茶文化具有相当重要的地位，是其中不可缺少的一部分。中华文化是一个整体，是由斑斓灿烂的民族文化组成的。茶文化作为总体文化的一个分支，凝聚了五千年传统文化的精华。茶文化的范围非常广泛，既包括自然科学，又包括社会科学，也包括人文科学。要研究中国传统文化，茶文化是一个很好的切入点。作为茶文化学者，要有广泛的知识，崇高的品德，很好的修养。严格地说，现在许多茶文化学者是不合格的。千百年来，在中华优秀传统文化体系中，在中国茶文化领域中出现了两个伟人，一个是古代的陆羽(733 年—804 年)，一个是当代的吴觉农(1897—1989)。他们分别引领着源远流长的中国茶叶文明之历史进程——茶的兴盛和茶的现代化。茶圣陆羽出现在唐代不是偶然的。他是历史的产物、时代的产物、人民群众社会实践活动的产物，离不开茶业文化的积淀、劳动人民的创造、众多学者的研究。正是在这个基础上，加上陆羽的奋发努力，才有了《茶经》，才有了茶圣。尽管《茶经》只有七千余字，但内容极其丰富，著述极其精辟，包括了一之源，二之具，三之造，四之器，五之煮，六之饮，七之事，八之出，九之略，十之图等内容，囊括了茶叶历

史、茶树种植、茶叶制造以及煎、煮、饮用、茶效等各个方面。这在古今中外都是绝无仅有的。因此茶圣陆羽的美名彪炳千秋，直至今日，是当之无愧的。所以，历代关于陆羽的研究著作很多，助推了茶文化的延伸和发展。辉煌的茶文化并没有因为唐代达到了高峰而终止。

而在吴觉农时代，中华茶文化得到了进一步发展。吴觉农先生处于半封建半殖民地的旧中国，他对茶农的状况有着深刻的了解和同情。尤其是对茶的原产地等问题，在纷繁的争论中，吴觉农先生解开了历史疑窦。1919 年，他作为中国第一位去国外攻读茶叶专业的学生官费留学日本。留学期间，他撰写了《茶树原产地考》和《中国茶业改革方针》两篇长文，证实了中国是茶的发源地，是茶的祖国。同时提出了中国茶业改革的方略，为振兴华茶出谋划策。他的“十个第一”的巨大功勋得到了世人的公认。所以，吴觉农因其对古代茶圣陆羽的发展，对服务“三农”的觉醒，对茶产业、茶经济、茶科技、茶文化的总结，对我国茶学理论、科研育人、产销贸易等作出了划时代的不可磨灭的贡献而被誉为当代茶圣。可以说，陆羽处于唐王朝转变的时代；吴觉农处于新旧中国转折的时代，他们都在历史转折关头作出了杰出的贡献。历史是不能割断的，陆羽与吴觉农的关系是茶文化历史源和流的关系。如果我们不认识这一点，就会陷入历史虚无主义的泥潭。

不言而喻，十年前建立的吴觉农纪念馆在学习吴觉农茶人精神和弘扬吴觉农茶学思想上发挥了很大的作用。特别是在当前全面建成小康社会、全面深化改革开放、全面推进依法治国的新形势下，学习和弘扬吴觉农先生的茶人精神和人格力量，对于树立好榜样、提升正能量，做新时代的茶人是很有意义的。

### （二）学习吴觉农服务“三农”的坚定信念

吴觉农先生是最早关注三农（农村、农业、农民）的人。他一生胸怀大志，心系天下，关心国家和民族的命运。他先天下之忧而忧，后天下之乐而乐，以热爱祖国为荣，以服务人民为荣。早在上世纪 20 年代，他就以“觉农”为使命，并因此改掉了原来的名字”荣堂”。他立志学农、为农、觉农，把自己一生的事业与中国农民的命运和前途紧密联系在一起。由于他对关系中国前途和命运的农民问题特别关心，所以确立了终身服务三农的坚定信念。他在 1922 年撰写的《中国的农民问题》，今天仍然具有重要的现实意义。面对当时中国农村的贫困落后、农业衰败、农民逃亡，他表示了极大的怜悯和关切。他以中国茶农为对象，对茶叶复兴做了大量切实有效的工作。1934 年秋到 1935 年 11 月，他先后到日本、印度、锡兰（斯里兰卡）、印度尼西亚、英国、法国和苏联考察，对国际茶叶生产和销售情况进行了详细的调查，回国后写出了《华茶在国际商战中的出路》《华茶对外贸易之瞻望》《中国茶业复兴计划》等多项报告和建议。中华人民共和国成立后，他主持召开了全国茶叶会议，制定了第一个茶叶发展计划，为新中国的茶叶事业勾画出了宏伟的发展蓝图。我们应当学习他对祖国的热爱、对社会的关注、对农民的关心。把自己的日常工作同建成小康社会的大目标结合起来，把涓涓细流汇成滔滔大海。身在上海大城市，关心三农民生事，我们应当为建设社会主义新农村尽一份心、出一份力。

### （三）学习吴觉农复兴华茶的雄心壮志

吴觉农先生是茶界泰斗、当代茶圣。他是著名的农学家、茶叶专家和社会活动家，是我国现代茶业复兴和发展的奠基人。为振兴茶叶经济，维护华茶在国际上的声誉，改善茶农的生活状况，作出了卓越的贡献。他首创了茶叶口岸和产地检验制度；在各产茶省成立茶叶试验场和改良场。抗日战争期间，他开拓茶叶对苏联易货贸易，支援了抗战经济；他重视茶叶专业人才的培育，包括在重庆复旦大学建立第一个高等学校茶叶系；为系统研究茶叶产销情况，他在武夷山创立第一所国家级研究机构。新中国成立后，他在农业部的领导岗位上，会同贸易部制订和部署了全国茶叶产销体系，并成立了新中国第一个对外贸易公司——中国茶业公司。他生前著译颇丰，晚年主编的《茶经述评》，对我国茶叶历史和现状作了全面正确的评述，并在大量实践和理论探索的基础上，形成了中国特有的茶学思想，对我国茶经济、茶文化的发展具有现实指导意义，值得后人发掘、研究和弘扬。

吴觉农先生是热情的爱国主义者，忠诚的社会主义者，反帝反封建的先行者，服务“三农”的实干者，茶农利益的维护者，开拓国际茶叶市场的策划者，我国社会主义茶学从实践到理论的拓荒者。他热爱祖国，热爱人民，热爱茶业，为振兴华茶奋斗了 72 个春秋，作出了历史性的突出贡献，并在长期实践中形成了内容极其丰富的吴觉农茶学思想。因此，他是 20 世纪中国茶业由衰落到振兴的领军人物，是我国茶界的一面光辉旗帜，也是我国老一辈茶学家的杰出代表。

中国茶界的全体茶人理应高举这面旗帜。

吴觉农先生历行的“爱国、奉献、团结、创新”的“茶人精神”激励着一代又一代茶人为中华茶业的复兴殚精竭虑、奋斗终身。吴觉农纪念馆建馆十周年的历史雄辩证明，建立吴觉农纪念馆，就是为了更好地学习吴觉农复兴华茶的雄心壮志，以茶人之梦托起中国梦，以茶人精神共圆中国梦。

### （四）学习吴觉农一生事茶的执着精神

吴觉农先生是注重科学的人。他是农学家、茶学家，一辈子都在自己的科学领域里辛勤耕耘。他重视茶叶科研，致力于科技兴茶。他重视科学教育，关心茶叶质量和市场销售，推进茶叶出口，为中国茶业复兴作出了巨大贡献。他深知在独立、自由、民主的前提下，科学技术对于改变祖国一穷二白的落后面貌是一种潜在的动力。文化不发达、科技不发展、教育不普及是改变不了农民愚昧无知和贫穷落后的面貌的。作为现代茶科技的开创者、教育者，他是一位非常之人，承担了非常使命，为我国茶业、茶农建立了非常之功。1978 年吴觉农在研究世界茶叶市场后，亲自对云南、贵州、广东、广西、四川等省（区）茶业资源作考察，主张大力发展红碎茶。他认为，发展红碎茶，扩大出口创汇意义重大。当前，我国茶叶质量问题、农残问题、茶叶科技含量不高问题、茶叶品牌问题等等还有许多事情要做，任重而道远。广大茶农急需茶科技的指导，也需要茶文化的滋养。我们要继续发扬吴觉农先生的茶人精神，牢记他平凡而高尚的话语——“我一生事茶，是一个茶人”，为中国的茶业、茶文化多做实事，多作贡献。不辜负他一生中最后一次对中国茶业的嘱托：“中国茶业的前途是很有希望的，茶业生产发展了，中国茶文化也会兴旺起来。”

### （五）学习吴觉农无私奉献的茶人风格

吴觉农先生是品德高尚的人。他一生艰苦朴素，不图名利，只作奉献，不求回报，淡泊明志，宁静致远。他诚实守信，善于团结同志，帮助同事、朋友、学生。他发扬陆羽所代表的优秀传统文化，摒弃见利忘义、损人利己、好逸恶劳、骄奢淫逸的恶习，为我国茶人树立了光辉的榜样。他的人格力量和学者风范成就了他的学术造诣；他的学术造诣又和他所追求的中华民族独立、解放、民主、繁荣、富强的一生事业珠联璧合，从而使他站在了我国茶业的泰山之巅。他担任过我国农业部副部长，但从不追求高官厚禄。他的名言一直成为后人学习和效仿的警句。他说："我从事茶叶工作一辈子，许多茶叶工作者。我的同事和我的学生同我共同奋斗，他们不求功名利禄、升官发财，不慕高堂华屋、锦衣美食，没有人沉溺于声色犬马、灯红酒绿，大多一生勤勤恳恳，埋头苦干，清廉自守，无私奉献，具有君子的操守，这就是茶人风格。"朴实的语言反映出他高尚的情操和无私的胸怀，这正是他光辉一生的真实写照。他以艰苦奋斗为荣，以见利忘义、骄奢淫逸为耻，他是中国茶人的楷模和表率。他身体力行的茶人精神，已经成为新时代宝贵的精神财富，成为一代代茶人、爱茶人与时俱进、开创新辉煌的精神力量。

目前，吴觉农纪念馆许四海馆长正在积极筹建"茶圣堂"，一个是古圣陆羽纪念馆，一个是今圣吴觉农纪念馆，两个板块合二为一，这是创新之举，非常值得赞赏。这么多年来，上海茶人在茶文化方面的贡献是有目共睹、十分巨大的。例如，服务茶经济，促进茶科技，普及茶文化，宣传茶人精神。积极创办上海国际茶文化节，大力扶持少儿茶艺，链接世博做大做强中国茶产业，创建茶业职业培训教育体系，倡导茶文化进社区活动，建立吴觉农纪念馆，开展全民饮茶周活动，扩大茶叶对外交流领域等等。从李乃昌、钱樑、陈君鹏、何耀曾、郑国君、尹在继到葛俊杰，从刘启贵到许四海，从老茶人到新茶人，再到许许多多茶叶工作者，几十年如一日，不计名利，默默奉献，从事以茶文化为媒介的精神文明和物质文明建设。他们的人格和精神是值得赞扬的，也是感人至深的。如何在新形势下继续倡导社会主义精神文明，利用茶文化宣传"两个文明"，这是我们新时代上海茶人的责任。特别是在茶经济遇到暂时困难的情况下，怎样巩固发展茶产业，开创新局面，需要全体茶人在体制上、思想上想办法，开拓创新。我们不能在转型求变中萎缩下去，而要在全面发展中壮大起来。我们应该认真学习和弘扬吴觉农的茶人精神，从自己做起，从小事做起，从实事做起，从当下做起，做一个新时代的茶人。

（原载《上海茶业》2016 年第 3 期，有增删）

# 追思邱蕴芳女士 感恩谈家桢院士

2018 年 8 月 4 日，由上海市茶叶学会、上海电力医院主办，“吴觉农纪念馆”承办，百佛园协办的“深切缅怀邱蕴芳女士仙逝一周年座谈会”在庄严肃穆的百佛园百壶塔一楼大厅召开。来自上海市、江苏省苏州市、江西省上饶县的 80 多位代表出席会议。复旦大学生命科学学院党委副书记钟江、乔守怡、李辉、王洪海教授、刘钢老师；苏州大学沈学伍书记、石明芳档案馆长、王培钢副调研员，上饶邱蕴芳实验学校郑淑华校长，上海电力医院党委书记董永新、民盟上海市委原副主委方荣、滨海古园张丽华老师、潘重光教授、亲属谈向东教授、邱敏等出席会议。会议由“吴觉农纪念馆”副馆长王婧主持。座谈会首先介绍出席嘉宾，然后由吴觉农茶学思想研究会上海联络处秘书长、“吴觉农纪念馆”秘书长马力主持祭拜仪式。全体代表向邱蕴芳女士画像默哀一分钟。上海市茶叶学会、上海电力医院、“吴觉农纪念馆”、百佛园向邱老敬献了花篮；上海馨悦茶学社三位茶艺师向邱老供奉香茗。吴觉农茶学思想研究会上海联络处主任王理平敬献了由他书写、刘启贵敬题的“赤胆保家卫国，忠心救死扶伤；毕生功绩卓著，蕴芳德泽永存”的追思条幅；上海市回民小学小茶人徐维佑敬献了精心书写的“邱奶奶永远在我们心中”的怀念条幅。祭拜仪式寄托了大家对邱蕴芳女士的无限哀思。

上海电力医院党委书记董永新以“爱与岁月同增晖”为题介绍邱蕴芳女士生平；上海市茶叶学会秘书长高胜利作主题演讲。与会的代表们被邱蕴芳女士的精神所感动，积极踊跃发言。民盟上海市委原副主委方荣作了“她是一个值得我们怀念的人”的发言；复旦大学生命科学学院党委副书记钟江、苏州大学基础医学与生物科学学院党委书记沈学伍、上饶邱蕴芳实验学校郑淑华校长、亲属代表谈向东教授先后发言；谈老学生潘重光教授发言题为“追思师母邱蕴芳”；上海市茶叶学会原秘书长周星娣发言；最后，资深老顾问刘启贵作了感人肺腑的总结发言。会后，全体参会代表在百壶塔正门前合影留念。汪国钧先生向大会捐赠礼品食物 100 份；代表们还参观了谈老、邱老生前关心支持建造的“吴觉农纪念馆”，在古代茶圣陆羽和当代茶圣吴觉农纪念馆现场，切实感受“爱国、奉献、团结、创新”的茶人精神。代表们在缅怀邱蕴芳女士，感恩谈家桢院士的同时，受到了一次理想、信念、责任、奉献的思想教育。

这次会议得到复旦大学、民盟上海市委、南通慈善会、上饶邱蕴芳实验学校、黄浦区回民小学、滨海古园、上海市茶叶行业协会、上海市静安区茶文化协会、上海市青浦区茶文化协会、上海市虹口安区茶文化学会、上海市黄浦区茶文化协会、上海市徐汇区茶文化学会、上海市奉贤区茶文化学会、上海市金山区茶文化交流协会等单位的大力支持。

我们为什么要追思邱老？因为邱蕴芳女士既是谈家桢的夫人，又是一位值得景仰的人。她是白衣天使，救死扶伤；抗美援朝，保家卫国；诚信友善，爱岗敬业。她在 2010 年上海世博会期间，受到联合国副秘书长贝南亲自颁发的“中国世博茶寿星”证书，是我们上海茶界最美的“茶寿星”，值得我们上海全体茶人学习致敬。她几十年来相伴谈老，既是谈老的保护伞，又是谈老的贤内助。谈老生前参加学会各项茶事活动，都由邱蕴芳女士陪同呵护；谈老仙逝后，邱蕴芳女士继续关心上海茶叶学会工作，上海茶人为此表示最衷心的感谢。谈老一生心系国计民生，钟爱教育事业，思念“后续有人”，希望“人才辈出”。邱蕴芳继承谈老遗愿，高举先生的接力棒，继续奉献爱心。她省吃俭用，将自己多年的积蓄和谈老留下的养老金 50 万元捐献给希望工程、苏州大学和南通市慈善事业，在苏州大学复建“惠寒学校”，捐赠积蓄 10 万元，设立“谈家桢邱蕴芳奖助基金”资助经济困难的研究生。她出资重建上饶县文家小学，被上饶县人民政府授予“爱心市民”荣誉称号。2009 年，新校舍启用前，上饶县政府把校名更改为“邱蕴芳实验学校”，并要求邱蕴芳请知名人士题写校名。邱蕴芳找到谈家桢的学生、当时的卫生部部长陈竺，陈竺一口答应，数天后就寄来了手书的校名条幅。这年秋季，400 多名学生告别了“屋外下大雨、屋内下小雨”的旧校舍，走进了明亮整洁的新学校。邱蕴芳曾两度前往这所学校，看到学生们在风雨无忧的教室里读书，看到孩子们在平坦宽敞的操场上欢跑，看到校门外翻修一新的马路被命名为“谈家桢路”，她感到无比的舒心和宽慰。邱蕴芳女士还将谈老生前具有很高学术价值的文物全部整理造册，无偿捐献给复旦大学、浙江大学、宁波大学等有关单位，对科学研究作出了很大贡献。邱蕴芳女士最终将自己的遗体捐献给医学研究，表现了崇高的大无畏精神。邱蕴芳女士离开我们一年了，但是她的音容笑貌依然存在于我们的脑海里，她的崇高品质将永远激励我们前进。正如潘重光教授所言："谈师母是捧着一颗心来，不带半根草去的伟大女性。她的一生，是爱国爱党的一生，是刻苦好学、忠于职守的一生，是诚信友善的一生。一个人做点好事并不难，难的是一辈子都在做好事。谈师母就是自始至终都在做好事的高尚的人、她是一个脱离了低级趣味的人。她的精神永垂不朽。今天我们追思谈师母，就要以她为榜样，不忘使国强、使民富的初衷，牢记自己的使命。生命不息，奋斗不止！"

我们为什么要感恩谈老？因为谈家桢是世界著名科学家、教育家、社会活动家，我国遗传学的奠基人，上海市人大常委会原副主任、民盟中央名誉主席。他虽然工作很忙，但对上海市茶叶学会情有独钟。上海市茶叶学会会员也同样对谈老怀有一颗感恩之心。学会的创建、发展、壮大，取得的每项重大成果都倾注着谈老的汗水、心血、力量和智慧。如果没有谈家桢院士的长期指导、关心和支持，上海市茶叶学会就没有今天的兴旺。谈老经常教导上海茶人"发扬茶人精神，献身茶业事业"。谈老十分重视学术研讨和科技兴茶，1983 年 7 月 30 日举行"全国茶叶形势"大型研讨会；1994 年举办"茶人精神与民族文化建设暨吴觉农茶学思想研讨会"；在首届上海国际茶文化节（1994 年）举办时，他亲自题写"节标"，向国外友人发邀请信，宣传上海茶文化节，扩大影响。在 1998 年茶与抗癌研讨会中，谈老题词："加强茶学界、医学界、生物学界的联合开发研究，共同努力征服癌症，为人类造福。"谈老倡导大力办好茶馆，提出："茶馆、茶艺馆、茶楼是品茗休闲的地方，是宣传两个文明的窗口，也是弘扬茶文化的场所和平台。"在他的推动下，上海茶馆雨后春笋般地普及和发展起来。谈老对著名主持人金玲创办的"空中茶馆"节目十分关心和支持。"空中茶馆"于 1992 年 4 月正式开播，生动活泼地弘扬茶文化、普及茶知识，深受广大听众喜爱，获得全国茶人赞赏。谈老多次赴"空中茶馆"做客，与茶人建立了深厚友谊。谈老对培育少儿茶艺很欣赏，很支持，提出"弘扬茶文化要从少儿做起""茶香育苗苗"。他常说："少儿茶艺功德无量。"谈老非常重视弘扬吴觉农茶学思想，在 2005 年"吴觉农纪念馆"开馆时捐赠一万元并亲笔题词。谈老在担任上海市茶叶学会名誉理事长期间，也是不图虚名、实实在在"理事"。上海茶人为有这样一位名誉理事长而感到无比幸福和自豪。我们要永远不忘谈老夫妇的恩情，永远铭记谈老的教导，做一个真正的茶人。

正所谓：伟人虽逝，精神永存。春风化雨，绿树成荫。小苗长成，后继有人。振兴中华，梦想成真。

（原载《上海茶业》2018年第3期）

# 话说上海老茶人刘启贵先生

## 一、刘启贵其人

上海老茶人刘启贵先生，1936 年生于温州市。曾任上海市茶叶进出口公司红茶科分管红茶货源工作的副科长；上海市茶叶进出口公司职代会代表、提案审查小组组长、公司工会委员；曾 24 年连任上海市黄浦区第七、八、九届人大代表，上海市第九届人大常委会委员。曾任上海市茶叶学会第二届理事、副秘书长；副理事长、秘书长；吴觉农茶学思想研究会常务副会长，吴觉农纪念馆第一任馆长。现任上海市茶叶学会顾问，上海市科学技术普及志愿者协会理事，中国茶叶流通协会顾问，中国国际茶文化研究会常务理事、副秘书长，国际茶业科学文化研究会(纽约)常务理事、副秘书长，中华茶人联谊会高级顾问。

刘启贵常年在青少年中进行“学知识、学茶艺、学做人”的以茶育人活动，已坚持三十多年，他大力宣传茶为国饮，提倡科学饮茶、艺术品茶的以茶养生之道——不吸烟、少喝酒、多喝茶、喝好茶。他为几十年来上海人均年消费茶叶由 200 多克升至 1000 克的发展和成绩作出了重要贡献。他还组织上海茶人积极规范茶叶市场，维护消费者利益，促进茶叶营销良性循环。刘启贵先生还发表了《科学饮茶 100 问》《茶文化知识 100 问》《科学饮茶实用手册》《海派茶馆》《海客谈茶》《吴觉农年谱》《盛世茶缘》等多种(篇)论著。刘启贵先生于 1993 年被上海市黄浦区政府授予“为黄浦增辉”十佳个人，1995 年被评为上海市科协专职工作者先进个人；1996 年被评为上海市科协第二届先进工作者，2000 年被评为上海市科协第三届先进工作者，2001 年被中国茶叶流通协会表彰为十佳先进个人，2004 年被中国茶叶学会表扬为全国学会积极分子，2005 年被评为上海市科协第 4 届先进工作者，2007 年被中国茶叶流通协会评为工作积极分子，

2007年荣获"觉农勋章"。他的业绩先后被录入人民日报出版社出版的科学中国人丛书《中国专家人才库》和中国人事出版社出版的《中国专家大辞典》。

## 二、刘启贵的求学之路

由于多种原因,刘启贵没能进入正规大专院校学习深造。但这并没有阻拦刘启贵对知识的渴求。他凭借一颗勤奋向上的心,主动参加业余学校的进修补习,大量参加社会实践来磨砺所学,日复一日自学不辍,逐渐积累了扎实的政治、文化知识和业务技能。

20世纪50年代,他连续十年通过新亚补校、贸易工会职校、立信会计补校、国光技工专修班、外贸短训班、外贸干部业余学校、市总工会干校、市音乐家协会专修班、市教育局教师假期进修班、虹口区教师进修学院专修班等方式学习进修,补完了初高中文化课,学习了其他专业知识,并选读了几门大专文科课程,为以后进一步钻研业务奠定了良好的基础。

20世纪60年代初,他进入上海外贸夜大进修,学习修辞、逻辑、经济、地理、近代历史等文史地课程,获得"五好学生"称号。嗣后又参加茶叶公司、土产公司自办的红专学校学习英语、茶叶化学等课。

进入70年代,他利用业余时间比较系统地自学了茶叶专业课程知识,如制茶学、茶叶审评与检验、茶树栽培、茶叶化学等大专院校的课程,实践经验得以升华。这对于他70年代专门从事的红茶货源工作有很大帮助。

进入80年代,他自学经济管理知识,重点学习钻研茶叶经济——茶叶的产、供、销、存、运等专题理论。

## 三、刘启贵爱茶事茶

刘启贵事茶已有68年。其中有30年专门从事茶叶货源工作。他从1950年起就同茶叶打交道,与茶叶结下了不解之缘。虽然其中有一段短时间从事工会等工作,但从未脱离茶叶,还经常"客串",突击组织落实急需履约货源。他对茶叶这一行已有深厚感情,也可说他把整个青春都奉献给了茶叶事业。

1979年红茶科成立以来,他以十足的干劲、满腔的热情,任劳任怨工作在货源第一线。他经常深入产区,了解情况,调研问题,支持生产,按政策和法律协助产区生产部门解决了实际问题，为发展茶叶生产，提高茶叶品质，扩大出口货源，保证茶叶出口任务的完成，他尽心尽责，为良好经济效益和社会效益的创造贡献了很大力量。1979—1987 年，他是红茶科出差最多者，每年约有三分之一时间在产区工作。

刘启贵对茶叶事业的热爱和事茶工作的优良成绩，可从几个方面稍加概括：

首先是牢固树立生产观点。他为发展大叶种红碎茶出了大力，流了大汗，作出了很大贡献。他在负责联系四川省 20 多年期间，跑遍几十个产茶县几百个茶厂（场），积极协助省、地、市、县有关部门，为发展茶叶生产做了大量服务工作。四川的同志说："四川茶叶生产有今天的大好形势，有上海口岸的功劳，有刘启贵的功劳。""刘启贵为四川发展茶叶生产吃大苦、耐大劳，立下汗马功劳，同时也为上海口岸建立了稳定的出口红茶生产基地。"他被亲切地称为"四川通""四川代表"。除了四川以外，他对别的省份也一视同仁，做了许多工作。如帮助福建云霄县常山农场、龙海县双弟农场发展红碎茶生产，这两所农场后被誉为"闽南两朵大红花"。他还帮助浙江宁波福泉山茶场发展红碎茶生产，帮助镇海建立红碎茶精制厂，等等，做了大量工作，也获得同行们的好评。

其次是积极转变思想观念。他敢于创新，用改革精神开创红茶货源工作新局面。市场放开后，自营口岸增加到 15 家。各口岸为保自营出口的货源，口岸之间竞争日趋激烈，大大冲击了出口货源的落实。1985 年第一年开放，刘启贵就同 12 个省签订 80 多份合同，供货 36 万担。同时，采取灵活多样的方式，狠抓急需履约货源，努力扩大适销货源，尽力做到择优进货，有力保证了红茶出口任务年年超额完成。

此外，他还注意改善经营管理，通过抓合同管理、质量管理、价格管理，把自己权限内的工作做深、做细、做实，减少开支，提高效益。由于刘启贵从事茶叶经济工作积极认真，卓有成效，1978—1980 年，他连续三年被评为公司先进工作者，1986 年再次被评为公司先进工作者。除了茶叶产销工作外，接待工作的重要性也同样不容小觑。由于开放搞活，来沪人员猛增，每年多达一千人次以上，住、吃、车、船、机票都十分紧张。刘启贵不计时间，任劳任怨，热情做好接待工作，大厂小厂一样对待，获得同行好评，为上海口岸公司赢得了声誉，不少客户都表示愿同上海长期合作。

## 四、刘启贵茶文论述

刘启贵爱好读书看报，每天有自学习惯，爱做学习笔记，也爱写茶文茶讯。

1958 年以来，刘启贵先后写了几十篇有关茶叶的信息、货源工作的体会、茶叶知识小品和学术论文，分别发表在《劳动报》《青年报》《解放日报》《文汇报》《闽北日报》《羊城晚报》《文汇报》及全国有关茶叶杂志上。由于他所写的文章大都短小精悍，具有知识性、趣味性、实用性，有的还有一定学术价值，因此不少文章一报刊登，多报转载，有的还引起国外学者的极大兴趣。

1979 年上海市茶叶进出口公司红茶科成立以来，货源工作总结几乎每年都由他代笔。

1980 年之前，上海报刊上对茶叶知识，特别是对茶叶是健康饮料的知识宣传、介绍、报道很少。为改变这一局面，他于 1980 年 5 月 3 日在《文汇报》上发表了《以茶代烟，健康长寿》一文，引起很大反响，对进一步宣传茶叶知识起了一定的促进作用。文章的发表还引起美国西雅图市华盛顿大学教授郑稚元先生的浓厚兴趣。郑稚元在文章的启发下也撰稿更详细地介绍饮茶的好处。可以说，刘启贵用“茶文”为《文汇报》“引进”了一位热心的美国读者与作者。据了解，郑稚元教授同我国台湾许多学者、教授都有密切联系，他用祖国寄送的茗茶邀请台湾学者共品茗茶，畅谈海峡两岸应该早日统一。一篇小文章能取得如此大的社会效益，出乎刘启贵意料，也使他更热衷于写作茶论了。

1981 年社会上掀起“红茶菌热”，不少读者投书《文汇报》，请该报介绍有关红茶菌的知识。《文汇报》编辑特约刘启贵就红茶菌知识答读者问，此文发表后反响也很大。约有 500 多位读者写信给他，有感谢的，有进一步咨询的，有报告自己饮服后的效果，等等。再如他写的《茶叶与烹调》《茶在日本》《品茶与评茶》《郭沫若品茶》《当代茶圣》等文在《文汇报》上发表后，包括《香港文汇报》在内的不少报纸、茶叶杂志都纷纷转载，可见其文字、其见识、其思想之招人喜爱。

## 五、刘启贵讲学传道

有所学、有所知、有所著述，而后贵在能有所传道授业解惑。

1959 年，刘启贵在上海茶厂中等技校任教师一年，任初中二年级语文老师兼一车间办学人员。20世纪七八十年代，他又多次受上茶一厂“七·二一”大学、技校、上海宾馆培训中心、四川农业大学、西南农业大学及许多兄弟省、市、地、县茶叶学会等单位的邀请，为师生们和茶叶干部及党政领导上课，讲解有关茶叶商品知识、茶叶货源工作及国内外茶叶市场形势，受到听课者的一致好评。

1973年秋交会上，他作为上海专家代表之一，同日本朋友就蒸青茶生产工艺、茶叶品质进行了交流。

在1980年中央三部（外贸、农业、供销）在四川南川召开的“全国发展大叶种红碎茶会议”，1981年农科院等单位召开的“全国茶叶区划会议”，1986年三部一会（外贸、农业、中商、中国茶叶学会）在南宁召开的“全国发展优质红碎茶研讨会”，1986年在温江召开的“全国出口茶叶基地会议”，1987年在成都召开的“中国茶叶学会第四届会员代表大会”以及中商部召开的“全国茶叶经济信息网第三届年会暨交易会”等大会上，刘启贵都作了高水准的精彩发言。尤其是1987年11月19日下午，他在全国茶叶经济信息会上发言，引起很大反响。会后不少同行夸奖说：“精彩，精彩，反馈了信息，大做了广告，显示了水平，更长了上海志气！”言辞间充溢着对刘启贵的赞赏和敬佩。

他还多次应邀参加全国性茶叶学术研讨会年会。他的讲学、学术交流等活动说明他虽无专业文凭，但文化素质、学术水平、业务能力已为社会所公认——不少茶人称他为茶叶界“老法师”、红茶货源“专家”、上海茶叶公司“出色外交家”和“公共先生”等。

## 六、刘启贵与吴觉农纪念馆

刘启贵是吴觉农纪念馆的创始人之一，是其首任馆长和名誉馆长。

设于上海“百佛园”的吴觉农纪念馆是由上海茶人、全国茶人、25家共建单位以及几百位老小茶人捐款捐物自筹资金建成的。纪念馆属于全国茶人，因此大家格外珍惜。2007年11月25日，时任上海市人大常委会党组书记刘云耕参观了吴觉农纪念馆。刘云耕同志提出，“希望大家向吴觉农学习，进一步研究吴觉农茶学思想，做好弘扬茶文化的工作。”为了普及茶文化，百佛园免费向社会公众开放，经常开展各种公益性活动。

这些年，刘启贵为吴觉农纪念馆操了无数的心。建馆十三年来，纪念馆出版简报、特刊11期。举办纪念会、研讨会、茶文化、茶道茶艺、茶与健康报告会、推介会、讲座、文艺演出等各类大型活动44场次。接待组团参观者如地方人大和政协30批次，文化交流协会54批次，大专院校34批次，中国茶文化研究会24批次，企事业组团35批次，来自美国、日本、韩国、马来西亚及我国台湾的客人25批次，中小学青少年组团24批次。累计接待参观者10万人次之多。这些大大小小的数字，都倾注着刘启贵的心血，诠释着他日复一日的不辞辛劳，和年复一年的不改初心。

2016年，吴觉农纪念馆新馆正式落成。新馆耗资3千万，用时2年多。看到新馆落成，刘启贵十分激动，热泪盈眶，从心底感谢许四海先生“救了”纪念馆。他说，如果吴觉农先生在天有灵，一定会为后辈茶人的这份真心感到欣慰。也许他不知道，八十几岁高龄仍如青年志愿者般跑前跑后、不知辛苦、不计回报的他，也早已被年轻的茶人们尊为努力学习的好榜样。

## 七、刘启贵与上海市茶叶学会

1983年7月29日，上海市茶叶学会在风雨中成立，至今已走过了三十五年的历程。它的来龙去脉与刘启贵息息相关。

1983年，经过老一辈茶人多年的攻坚克难，终于突破了“上海南京路不产茶，没必要成立茶叶学会”的禁令，上海市茶叶学会在市科学会堂正式成立了。毋庸置疑，筹建上海市茶叶学会的功臣们为上海茶界和茶人栽下这棵“大茶树”是一件功德无量的事。

1983—1993年，学会一届理事长蒋励（1983—1988年）和二届理事长钱樑（1988—1993年）带领一届、二届全体理事和广大会员在“一穷二白三无”（无固定办公室、无固定年轻专业干部、无活动经费）的情况下艰苦奋斗，取得显著成绩，使原属于市科协农学会下面的二级学会的“上海市茶叶学会”晋升为市科协直管的一级学会。学会第三届理事长程远庄接任学会时，在学会科协系统内依然排不上队，在农口群中也是无名小弟，是穷学会、小学会。刘启贵作为第三届理事会的副理事长兼秘书长，堪称上海市茶叶学会的热心人、践行者和领头羊，带领学会做了大量工作，成绩斐然。

第一，培育推广少儿茶艺。上海少儿茶艺始于1992年8月18日。闸北区沪北新村小学成立了沪上第一支苗苗少儿茶艺队。1993年，少儿茶艺开始推广全市、走向全国。1995年在外滩陈毅广场、1997年在黄浦公园内连续两次举行声势浩大、规模宏伟的大型广场茶会。每次活动都有成千上万名市民参与。1997年1月，上海少儿茶艺赴京汇报演出，交流推广，轰动了北京城，忙坏了中央台。“18条好汉”还上了北京儿童台直播，回答北京小茶人提出的各种问题，取得惊人效果。1999年又在南京路步行街举行“千人泡茶万人品茶会”等活动，向市民展示了茶的魅力，普及了茶知识，弘扬了茶文化，取得了很好的社会效应，促进了少儿茶艺进学校、进课堂的进程，使申城少儿茶艺一直处于全国领先地位。

第二，联合举办国际茶文化节。1994年，上海市茶叶学会、市文联、闸北区政府在宋园达成共识，联合举办首届“上海国际茶文化节”。首届上海国际茶文化节在闸北公园顺利举行时，1000多人冒雨出席。接着，每天举办一个活动，举行学术研讨会；举行中华人民共和国成立以来规模最大、品味最高的“名茶品尝会”；举行“茶节”闭幕式。东方电视台直播，获得广泛好评。如今“茶节”已连续举办了25届，年年出新，精彩纷呈。

第三，支持办好“空中茶馆”。在全国著名相声大师侯宝林先生建议下，“空中茶馆”节目于1992年4月在上海人民广播电台正式播出。它像一声春雷震撼了上海茶界、全国茶界。节目通过电波弘扬茶文化，传播茶知识，深受听众和广大爱茶人喜欢，收听率一直攀升，也多次获得广电部、中国广播学会和上海广电嘉奖。“空中茶馆”不仅在上海影响深远，在上海周边地区以及我国港澳台地区和东南亚国家如新加坡等地也深受听众喜爱和欢迎。刘启贵对“空中茶馆”自始至终都给予了极大的关心和支持。

第四，坚持民主办会集体领导。刘启贵协助理事长坚持民主办会，集体领导，广大会员心齐气顺，共同努力，使学会知名度大大提高，从无名到有名，走向成熟，并获得上海市科协“星级学会”等殊荣，进入先进社团行列。2008年，中国科协授予上海市茶叶学会全国省级学会之星“十连冠”、全国省级学会之星20强、全国省级学会最佳单项50强三项殊荣。

第五，为上海茶业职业培训尽心尽力。1998年6月，学会在多方努力寻求办学合作伙伴的过程中，最终与海艺职业学校谈妥联合开办茶艺餐旅专业班，并于当年9月开出第一期茶艺班，有学生39人，学制2年。学会组织一批专家在暑期抓紧赶写《茶叶概论》《茶的历史与文化》《茶的审评技术》《茶艺》等教学讲义，为以后正式教材的编写打下基础。2001年10月，市职业培训指导中心职业开发处把茶艺师列为社会力量办学专业设置标准开发项目，茶艺培训逐步进入培训指导中心专设的课堂。在创建茶艺师专业培训体系的过程中，上海市茶叶学会的努力具有开创性，在全国产生广泛影响。

第六，积极组织“茶文化进社区”活动。1994年以来，闸北区从区政府到各街道社区对“茶文化进社区”活动都比较重视，形成了“一街一品”的茶文化特色项目：如共和新街道“马大嫂茶艺”、天目西街道“千户茶对联”、宝山路街道“茶故事演讲”、芷江西街道“聋哑人茶座”等。这些特色活动，在上海乃至全国都有一定知名度。1996年4月学会编辑出版了《科学饮茶100问》，大受市民欢迎。2005年4月，组织讲师团进行50场茶科普讲座；2007年，讲师团为来自26个街道的5000多位市民传播茶艺知识、技能；2008年，仅闸北区就举办了13场“东方讲坛、泡茶讲科学、品茶讲艺术”社区普及型系列讲座，直接受众人数超过4000人。学会还积极响应杭州茶界发起的“全民饮茶日”活动，连续五年开展“全民饮茶周”系列活动，在全国范围的影响越来越大。刘启贵带头联合行业协会和新闻媒体等，倡导所有茶企、茶城、茶馆、茶铺等，免费提供部分茶饮，发放科学饮茶、艺术泡茶小册子，组织“千名”或“万名”志愿者上街宣传、举办茶文化展示专场，营造浓厚的茶饮氛围。

八十二岁高龄的刘启贵，仍旧和当年一样，爱与茶友滔滔不绝地说起茶的千般迷人好处，爱与年轻人聊起茶人前辈们矢志不渝的奋斗故事和高尚精神，爱读书看报著书作文广结天下茶友，而每逢茶界盛事，这位和蔼可亲的老茶人总是不辞辛苦，舟车劳顿地热情赶来——他身上好像仍然有使不完的劲儿，岁月似乎并没有带给他任何冷淡和疲倦。这个老头儿和茶打了一辈子交道，如今他自己也像极了一杯老茶：时光的沉淀带给他更浓的色度与更高的厚度，但细细品来，骨子里仍是那一抹蓬勃如初的草木清香。这大概就是不忘初心的茶德吧。祝福刘启贵先生健康长寿，祝福天下茶人吉祥安康，活得自在逍遥。

（原载《中华茶人》2018年10月总第83期）

# 记陶艺茶艺大师许四海

古人云："人生七十古来稀。"许四海先生今年已逾古稀，但依然在为茶叶事业默默奉献。他早年成立上海四海茶文化发展有限公司，担任董事长，为振兴华茶身体力行。他通过茶艺馆和陶瓷工厂的对外开放等一系列经营和艺术活动推广茶文化。他无偿提供 400 平方米场地，供吴觉农纪念馆 30 年布展使用的壮举感人至深。他是吴觉农茶学思想研究会第二届"觉农勋章"奖获得者，可见其对茶业功勋卓著。他毅然挑起吴觉农纪念馆馆长的重任，深受茶人敬佩。他光荣当选第三届吴觉农茶学思想研究会副会长是实至名归。他有一句名言，叫"无事喝茶，喝茶无事"，体现了他对中华茶叶的情有独钟。总之，许四海先生是一位陶艺和茶艺大师，他肩负着陶艺和茶艺的双重责任。

## 一、艰难困苦，玉汝于成

茶人都有自己的故事。正所谓"一人一茶一故事"。如今，许四海的百佛园搞大了，企业做大了，名声也大了，但有谁知道他的过去呢？看了沈嘉禄《紫瓯乾坤》一书中关于许四海的苦难生世，我哽咽了。

1946 年 5 月 15 日，许四海出生在江苏省盐城建湖县的一个小村庄里。他家兄弟姐妹多，父母又无家产，除了几亩薄地，三间草屋，几乎一无所有，真是家徒四壁，一贫如洗。就是这些仅有的薄地和草屋还是土改时从地主刘拐子那里分到的。每天家里的吃用开销是最烦人的事情，稀饭、咸菜、萝卜干是必备的主食，父母抱着过一天算两个半天的想法，挨一日算一日。穷人的日子难挨到什么程度是可想而知的了。

四海在 7 岁那年就没了父亲。父亲的离去，对于年幼的他来说，既是生活上的打击，又是精神上的打击。双重的打击使他变得早熟。由于家境贫寒，经济拮据，为了维持家里的生活，母亲许董氏承担着繁重的家务劳动，洗衣、做饭、做针线活，等等。农田里种粮种菜的活计，以前是靠父亲劳作的。父亲死后，家里失去了主要的劳动力。好在这个时候，村里成立了合作社，后来又成立了日晖人民公社。家里的地由村里的人帮着种，暂时解决了困难。四海想帮着娘种地，但被村里的大人们拦住了，他们要让四海上学读书。四海进的小学其实是一所破旧的关帝庙，没有大门，四处通风。学校的一位许老师既当老师又当校长。一年级至六年级的学生都在一个教室里上课，都是由许老师授课。上好语文，再上数学；教了一年级再教二年级，如此循环往复，周而复始。复式班的教学质量虽然不好，但是大家在一起却很热闹。四海读书时有几件事是终生难忘的。第一件事，是四海劫后余生。有一次下雨，他上学去，在过桥时，独木桥掉下河流，他被一直冲到白水滩，险些丧了性命。找到他时，母亲又悲又喜，哭得好不伤心。第二件事，是四海有绘画才能。他在上课时开小差偶然画出的动物画却受到了许老师的欣赏。许老师邀请他到家里的灶台上作画。他画了鸡、画了牛、画了羊，还画了花花草草。后来腊月过后祭灶神，村里就有不少人家将灶台粉得雪白，到许家请四海去画画。从此四海在村里就小有名气了，大家都叫他“小画仙”。第三件事，是四海懂事顾家。自从他上学落水、大难不死之后，他就不怕水了，而且水性见长。放学后他常去抓鱼，有时用钢叉叉鱼，有时用网捕鱼，有时用手摸鱼。每当太阳下山时，他就能收获一篓鱼。年幼的四海在上学之余，常帮母亲料理家务，从事力所能及的劳动。由于付不起学费，四海只读了两年半小学就辍学了。

四海的大哥成家较早，在上海周家桥一带做贩鱼生意。三哥投靠了上海小东门附近的姑妈，在他们的大饼摊上做小工，拉风箱、煎油条。10 岁那年，四海跟着母亲逃荒来到上海，投奔上海的大哥和三哥，开始了自食其力的生活。为了养家糊口，他经常到附近的炼钢厂、化工厂等地拾煤渣、拣回丝，然后卖给人家换钱。正如《红灯记》里所唱：“拾煤渣，担水，劈柴，全靠他。里里外外一把手，穷人的孩子早当家。”

艰苦的磨炼摔打，奠定了坚实的基础。童年的四海喜欢在家门口的石磨上晒太阳，搓丸子，做小泥人玩。一则培养了他的动手能力，一则养成了热爱劳动的习惯。四海长大以后，成为一个著名的工美（陶艺）大师，成为一个乐于公益事业的博物馆人，成为一个推广茶文化的老茶人，这与他孩提时代艰难困苦的磨炼是分不开的。

## 二、建立“吴觉农纪念馆”，功不可没

2004年早春三月，春风拂面，春雨连绵，春茶萌动。刘启贵、赵国君、尹在继、刘修明、王理平、许四海等一些先知先觉的上海茶人正在酝酿筹建吴觉农纪念馆。吴觉农先生是中国茶界的一面旗帜，是中国茶业复兴、发展的奠基人，他的茶学思想、茶人精神是中国茶界的巨大财富。多年以前，茶界的许多志士仁人就渴望为吴觉农先生树碑立传，振兴华茶，建立吴觉农纪念馆是全国茶人的共同愿意。4月初的上海滩，一缕春风终于吹进来了。吴觉农茶学思想研究会上海联络处、上海市茶叶学会、上海出入境检验检疫协会、上海四海茶文化发展有限公司联合发起筹建吴觉农纪念馆。后来又得到中华茶人联谊会和中国茶叶股份有限公司的响应和支持，共同成为倡议单位。当时全国各地茶业社团、企业和茶人纷纷捐款、捐物和提供资料。在大家的共同努力下，办馆的许多难题都迎刃而解了。万事俱备，只欠东风。创办纪念馆最重要的是场馆，怎么办呢？上海四海茶文化发展有限公司总经理许四海做出了惊人之举，毅然提供400平方米展馆（价值400万元）给吴觉农纪念馆无偿使用30年（2005—2035年），解决了筹建展馆的最后一道难题。同年11月28日，上海市茶叶学会召开年会，发出“筹建吴觉农纪念馆倡议书”，得到了24个共建单位的热烈响应，同时确定了创建吴觉农纪念馆的实施方案。

2005年4月14日，旭日东升，晴空万里。位于上海曹安路1978号占地30余亩的百佛园内彩旗飞舞，人声鼎沸。上海市茶叶学会与吴觉农茶学思想研究会联合召开纪念当代茶圣吴觉农先生诞辰108周年大会暨吴觉农纪念馆开馆仪式。吴觉农纪念馆的创立，向全社会提供了一个宣传吴觉农生平业绩和普及茶文化的平台和窗口。纪念馆内陈列着吴觉农先生生前从事革命活动与茶业活动的照片、文稿、书籍、桌椅和钢琴等实物资料。另有各地茶人学习、研究、宣传吴觉农茶学思想学术活动的材料。还有播放专题资料的影视室。整个百佛园是以茶文化为核心的综合性园林，园内的四海壶具博物馆荣获“全国十大民间博物馆”称号。整个园区是一个集旅游、参观、实训、教学、研究为一体的茶文化园林，是对青少年进行爱国主义教育的基地，是弘扬中华民族优秀文化和茶

人精神的课堂，又是一个富有特色的旅游人文景点。全国首座吴觉农纪念馆的建立，是上海茶界和中国茶界的一件大喜事。许四海先生作为发起人、共建者、设计师、活动家之一，是功不可没的。

每年的吴觉农纪念馆庆典活动，许四海馆长都十分重视。他要求工作人员和志愿者全力以赴，各负其责，达到优质办会，优质服务，优质效果。他说："要么不做，要做就要做得更好。"2007 年 11 月 25 日，许四海馆长陪同上海市人大常委会党组书记刘云耕参观了吴觉农纪念馆。刘云耕同志提出，"希望大家向吴觉农学习，进一步研究吴觉农茶学思想，做好弘扬茶文化的工作。"为了普及茶文化，百佛园免费向社会公众开放，开展各种公益性活动。对于慕名而来的参观者，许四海总是笑脸相迎，热情接待。有时观众络绎不绝，他常常亲自讲解，不厌其烦，为传播茶人精神、普及茶文化服务。

## 三、筹建吴觉农纪念馆新馆

2015 年 5 月 25—26 日，初夏的杭州，风和日丽，美景如画。以许四海为团长，周星娣、王理平为副团长的一行 18 人在杭州出席"中国茶业品牌与文创高峰论坛"会议，为升级版的吴觉农纪念馆的建设做准备工作。大家参观了中国茶叶博物馆，参观了"茶都名园"，听了张一民先生的介绍。当晚，在杭州汉庭酒店龙井路店召开座谈会，共商吴觉农纪念馆二期工程大计。会议由刘启贵主持，讨论了"关于联合打造升级版吴觉农纪念馆的倡议书"；形成了对中国茶叶博物馆首批 20 家中国茶业品牌入馆的有益启示。大家认为，吴觉农纪念馆应该学习中国茶叶博物馆的经验，可以将茶业品牌引进来，形成兴文强茶联盟。中国茶叶博物馆入展一个品牌的费用是 3 年 30 万元，吴觉农纪念馆也可以用这个方法招商引资。大家表示要通过互相学习，广交朋友、扩大影响，争取赞助，达到双赢。许四海的发言重点突出，他说："人多力量大，要发挥大家的力量。再有两个月时间，陆羽馆和吴觉农纪念馆新馆的基建就可以完成。陆羽纪念馆要把古代茶文化器皿作为重点文物展示出来；吴觉农纪念馆要收集更多的原始实物，以增强生动性、直观性、可看性。我已向中国茶叶博物馆应玉萍副馆长提出来，让他们出面成立一个全国性的评审委员会，推荐评选全国的茶圣，推动茶业经济、全民饮茶和茶文化的发展。"刘启贵作了总结发言，他说："纪念馆要有自己的特色。要精心组织、精心策划、精心安排,把吴觉农纪念馆新馆建设好。要把实物资料收集好,吴老生前用过的钢琴、桌椅,他家属已同意捐给纪念馆;还有杭州老茶人陈席卿有 4 扎与吴老的通信,可以复制过来。要通过募捐等形式,争取茶企和茶人的支持。”这次会议,为吴觉农纪念馆新馆建设起到了动员和鼓劲作用。

在许四海馆长的带领和安排下,用时 2 年多,耗资 3 千万,吴觉农纪念馆新馆终于建成了。其间,全国茶人积极提供有关吴老生前活动的照片、著作、谈话、书信、题字、讲话录音、视频、生活用品、纪念品等实物,给予了极大的关心、支持和帮助。通过增加大量文物资料,大大提升了吴觉农纪念馆的全面性、完整性和感染力。在硬件建设上,许四海馆长费尽心血。他的私人投入和付出是全国茶人十分敬佩的,不愧为茶人精神的真实体现。许四海馆长对于“中国茶圣博物馆”的建设有一个完整的构想:包括兴建一个吴觉农纪念馆新馆,再建一个陆羽馆,然后把炎帝神农馆建立起来,在百佛园建成反映我国茶叶发展三个里程碑的“三圣馆”——“中国茶圣博物馆”。许四海馆长把原先的吴觉农纪念馆迁移到后建的陆羽馆对面,让当代茶圣吴觉农纪念馆与古代茶圣陆羽馆两馆并存,相映生辉。其间 177 米的茶圣长廊,象征着中国茶叶走向世界之茶马古道的延伸和发展。陆羽亭、茶圣阁两亭并立水上,相对而立,相得益彰。中国茶圣博物馆的建立,以其丰富多彩的文化内涵给人耳目一新之感。吴觉农纪念馆新馆的筹建,是许四海先生茶人精神的再接再厉、发扬光大。他不求回报,只求奉献,体现了一份舍小家、为大家的崇高社会责任感,是全体茶人学习的楷模。

吴觉农茶学思想研究会前会长梅峰在 2016 年吴觉农纪念馆新馆落成庆典仪式上的致辞中给予了高度评价:“在吴觉农纪念馆新馆落成之时,我要特别赞扬许四海先生,他为新馆的建设投入了千万元的个人资金,为新馆的顺利建成,提供了物质支撑。”“他们为中国茶叶事业做了一件功德无量的大好事。他们的名字也将载入中国茶业史册,永世流芳。”

## 四、无事喝茶,喝茶无事

许四海的老师唐云曾对他说:“中国不缺企业家,但缺优秀的艺术家,你肩负着复兴茶艺的重任,更应该对自己有一个清醒的认识。复兴茶艺这个重任,不是我交给你的，而是历史交给你的，谁叫你是江南‘壶痴’。”（参见沈嘉禄《紫瓯乾坤》第338页）遵循老师的嘱托，许四海把陶艺和茶艺的结合做到了极致。他在八十年代去宜兴帮助筹建紫砂二厂时就在心里播下了一颗种子，这颗种子在今天已经发芽了，开花了，结出了两枚果实。它们分别是：一个壶具博物馆，一个茶文化发展公司。事实上，四海还是一个最本质的茶人，一个不可多得的紫砂陶艺家，为了茶文化的根本，他不惜割舍经济利益。他的艺术创作和经营活动都紧紧地围绕一个字：“茶”。他对吴觉农纪念馆十余年如一日的贡献就是最好的例证。许四海先生常说“无事喝茶 喝茶无事”，体现出他对茶叶的独到见解：

其一，他对中华茶叶爱之至深。他既是陶艺师，又是茶艺师。在他看来，壶是泡茶的器具，茶是壶中的生灵。在他身上，陶瓷和茶叶两者齐备，并驾齐驱。他爱壶及茶，有自己的茶叶生产基地，有自己的茶文化公司，大力弘扬茶人精神，不遗余力为茶奔忙。他对茶如饥似渴，一日不可无茶，是一个真正的茶人。

其二，他对中华茶叶爱之入迷。在他看来，无事喝茶，你就会喜欢中国源远流长的文化，学习优秀的传统文化，丰富自己的思想。无事喝茶，你就不会沉迷于酒色，而是向往祖国的大好河山，深入到大自然界中去修身养性。喝茶无事，你就会树立“精、行、俭、德”的茶人精神，乐于奉献，助人为乐，甘于寂寞，敢于担当，勇于创新，广做善事。

其三，他对中华茶叶爱之成癖。他把饮茶作为人生的一大嗜好，只要一有闲暇，就坐下来，一壶清茶，慢慢品尝。他不仅自己喜欢喝茶，而且喜欢和朋友一起喝茶。无事喝茶，你就不会整天盯着手机玩了。无事喝茶，你会发现身边的朋友多了，爱喝茶的人遍天下。你会以茶交友，以茶会友，以茶联络感情，以茶传递思想。清朝乾隆年间的大学士王文治曾题词曰：“茶，众品得慧，对品得趣，独品得神。”茶叶凝聚了中华文化的深厚内涵。喝茶的智慧、乐趣和神韵尽显其中。

其四，他对中华茶叶爱之成瘾。他认为喝茶可以平安无事，让你远离医生。茶在传到欧洲之初是作为药物放在药店里卖的。茶叶中的茶多酚能抗辐射。茶有清除人体自由基的能力，所以能防病，能治未病，故有万病之药的美誉。茶的保健作用表现在抗氧化和延缓衰老、增强免疫力、保护大脑、防止老年痴呆，降低血脂、降低血压、减少肥胖等方面。人要身体健康，要想延年益寿，要想无疾而终，也就是说要想无病无事，就必须坚持喝茶。无事喝茶，你就会不再喜欢喝饮料，而是追求天然的茶叶，享受幸福的生活。他深知茶叶的许多有效成分是人体所必需的，深信只要天天喝茶，就能振奋精神，促进思维，消除疲劳，健康长寿。

如今，他的"无事喝茶 喝茶无事"的名言正在被越来越多的人所接受，已经成为人们健康生活的一种理念。

（原载《上海茶业》2017 年第 3 期；另载《中华茶人》2018 年 1 月总 79 期）

# 百岁尹在继 茶人美名扬

## ——热烈祝贺尹在继先生百岁生日快乐

尹在继先生是上海茶界的泰斗人物，也是全国茶学领域德高望重的知名人士。作为著名茶学专家、高级工程师，他是当代茶圣吴觉农的得意门生，是上海茶界如今健在的国宝级人物，历经沧桑，不悔茶研，堪称上海第一百岁老茶人。

纵观尹在继先生一百年来的奋斗足迹，用他《茶铭志》的诗句加以概括恰如其分：

风吹浪打坎坷路，酸甜苦辣味全知；却喜老来身心健，一生不悔茶研志。

## 一、风吹浪打坎坷路

有道是"成人不自在，自在不成人""天道酬勤"。尹在继先生一生所走过的道路，就是一条蜿蜒曲折、崎岖不平的成功之路。

尹在继，字兆茗，笔名尹茗。1920 年 9 月 27 日，他出生于浙江嵊县水阁塘村一个农民家庭。屋后的山上有一片野生茶园，是村民们世代传下来的。祖上没有什么基业，父亲给他取名"在继"，大概就是希望他"在继承茶业"上有所作为，他的降生似乎注定是为茶而来的。他出身贫寒，命运多舛，屋漏偏遭连夜雨，雨打芭蕉叶带愁。7 岁上学，同年其父病故，由其母和三位兄长抚养成人。清贫的生活使他从小养成了热爱农业、勤奋刻苦的性格。小时候一有闲暇，他就跟着兄长上山采茶。一边采着嫩芽，一边突发奇想：长大以后能制很多茶叶，能卖很多钱，能过幸福生活。有时候，他也去看大人制茶，从杀青到揉捻、烘焙、炒干。不知不觉中他就喜欢上了祖国的五千年瑰宝——中华茶叶。

浙江嵊县素以产茶著称。千百年来，嵊县茶业一直在全国占有重要的地位。嵊县茶业起源于汉晋时期，唐朝茶圣陆羽曾到嵊县考察茶叶生产。元、明、清三朝，嵊县均有茶叶进贡朝廷。清同治年间，嵊县创制"前冈辉白"全国名茶，驰名大江南北。1936年,吴觉农在嵊县三界创办浙江省农林改良茶场,引进茶树良种和先进机械设备,开展茶叶生产技术研究及推广工作。嵊县被日寇侵占后,茶业一落千丈,茶园荒芜。尹在继见状痛心疾首,义愤填膺,决心抗争到底,还我大好河山。1938年他考入浙江省茶叶改良场,正式开始学茶;浙江省茶叶改农场后合并为浙江省农业改进所,尹在继进入了茶业技术人员训练班,师从吴觉农先生,从此与茶结下不解之缘。结业后他在浙江省农业改进所茶树病虫害研究室作见习员;1940年调到松阳农业改进所总部工作。1942年日本侵略军流窜到浙、皖等地,松阳山城遭陷,他撤退到福建崇安茶叶改良场任技术员。1943年初,吴觉农所长调他进武夷山茶叶研究所继续茶树病虫害研究工作,任助理研究员。1944年,他撰写了《茶蚕初步观察》和《武夷山茶树病虫害调查报告》,发表在当年的《茶叶研究》上。1945年春,日军侵入贵州、广西等地,出于爱国之心,他毅然决然投笔从戎。入伍半年后,日本政府宣布无条件投降,他奉命于1946年6月复员。同年8月进入上海商品检验局任技佐,后升为技师。1947年秋,受上海商品检验局派遣赴台湾省考察茶业,回沪后撰写了《台湾茶业概况》报告,发表在1951年外贸部《商品检验》第二期上。

1958年,上海商检局的茶叶出口检验工作转移到中茶上海分公司办理,他随业务转移到中茶上海分公司,仍然负责茶检领导工作。由于工作出色,他获得了许多荣誉,1959年其所在的茶检验室被评为上海市对外贸易局先进集体。

1966年5月"文化大革命"开始,尹在继被扣上"反动学术权威"的帽子,以莫须有的罪名受到批斗并被下放劳动。虽然遭受迫害,身处逆境,但是他始终没有动摇对于茶叶事业的信念,坚持学习茶知识,钻研茶科技。直至1979年改革开放第二年他才恢复工作,回到中茶上海分公司。

1981年他受聘为《中国农业百科全书·茶叶卷》编委,兼任"茶叶审评检验篇"副主编;1982年受聘为《中国商品大辞典·茶叶分册》编委和编委会副主任;1990年被推定为《中国茶叶进出口经营史录》和《中华茶叶五千年——大事记年》两书编委。1983年上海市茶叶学会成立后他被推选为第一、二届理事和第三、四届名誉理事。1987年被指定为《上海茶叶对外贸易志》副主编,做了大量的资料收集、整理和编撰工作。1986年他代表上海茶叶分公司与中国农业科学院茶叶研究所合作,进行"茶叶保鲜技术及其机理"的研究,选用铝箔、铝塑复合、各种塑料薄膜等十多种材料,在不同温湿条件下进行透氧、防潮性能测定，并通过实物储存，得出以三合一共济（尼龙、树脂、聚乙烯）的保鲜、防潮性能最好的结论。这一成果获得中国农业科学院1990年科技成果二等奖。1994—1998年，上海市外经贸委编修《上海对外贸易志》，尹在继受公司聘请，担任该书茶叶史方面的编辑。

尹在继先生是当代茶圣吴觉农的学生，是上海市茶叶学会创始人之一。他从事茶叶科学研究、茶叶检验工作70余年，风雨兼程，不屈不挠，为茶叶事业作出了杰出贡献。特别是他对感官评茶技术造诣很深，创立了一套科学评茶方法，培养了大批茶检技术人才，为我国实现外销茶分级标准化和鲜叶化学成分分析测定作出了重要成绩。正所谓“不经一番寒彻骨，哪来梅花扑鼻香”。

## 二、酸甜苦辣味全知

尹在继先生所走过的道路是不平坦的。幼年丧父使他家失去了顶梁柱，生活失去依靠；战争环境让他东迁西移、流离失所；工作艰苦加之科研劳累，令他疲于奔命。他的一生，尝尽了人间的酸甜苦辣，正如茶叶的色、香、味、形、韵一应俱全。犹如加工茶叶，只有经过千揉万捻之后，鲜美的茶汁才能释放出来；犹如品尝好茶，只有经过高温冲泡之后，其中滋味才能一饮而尽；犹如茶道茶艺，杯中茶叶只有经过三起三落方显出国色天香。关于1942—1945年武夷山茶叶研究所工作的史实，《武夷茶事春秋》中有一段真实的记述：“企山是武夷山的一个组成部分……企山地处山北的丘陵地带，离县城约十里，离赤石约三里，界于县城和赤石之间。原有木板房三幢，作为科技人员研试办公之用，其周围尚有部分零星泥瓦小平房，作为职工宿舍、食堂和少数家属之用。除本所职工外，别无他人杂居。晚上常可听到虎啸狼嚎之声，照明通用桐油灯，若想看书，鼻孔会被油烟熏黑。生活十分简朴，除了工作，很少与外人交往。为了改善这种枯燥生活，吴所长也想了不少办法，每周或半月举行一次研讨会，每半月或一月举行一次联欢会，邀请大家共同参加，有时还与当时退居赤石街的东南合作总社、第三战区贸易联合处等单位共同举办联欢会，虽然节目比较简单，但在当时条件下，也算是一种难得的娱乐了。”“茶叶研究所的组织机构，分为栽培、制造、化验、推广、总务五个组。”“科研项目结合当时实际，利用原有设备，还增添了化验室、温室、评茶室、病虫害室、苗圃繁殖场等。”“在我国茶业处于最低落、最困难时期,外销停顿、二次世界大战爆发、日寇疯狂向我进攻之时,吴觉农先生显出英雄本色,仍领导全国茶人带头艰苦工作,奋勇前进,培养了大批科技人才,为我国茶叶复兴和科教事业的发展打下了良好的基础。”(参见尹在继《茶学科技春秋》第217-218页)。据记载,1942—1945年,在艰苦的环境中,武夷山茶叶研究所四年中共完成试研课题58项,从中我们可以对尹在继先生及其同仁们艰苦的工作经历和奋斗状况略知一二。

尹在继先生的一生是不平凡的。他所处的岁月经历了两个截然不同社会制度。他从出生到青年时期,是我国从半殖民地半封建社会向新民主主义社会和社会主义社会过渡时期,经历了抗日战争和解放战争的血与火的考验。他的青壮年时期和老年时期是在新中国成立以后,在社会主义初级阶段,他进一步融入了我国的茶叶事业,勤勤恳恳,兢兢业业,任劳任怨,默默无闻,贡献了自己的毕生精力。难能可贵的是他在繁忙的工作中念念不忘茶叶科研。他把生产和科研结合起来,总结经验,撰写论文。先后在《茶叶研究》《经济周报》《商报》《大公报》《商品检验》《华东对外贸易通讯》《茶叶季刊》《中国茶叶》《中国茶叶加工》《茶叶》《茶报》《中华茶人》《茶叶经济信息》等刊物上发表专业论文80余篇。

他的主要成就之一是创立了一套科学评茶方法。在中茶上海分公司任职期间,他多次应邀参加全国性茶叶科技论证和评审会议,总结科学评茶经验,推广科学评茶方法,促进茶叶质量提高。在1946—1990年长达45年的茶叶品质检验工作中,他亲自评定的茶叶种类难以计数,每天少则几十批,多则上百批。他都严肃认真不厌其烦,进行大量的检测评审,做到公开、公平、公正,并且提出改变水浸出物测定方法,将水浸出液烘干称重法改为浸出后残渣烘干失重法,以使操作简便,效果显著。他的方法比国际标准法提前了30年。在对茶叶粗纤维项目测定中,他提出改用氢氧化钠液取代酸碱多次处理法,测试效果一致,省时省力。对于茶学研究的态度,尹在继先生的一贯宗旨是“不断实践,不断总结经验”。他说:“红碎茶的制造,在我国还是一项新的工作,许多方面还不熟悉,我们要根据红碎茶的品质要求,去熟悉它、实践它、研究它、发展它。不要被那些陈旧的经验或框框所束缚。”(引自尹在继《茶学科技春秋》第7页)正是由于有了这种科学精神,他一生历经了茶学领域的种种磨炼,包括茶树栽培、病虫害防治、茶叶加工、茶叶检验、茶叶审评、茶叶贸易、茶史研究等,从中尝到了茶学的辛酸、茶学的苦楚、茶学的辣味,也尝到了茶学的甜头,从而成为一位了不起的茶人。

## 三、一生不悔茶研志

尹在继先生受教于当代茶圣吴觉农,吴觉农先生的榜样力量和言传身教,使他耳濡目染,潜移默化中也对茶业情有独钟,严于律己,成为“精行俭德之人”。尹在继先生18岁考入浙江省茶叶改良场学茶(后又并入为浙江省农业改进所茶业技术人员训练班),全面系统地接受茶业知识和技能培训。训练班的老师多为思想进步、懂茶爱茶、学识渊博的爱国人士,这对他的成长影响很大。结业后,他在浙江省农业改进所从事防治茶树病虫害的生产实践活动和科学研究工作,对茶树栽培技术的认识有了质的提高,加深了对茶叶的感情。20岁调到松阳农业改进所总部,跟随前辈们开始系统化的茶叶研究工作。22岁调到福建崇安茶叶改良场任技术员,成为一名专职茶业科技人员。24岁那年,他在《茶叶研究》杂志上发表了《武夷山茶树病虫害调查报告》等论文。27岁时,受上海商品检验局派遣赴台湾地区考察茶业,回沪后在外贸部《商品检验》第二期上发表了2万余字的《台湾茶业概况》报告。29岁开始,在上海商品检验局工作,任技师、工程师直至高级工程师。从乡村转到城市工作以后,有些人为香风毒雾、灯红酒绿所迷惑,追求物质享受。而他的生活习惯丝毫没有改变,依然热衷于茶叶事业,勤俭朴素,钻研业务,把主要精力用在学习和科研上。他把自己的研究成果写成论文《从上海茶叶输出看我国茶叶》,发表在费孝通主编的《经济周刊》上,并在《商报》上刊载了《论外汇政策与外销》和《中国茶叶外销问题》等专论,提出了许多合理化意见和建议,对我国茶叶的外贸发展和进步发挥了积极作用。

1950年初,尹在继代表上海商品检验局与复旦大学茶叶专业等单位共同发起成立了第一个全国性茶叶刊物《中国茶讯》,由陈椽担任社长,尹在继担任副社长兼常务编委,交流传播国内外茶叶信息,报道各地茶叶产销情况,起到了宣传普及茶知识和茶科技的作用,受到全国茶界和茶人的肯定和好评。1950年3月,中央贸易部在京召开第一次全国商品检验会议,他以茶叶专家的身份出席。当时参会的茶叶检验专家有吴觉农、蔡无忌、黄国光、戴啸洲和尹在继等5人,并由尹在继负责起草新中国第一部《茶叶出口检验(暂行)标准》和《茶叶产地检验实施办法》，后经部党组审批实施。1950—1951 年，国家进出口商品检验局总局下文，以上海商检局为主，对上海、武汉、广州、重庆商检局的茶叶检验人员进行集训，由尹在继负责此事，会同汤成、裘览耕等同志，培养了 50 多位茶检技术人才，为做好检验工作创造了条件。并通过贯彻落实茶叶产地检验实施办法，从源头入手禁止产地茶厂茶叶着色，克服了百年陋习。凡是经产检发现茶叶着色者，一律禁止出厂。从 1952 年起，我国外销茶着色得到完全禁绝，赢得了世界各国的好评。

1954 年，国家商检总局、中茶总公司联合发文，决定在上海成立"中国茶叶分级研究小组"，由上海商检局、武汉商检局及中茶华东、中南区公司派员参加，由尹在继、向耿酉、高桂英、聂成、廖润初、徐锡等 6 人组成，尹在继任组长。他与同事们一起在茶叶对外贸易方面共同奋斗，通过大量调查研究工作，结合国内生产实际与国际茶叶贸易惯例，制订了一整套红绿茶各类各级标准样茶和实施办法，编用不同茶号，替代各类各级红绿茶规格、等级、标准代号，得到各方认可和领导部门批准后实施，改变了我国茶叶无规格、无等级、无标准，任洋人宰割的局面。从此，我国外销茶叶走上了规格化、等级化和标准化道路。在外销茶叶对外洽谈业务或成交时，无需每笔交易都先寄样、看样后成交，只需报个茶号，即可达成交易，为我国外销茶叶的发展作出了巨大贡献。与此同时，尹在继还参与研究我国科学评茶方法，提出新的茶叶分类理论；参与起草修订茶叶检验制度、检验标准和实施办法，为新中国茶叶出口检验奠定了基础。

1957 年由尹在继提出建议，经领导同意，以上海商检局为主，邀请浙江省农业厅特产局、中茶浙江省公司共同参加，以浙江茶叶为主，采集不同地区，不同叶位，不同品种，不同采摘标准，制成不同茶类，进行茶叶主要成分含量及其变化的测定，由上海商检局负责分析，并得到浙江大学农学院、各地茶厂、县农业局等大力支持。这项巨大工程，动员了近百人次，经过一年艰苦工作，获得了大量数据，摸清了老、嫩茶叶制成不同茶类后的化学规律，使我国茶叶化学成分含量有了自己完整的数据库，也得到国内外的一致赞誉。为填补我国茶叶生物化学含量数据上的空白，尹在继又作出了突出贡献。

尹在继先生立志从事茶业科技工作和茶业科学研究，少壮学茶，矢志不渝，坚持不懈，终其一生，真正做到了"一生不悔茶研志"。2016 年 4 月 14 日，正值上海百佛园隆重纪念当代茶圣吴觉农先生诞辰 119 周年活动暨第三届"上海全民饮茶周”启动日之时，全国各地茶人参加了尹在继专著《茶学科技春秋》首发式。卢祺义先生介绍了专著出版经过及特色；尹在继先生发表了发自肺腑的出版感言。他的学术著作《茶学科技春秋》共包括茶叶科研、茶事评论、茶史纪实、茶情诗歌、茶人聚影五个篇章。这是他茶业人生的光辉结晶，是他摸索茶叶检验审评方法的萃取精华，是他研究茶叶发展规律的经验总结，是他探讨我国茶叶外贸史的经典收获，也是他毕生事茶实践成果的春华秋实。

## 四、却喜老来身心健

俗话说，茶是万病之药，喝茶有益健康。正是在事茶和饮茶的过程中，尹在继先生受益匪浅，身强体健，老当益壮。2018 年 12 月 27 日，由中国茶品牌金芽奖评选活动组委会举办的 2018 第十二届中国(上海)国际茶品牌营销创新论坛暨第十一届“金芽奖、陆羽奖”品牌颁奖盛典在上海四季酒店隆重召开。由中国茶品牌金芽奖评选活动组委会举办的“国际茶品牌营销创新论坛”暨“金芽奖、陆羽奖”品牌颁奖盛典对于推动中国(国际)茶产业与弘扬中华茶文化具有积极的促进作用，标志着中国茶品牌迎来了全球化的崭新机遇，对于中国企业的品牌发展和认证将发挥至关重要的作用，对于发挥榜样的力量将起到不可估量的作用。在当晚的东裕之夜欢迎酒会上，尹在继先生以百岁高龄荣获 2018 年度陆羽奖“中国茶行业特别贡献奖”，这是上海茶人的光荣，也是全国茶人的光荣。当评委宣读颁奖辞时，大会全场报以经久不息的掌声，向他表示衷心祝福和崇高敬意！尹在继先生以自己 70 余年事茶的丰富经历和卓越贡献荣获了崇高的奖杯，他是当之无愧的，得到了全国茶人的一致认可，也是对他一生事茶业绩的最好回报。

在颁奖大会上，尹老神采奕奕，健步走上领奖台。百岁老人，行动自如，真让人羡慕不已。一生不求名与利，却喜老来身心健。尹在继先生以自己的实际行动，为全体茶人和爱茶人作出了表率。

尹老曾写过一篇散文《每逢春回说新茶》，文章写道：“‘茶贵在新’，这是茶叶爱好者对品茶经验的总结。新茶之所以名贵，贵就贵在‘新’字上，当你喝上一杯香喷喷而味感鲜美的新茶，就会使你产生一种舒畅、愉快、精神爽的感觉，而这种感觉，也就是新茶的名贵所在。所以不少茶叶爱好者，对此倍加推崇，把它看作是一种高雅的享受。”(尹在继《茶学科技春秋》第105页)尹老的《每逢春回说新茶》,表达了内心对于新茶的留恋,对于新事物的追求,对于新生活的向往。贵就贵在“新”字上,说得多么好啊!新茶自然可贵,然而创新精神更加重要。尹老看似在说“新茶”,实则在说“春回”,是借助描述日新月异的春回,给人一种“精神爽的感觉”。“每逢春回”,新的一年又将开始,人们又要与时俱进,开拓创新了。创新是科学研究的本质特征,是茶学发展的内在动力,是弘扬优秀茶文化的源泉,是人类不断前进的灵魂,也是我们祝贺尹老百岁生日的意义所在。

尹在继先生跟随导师吴觉农学茶,一生许茶、一生事茶、一生为茶,真正履行了吴觉农的教诲——“不追求功名利禄升官发财,不慕高堂华屋锦衣玉食,没有人沉溺于声色犬马灯红酒绿,大多一生勤勤恳恳,埋头苦干,清廉自守,无私奉献,具有君子的操守”,真正实现了弘扬“爱国、奉献、团结、创新”茶人精神的宏愿。在尹在继先生百岁生日之际,特向尹老表示诚挚的敬意!祝愿尹老生日快乐,身体健康,福如东海,寿比南山!

最后,以尹老友人钱时霖的《诗咏尹在继先生》为结语:

茶界巨星在继公,百年陋习立规禁。

华茶重振千秋业,为国增辉百代勋。

(原载《上海茶业》2019年第3期)

# 记茶邮专家汪德滋

近日收到好友汪德滋先生寄来的大作《茶香邮乐》续集（2018 年 8 月版）。这是他继 2016 年夏付梓问世的《茶香邮乐》之后的又一力作，是国内不可多得的茶邮融合、以邮促茶的科普读物。安徽农业大学原党委书记、著名茶学家王镇恒教授为此书作序，充分肯定该书“内容新颖，茶邮并茂，图文并顾，集史学、人文、自然、科学于一体，趣味性强，多次在全国集邮展览上获奖，实属茶界第一人。本书出版，必将推动中国茶业的发展，弘扬中华茶文化的积极作用”。我拆开包装之后，连夜饶有兴趣地一口气读完了此书，然后有了这篇读后感。

汪德滋先生是一位老茶人，一生事茶，以茶为业，是安徽省农业科学院茶研所的副研究员，工作兢兢业业，几十年如一日，直至退休。同时，他又是一位集邮爱好者。他从 1953 年读小学六年级时就开始爱好集邮，收藏邮品。当时他是皖南山区一所农村小学的学生，担任学校少先队副大队长。辅导员老师号召少先队干部带头给毛主席写封信，汇报自己的学习和家庭生活情况，投稿到上海《新少年报》。由于他是一位出身贫寒又失去双亲的苦孩子，是在党的阳光下成长起来的，所以这封信写得感情真挚，有敬意、有感恩、有内心表白。那年 2 月，他在发信后竟然收到了上海《新少年报》社的回信。信中说：“你们的信已经转到北京中央人民政府办公厅秘书处去了，毛主席看到了你们的信一定很高兴。”收信后，他喜出望外，热泪盈眶。在写信和收集邮票的过程中，他学到了很多关于邮票的知识，对集邮产生了极大的兴趣。到了中学和大学时代，认识的同学越来越多，他开始在通信往来中收集信销票和实寄封等，邮件和邮票收藏日积月累，渐渐丰富起来。退休之后，他有更多时间参加集邮活动，并且创新了集邮方法和内容，把普及茶文化和集邮融合到一起，在集邮中展示茶文化，让邮品充满我国丰富多彩的茶文化魅力。为此，他广泛参加各种集邮活动，多看、多听、多问、多记，以便更多地增长集邮知识。他还深入研究邮书、邮票、报刊，帮助自己提高集邮水平。他通过查证大量资料，收集关于“茶”的中外邮品，编写邮集说明文字，做到全身心地投入。当邮票收集达到一定规模后，他就按照自己的构思和风格进行分门别类的归纳整理，使收集的邮票、邮品有机地结合起来，成为和谐的整体。经过精心设计和整理，展现在邮票上的内容涉及政治、经济、文化、军事、历史、外贸等各个方面、各行各业，方寸之间的小小邮票成为包罗万象的博物馆、容纳丰富知识的小百科。

汪德滋先生幼年学集邮，青壮年爱集邮，旅游观邮展，退休忙茶邮，把集邮渗透到一生之中，以此丰富自己的业余生活。他集邮交邮友，网购乐寻邮，逢节买新邮，业余为茶邮，目的只有一个——圆一个老茶人“集邮品茶两相宜”的“茶香邮乐”梦。汪德滋先生一生致力于事茶、集邮、文艺“三位一体”的创新活动，并在这方面作出了十分有益的尝试。他在茶业中追寻集邮的发展轨迹，在集邮中讲述茶业的优美故事，在文艺创作中追寻茶业和集邮的内在联系。在坚持不懈的努力中，他逐渐成为茶文、邮文、艺文的集大成者。他的杰作《茶香邮乐》就是他茶文、邮文、艺文“三位一体”研究成果的结晶。几十年来，在不遗余力的坚持下，他的‘茶’专题邮集作品在全国邮展中获奖了，他的持之以恒得到了应有的回报。在安徽省“红色足迹”集邮巡展以及合肥市、黄山市集邮展览上，他展出了“茶的自述”等邮集；在闽、浙、赣、皖四省十市集邮联展和黄山市集邮展览上，他展出了“黄山名茶天下香”等邮集；在“北京 2012 全国一片集邮邀请展”上，他展出了“茶的故乡在中国”“茶为世人，世人爱茶”等邮集，大大促进了茶文化和集邮文化的普及。更可喜的是他的集邮作品《茶的自述》(五框)荣获了“长沙 2014 第 16 届中华全国集邮展览”开放类二等奖；他的《茶，一片树叶的故事》(五框)和全贴片彩图 80 幅荣获“北京 2015 中华全国现代集邮展览”大银奖。

汪德滋先生《茶香邮乐》续集的内容以 21 世纪以来发表的有关祁红的茶文为主，集合了茶文、邮文、艺文三个部分，具有可读性、知识性和趣味性。汪德滋先生 1963 年毕业于安徽农学院(现安徽农业大学)茶业系，长期从事茶叶科研、茶叶科技推广等工作。多年来编辑出版多种茶叶书刊资料。主持“综合开发安徽省外销茶生产基地的技术经济政策情报研究”项目，曾主持“祁门功夫红茶”行业标准制订项目，1993 年国内贸易部批准发布实施，1994 年获得安徽省科技研究成果证书，2000 年获得省农科院科技进步奖一等奖。他在几十年的工作实践中，深入一线，研究茶树生长规律，研究茶叶加工技艺，研究茶叶技术经济政策，研究茶叶生物化学，研究茶叶对人体的健康作用，等等。撰写“扬长避短，加快安徽省茶叶生产发展”的调研论文，荣获省科委、科协的奖励。他先后参加了编纂《祁门县志茶业志》的初稿和评议稿研讨会，他的茶文《祁红小镇的茶史拾遗》和《祁红小镇的茶史拾遗(续)》对于厘清祁门红茶溯源的史料争议提供了证据材料。此外，他还就祁红创始人之一的余干臣的相关祁红史料及其新出版的文学性作品中的记述，以祁红史料(含新近发现的)为据，针对其相关热点、疑点，严谨地进行剖析、论证。他对于祁红小镇茶史考证的实事求是态度是值得尊敬和赞扬的，他的研究成果和分析意见是值得采纳和重视的。

汪德滋先生在《徽州社会科学》2017 年第 10 期发表的《祁红拓展国际市场之对策》一文，提出祁红拓展国际市场份额之五大对策：“一是创新茶园经营管理模式；二是精准趋前谋划祁红出口模式和市场；三是提升祁红出口产品标准化；四是关注研发提升‘祁门香’的新产品；五是创新特色茶文化活动。”祁红是我国著名的高档红茶品牌之一，由于具有特殊的“祁门香”品质优势而使皖南山区小县祁门蜚声中外。如何复兴我国红茶出口包括扩大祁红出口？这是我国“一带一路”倡议机遇期下的一个新课题。“实现祁红红遍天下的祁红复兴梦”，不仅是安徽祁门茶人的奋斗目标，而且是全国茶人的共同奋斗目标。汪德滋先生在退休之年依然关心祁红的复兴和发展，实难能可贵。他提出：

其一，从加强新茶园经营管理模式入手。这是制茶的基础条件，没有优质的鲜叶保证就没有祁红的良好品质。为此，必须做好茶园“四统一”管理作业：即“统一农资配送、统一病虫害防治、统一茶园改种换植、统一新技能培训。”有道是：“好种出好苗，好园出好茶。”为了确保祁红的传统品质，必须对茶园实行统一的管理模式。只有从优质茶园采下好的鲜叶才能做出好茶来。采好茶是制好茶的先决条件和物质基础。因为采茶是鲜叶的收获过程，是茶树栽培过程的终结，又是祁茶制造过程的开始。采茶是由种茶目的决定的，不采茶既无收获，也无制茶，更无经济价值可言。采茶是制茶的前提，鲜叶质量状况影响制茶工艺，决定成茶品质，并最终体现其经济效益的高低。

其二，为了让祁红走出去争夺国际市场份额，必须深度融入“一带一路”国家战略，做好红茶出口前瞻谋划，加强品牌建设，提高红茶档次质量，组织有意向、有条件的祁红龙头企业齐心协力，抱团出海，争创自主品牌的出口模式，增强市场竞争力。

其三，加强祁红出口标准化建设，采取有效管控技术措施，使祁红加工企业达到各级别标准质量规格才准出厂。

其四，祁红新产品的开发研究必须围绕“祁门香”的品质特征进行。因为“祁门香”是祁红传统产品畅销国内外市场的物质基础和质量保证。要以更多更好的祁红新产品去占领国际市场。

其五，要在特色茶文化和旅游业的配合下，促进茶产业的发展进步。要通过旅游业的兴起，扩大祁红产地的影响力，在饮茶的同时，配置优雅的环境、美妙的乐曲，观赏茶艺茶道，增加花式点心，使外宾感到宾至如归，使内宾享受到“洋茶俗”的乐趣。

他的《祁门红茶香气问题的研究》一文对祁红产业加快现代化，拓展国内外市场的论点，没有人云亦云，而是大胆提出己见，一些知名茶学专家点评此文“观点切中时弊，颇有同感”。

汪德滋先生在邮文中有篇《一枚难忘的实寄封》，十分真实感人。他写道：“这枚伴我58年的实寄封，是成就我爱好写作和集邮的启蒙老师。这除时时教导和警醒我莫忘党恩，激励我在学生时代努力学习，成年后勤奋工作，不忘提高政治思想觉悟和专业技能。如今，又参与校园集邮活动，展示宣传茶邮（企业文化）链接创双赢。践行：老有所好、所学、所为；收获：茶邮养生、社交、快乐。”他把一枚“实寄封”比作“启蒙老师”，写出了自己58年来成长进步的漫漫历程，特别是详细记录了“一枚难忘的实寄封”陪伴自己走上集邮之路的深厚感情。

汪德滋先生在“艺文”中有篇《吴觉农茶学思想与“觉农勋章”》，记载了当代茶圣吴觉农在安徽祁门的创业事迹，反映了吴老与祁门的友谊和情感。吴老在《纪念祁门七十周年所庆》中题词“祝祁门红茶色更艳、味更强、香更浓”。他在文中记载，早在上世纪三十年代，主持上海商检局茶叶出口检验工作的吴觉农先生积极争取当时的行政院农村复兴委员会的支持，组织和参加了徽州等茶叶主产区的茶业调查工作，并与胡浩川先生合著《祁门红茶复兴计划》等论著，后于1932—1933年兼任安徽省立祁门茶叶改良场（现安徽省农业科学院茶叶研究所）场长，使处于“久经废置，派人保管”存亡关头的此场恢复生机，复垦了一些茶园，修缮了办公场址及初制厂，试办了平里茶叶运销合作社等。文章歌颂了吴觉农先生为复兴我国茶业所作的丰功伟绩。

总之，读了汪德滋先生《茶香邮乐》续集，很受启发，很有感触。他的“三位一体”的茶文、邮文、艺文，为激励茶人实现做大、做优、做强茶业的目标，倡导全民饮茶、健康全民、茶为国饮的目标，促进全国红茶出口恢复历史高峰10万吨的目标，达到中华优秀茶文化深入人心的目标，实现再创中华茶业新辉煌的目标提供了很好的思路。祝汪德滋先生身体健康，万事顺遂，为振兴华茶事业再献良策，再立新功。

（原载《上海茶业》2019年第2期）

# 记德高望重恩师何耀曾

我与茶界前辈何耀曾先生相识于20世纪80年代初期。那时上海市军天湖农场拥有茶园6000亩，最高年产炒青绿茶达到15000担(约合750吨)。在改革开放的新形势下，为了提高茶叶经济效益，增加外汇收入，急于寻找外销出口之路。那时，上海申江企业总公司总经理薄志明把此事转告了上海茶叶进出口公司。得到这个信息后，钱樑先生约请李乃昌、何耀曾先生等来到军天湖农场。他们亲临茶园、茶厂考察，从生产经营实际出发为茶叶出口提建议，谋发展，扫除障碍，铺平道路，终于帮助军天湖茶厂解决了绿茶出口的难题。不仅实现了军天湖茶叶由内销转外销的演变，而且使军天湖茶厂成为上海市的出口茶基地之一。自从认识何老后，我常与他通信，以得到他的指教；他也每信必回，诲人不倦。我尊他为恩师，他视我为后生，彼此逐渐加深了了解，增进了友谊。所以，他仙逝之后，我时常怀念他，感恩他。

我们纪念何耀曾先生，因为他把一生完全献给了茶叶事业。何耀曾先生1920年12月9日出生于浙江上虞。1940年至1944年就读于复旦大学农业系茶叶专科。当代茶圣吴觉农先生的教诲，鼓舞他将茶业作为自己的终身事业。1949年，他在上海国外贸易总公司中国茶叶公司任业务部副主任，1950年至1954年，就职于中国茶叶公司华东区公司，在储运科先后担任组长、科长。为了新中国的茶业发展，何耀曾心甘情愿，任劳任怨。1956年，茶叶公司在原来拼堆工场、复制工场的基础上成立茶厂，何耀曾担任厂长。由于出口茶都要经过拼堆复制，每年出口量约3万吨，茶厂的工作量非常繁重。厂里有1500多名工人，但是缺乏大型机械，大批量的茶叶要靠人工拼堆装箱。为了完成出口任务，何耀曾和工人们一起没日没夜地拼命干活。当时按规定厂长家里可安装电话，但何耀曾不要，因为他根本没时间在家里接电话，他日夜奋战在厂里，连谈恋爱都顾不上。能为我国茶叶事业贡献自己的力量，他感到无比光荣和骄傲。

1962年，全国红茶会议后，何耀曾又转而投入红茶生产，负责联系江苏芙蓉、四川新胜、湖北恩施等茶场。他经常深入产区，了解生产状况，积极为发展红茶生产身体力行，出谋划策。真正做到了献青春，献终身；舍小家，为大家。

我们纪念何耀曾先生，因为他是上海茶商团队的前辈之一。虽然上海不产茶，但是上海经营茶。特别是在茶的对外贸易方面，早在1685年，上海就有茶叶运销海外的文字记载。鸦片战争前，上海已有茶叶商贸并成为茶叶集散地之一。抗美援朝时期，美国的封锁禁运影响了我国绿茶对非出口，造成绿茶生产过剩，库存大量积压，茶叶生产面临困境。由于当时红茶供销不足，为了保护茶农生产积极性，寻找茶叶出路，中国茶叶公司在吴觉农先生领导下果断采取应变措施，在重点绿茶产区改产红茶。上海茶商团队是绿改红茶出口的响应者和急先锋。1950年至1980年，上海茶叶出口数约占全国茶叶出口总量的60%～80%。一个口岸，完成如此巨大体量的出口茶业绩，确实是难能可贵的。因为上海茶叶进出口公司有一大批德高望重、兢兢业业的茶人，他们长年默默无闻地为茶叶对外贸易而工作，贡献了毕生的精力和智慧。何耀曾先生就是这支茶商团队中杰出的代表之一，在他身上真正体现了“爱国、奉献、团结、创新”的茶人精神。

我们纪念何耀曾先生，因为他是上海市茶叶学会的创始人之一。1981年，全国茶叶会议期间，吴觉农先生与何耀曾谈了上海成立茶叶学会的问题，希望他积极参与，努力把这件事办好。带着吴觉农先生的嘱托，回到上海后，他与钱樑先生等人数次联系市科协和有关部门，向他们说明上海虽然不产茶，但上海在茶叶经济中占有重要的地位，力陈上海成立茶叶学会的理由，争取有关单位的支持。经过不断努力，在茶叶公司、外贸局、外贸学院、商业二局等单位的支持下，1983年7月，上海市茶叶学会终于正式成立。何耀曾担任了第一届理事会理事、副秘书长。学会成立之初，条件相当艰苦，何耀曾等老茶人不忘初心，不遗余力，牢记使命，努力工作，克服种种困难，使之站稳脚跟，再上台阶。如今上海市茶叶学会的发展壮大，离不开老茶人打下的坚实基础。1988年，何耀曾离休后，更是全身心地投入学会建设。何耀曾先生先后担任学会第二届理事会副理事长，第三、四、五届理事会顾问，第六届理事会名誉顾问。他虽然年事已高，身体衰弱，但却时时关心祖国茶叶事业，关心上海茶叶学会的发展，常常过问学会工作，并对学会建设提出自己的意见和建议。何耀曾先生真正实现了

“全心全意为茶叶事业，鞠躬尽瘁，死而后已”的愿望。

何耀曾先生是我十分敬重的前辈茶人。他为人诚恳，乐于助人，对茶叶事业任劳任怨，竭尽全力；但却默默无闻，甘做无名英雄。他对茶叶学会工作也非常关心支持，出主意，想办法，为办好学会竭尽全力，这是全体学会会员有目共睹的。在茶叶学会组织者的精心安排下，每一次会员交往都是难得的团聚机会，每一次系列活动都留下美好的回忆。茶人相聚，分外热闹，聆听报告，学习交流，以茶会友，以茶交友，真是“学而时习之，不亦说乎；有朋自远方来，不亦乐乎”。何老曾经告诫我，给报刊投稿，有些涉及保密的数字要特别谨慎，不该公开的不能公开，以免泄密。何老曾经送我一份精美的挂历，其中有法国巴黎卢浮宫中珍藏的人体艺术绘画图案。他在 1993 年 12 月 21 日的来信中言：“兹寄上一个挂历，这是法国卢浮宫著名油画，有很高的艺术价值，我想你不会以封建的残余意识去看它。”在那个年代赠送那样的挂历还是需要有点胆量的。从这些小事中，反映出何老为人的真诚和实在。

还有两件事让我铭记不忘。

第一件和红碎茶生产有关。我记得在军天湖茶厂开通绿茶出口渠道之后，何耀曾先生又提出建议，希望军天湖茶厂发展红碎茶生产，既可增加茶叶花色品种，又可提高鲜叶的附加值和适制性。在何老的建议下，军天湖茶厂决定增加红碎茶出口生产，得到了上海茶叶进出口公司于秀澄、许秀梅老师的关心指导。当时茶厂的红茶机械 CTC 和 LTP 两种红碎茶加工设备是委托江苏省芙蓉茶厂制造的。芙蓉茶厂的工程师韦祖德先生给予了很大帮助，在接到任务后只用了几个月时间就把机械设备制造出来并交付使用。该厂还专门派出经验丰富的老师傅实地指导生产，使红碎茶出口加工很快走上了正轨。可见专家技师和兄弟单位的支持有多么重要！

第二件和我加入茶叶学会有关。1983 年 7 月 29 日上海市茶叶学会成立时，在茶界老前辈的关心下，我很荣幸地成为首批会员，并且参加了在市科学会堂举行的成立大会。我参加学会是费了一些周折的，因为按照学会当时的入会条件，要求是很严的。既要讲学历和职称，又要讲事茶年限和工作业绩等，一个年仅 30 岁的青年人要想入会，是有一定难度的。结果，我还是被学会破格吸收，成为 108 位创始会员之一。这在当时的确是不容易的，是与茶界老前辈钱樑、何耀曾、刘启贵、万紫娟的关心和帮助分不开的。这件小事，让我时常感恩在心。

我常常记得何耀曾先生对我的关心和帮助。他和我是忘年之交，我们的相处很投缘。我在军天湖茶叶总厂担任厂长时，有事就给他写信，以求得他的帮助。他也每每给我回信，给予教诲和指导。20世纪90年代初，我写了一首长诗《新茶歌》向上海市茶叶学会《茶报》投稿。何老给我回信："来信及诗稿收到。诗稿我已转给《茶报》主编徐永成同志，诗稿中你浸透着对茶叶的深情，我十分理解。但诗稿在《茶报》上发表，可能也有一些困难。""《新茶歌》我希望你琢磨加工，将来可在适当的刊物争取刊出。"虽然当时《新茶歌》没能被《茶报》录用，但是何老是真心实意关心我的。后来，《新茶歌》终于刊登在刘启贵老师主编的上海市茶叶学会论文集中。1993年12月2日，何老给我来信时写道："一个人的成才除老师外，靠自己实践，靠同志们的帮助，而多读书，学以致用，则一辈子受用无穷，而且书籍这位老师不限于时间，没有任何条件，你可以永远从它那里得到启迪，得到指点，得到帮助。"何老十分强调读书的重要性。他告诫我，读书可以增长才识，可以陶冶情操。在增长才识上，学问能提高人的判断和处事能力；在陶冶情操上，学问能使人修身养性和洁身自好。人的天赋有如野生的花草，需要学问的修剪；而学问本身，又要经受实践的检验。阅读使人充实，会谈使人敏捷，写作使人精确。要把读书和思考结合起来，培养自己的问题意识。这需要我们日积月累地反复阅读并且通过生活实践的不断感悟，只有把间接知识和直接知识结合在一起，才能获得真知灼见。学问不是冷冰冰的知识库，而是要和我们的修养、生命连为一体的。学问丰富了我们对世界的看法，又会反过来丰富我们自身的思想境界。读书不仅是为了获得知识，更是为了提高我们生命的温度、力度和厚度，帮助我们安身立命。何老还说："中国文字上，'学问'两字我觉得最有意思，一个人只要肯学、肯问，就会有很多的学问。"他解释了学与问的关系，告诫我不仅要学而不厌，而且要不耻下问。对于自己不懂的东西，只有虚心去问，才能获得真知实学。何老从自己的切身体会中得出了十分宝贵的科学结论。何老对学问的感悟是多么深刻啊！更可贵的是他能老吾老而及人老，幼吾幼而及人幼，毫无保留地把知识传授给别人。他不是我的科班老师，却是我的终身恩师。

在何耀曾先生百年诞辰之际，谨以此文纪念恩师，缅怀他的高贵品质，寄托我的思念之情。

（原载《上海茶业》2020年第3期）

# 记德艺双馨教授王镇恒

王镇恒教授是一位值得我们尊敬的茶人、老师、学者和领导。他德才双馨，治学严谨，甘为人梯，堪比红烛。他执教事茶、撰文著书，促进了我国茶文化的发展和进步。

王镇恒教授1930年9月3日出生于浙江温州市永昌镇新城村的一个医生家庭。出于对茶叶的兴趣和对茶农生活的关心，1950年，他报考复旦大学农学院茶叶专修科，立志献身茶叶科学事业。1952年7月毕业后，他被分配到安徽省农业厅工作，后被派去六安实验茶场担任技术员。他通过扎扎实实的生产实践和深入的调查研究，对六安地区的茶叶生产状况进行了详细考察，总结出丰富而实用的茶园管理和茶叶栽培技术经验。他发表在1955年第10期《六安农业专刊》上的《六安地区茶叶栽培技术经验》的论文，总结了茶农长期以来对旧茶园改造的成功经验，一是改土，二是改园，三是改树。改土的具体措施有：用树枝或玉米秆沿等高线打桩，修成拦土坝，以防止表土流失；对土层特别薄的，添加客土，把塘泥和林间表土，挑运到茶丛周围；通过丛间深耕结合施用有机肥料，加厚了肥沃的耕作层。改园的具体措施有：补缺增棵，增加茶园密度，提高单位面积产量；改坡筑梯，凡是水土保持不好的茶园，通过把坡地改为梯田，改变自然地貌，达到保水、保土、保肥的目的。改树的具体措施包括台刈、重修剪、轻修剪、以采代剪等几种不同的方式。并在此基础上提出了茶树栽培尚待解决的几个问题，包括老茶园改造、茶树良种、树冠培育、培训人员等关键性问题。他总结的茶叶栽培技术经验对于提高茶叶的质量和产量，提高茶农的经济效益起到了很大的促进作用。

作为一名教师，王镇恒先生长期承担本科生、研究生的教学任务。他言传身教，以身作则，鼓励学生学农爱农，帮助学生树立牢固的专业思想，对学生政治上关心，生活上照顾，视学生如子女。他教书育人，为国家培养了众多英才，桃李满天下。他的60年执教事茶生涯，奠定了他作为师者的崇高地位。他主讲茶树栽培学、茶树优质高产理论等课程，1983年起，他开始培养硕士研究生。他受全国供销合作总社委托，创办机械制茶本科专业，面向全国招生，为国家培养了一大批茶业科技、教育、生产、经营人才。他在《茶业人才培养与实现茶业现代化》中提出了"办好教育，办活教育"的真知灼见（见《王镇恒茶文选集》第293页）。他在《对高等农业院校教学计划几个问题的改革探讨》中提出了"教学、科研、推广是高等农业院校三项基本任务"，"使学生在德智体几方面都得到发展"，培养"既有理论又会实践的全面人才"，"探索中国式的教学、科研、推广三结合路子"（见《王镇恒茶文选集》第300页），为发展我国的茶学教育乃至高等农业教育作出了积极贡献。

作为一位学者，王镇恒先生对茶叶科学有深入的研究，有很深的造诣，有丰硕的成果。他长期从事高等农业教育和科研工作。在执教的同时，积极开展茶树栽培、解剖、生态、生理的研究。他是我国早期茶树解剖学研究学者之一。他的论文《茶树叶片内部结构的研究》和《茶树根的内部结构研究》获得了很高的学术成就。他对茶芽、叶片、茶根、茶花、茶果、茶枝、茶籽以及胚胎、茸毛的内部显微结构的研究，为茶树的高产优质栽培技术提供了理论依据。由他主持编写的第一本高等农业院校茶学专业教材《茶树生态学》，为茶树生态学这门新型茶学分支学科奠定了坚实基础。他的主要著作有《茶树栽培学》《茶树生态学》《英汉茶业词汇》等。他先后多次赴日本、英国讲学、访问，进行学术交流，也曾接待来自法国、日本、英国、德国和我国台湾茶叶界同行，开展学术交流与合作。1984年，王镇恒先生获英国科技中心授予的世界农业科技名人称号，1991年被国务院授予有突出贡献专家称号，并享受政府特殊津贴。

王镇恒先生同时还是一位领导，他曾任安徽农业大学茶业系副主任、主任、副校长、党委书记。他既是教授，又是校长书记，承担着"双肩挑"的职责。作为师者，他能率先垂范、为人师表；作为领导，他能运筹帷幄、统筹兼顾。他历任中国茶叶学会副理事长，中国茶人联谊会常务理事，中国茶叶流通协会顾问、副理事长；国务院学位委员会学科评议组成员，安徽省学位委员会副主任等领导职务。特别是作为茶学高等教育的领导，王镇恒教授十分注重科教兴茶和教育为生产服务。他在《茶业产业化与茶学高等教育》一文中提出了"对当地的茶业及茶叶产品实行区域化布局、专业化生产、一体化经营、社会化服务，使茶叶产品的生产、加工和销售紧密结合，形成一个风险共担、利益同享的共同体"的构想

(见《王镇恒茶文选集》第328页),这对我国的茶叶生产经营走出一条茶业产业化之路,具有重要的现实意义和深远的历史作用。为此,他提出了推行茶业产业化的几项重点工作:一是适度规模经营。创造条件完善茶园承包责任制,逐步改变分散经营的小生产方式,让更多的茶园由善经营、懂管理的茶叶大户承包经营,以提高茶叶集约化经营程度。二是培育龙头企业,组建经营集团。龙头企业可以是茶叶企业,也有的是茶叶股份合作社、茶叶专业市场、茶叶行业协会等。三是依靠科技进步,重点组织推广新技术。主要是茶树良种化,茶园生态化,产品多元化,茶叶机械化,商品名牌化,从而推进茶叶生产向产业化方向发展。王镇恒教授认为,推进茶业产业化要与科教兴茶相结合。他说:"科教兴茶,关键在于人才。高、中、低茶学教育与各种茶业职业技术教育肩负培养茶学人才重任,尤其是高等茶学教育站在茶学教育的前沿,为了培养能适应21世纪茶业发展的人才,茶学高等教育总的方针是坚持三个面向,即面向现代、面向世界、面向未来。""除此之外,还需培养初、中级茶业科技人才,使之形成一支高、中、低结构合理而宏大的茶业科技队伍,为实现茶业产业化、为科技兴茶提供人才保证。"王镇恒教授关于科教兴茶的意见和建议,对于促进高等茶学教育和茶业产业化发展,意义重大。

工作之余,王镇恒先生还长期深入安徽黄山茶区、大别山茶区等茶叶生产一线科技扶农。他多次到歙县、石台、旌德、宣城、青阳、六安、金寨等县市,深入茶园、茶厂、茶市,向茶业技术干部及茶农传授茶叶技术,并帮助金寨县等贫困县地区发展茶叶生产,改善生产条件,提高茶叶品质,增加茶农收入,使科技扶贫取得成效。他与歙县科委合作,在黄山绿牡丹花形特种茶基础上,研制成"海贝吐珠"和"锦上添花"两个新名茶,获得第二届全国农业博览会金奖,并远销日本、美国和东南亚各国,经济效益显著。

王镇恒教授极力推崇"弘扬茶文化,促进茶产业繁荣昌盛"。他认为"针对国内消费茶叶潜力大以及茶叶是21世纪最具魅力的保健食品的特点,宜加大茶文化的活动深度和广度。办好茶叶博览会、名优茶交易会、茶叶节"。建议"在社会上开办知识讲座,搞技术培训,办茶馆传播茶艺与城市社区结合、与精神文明结合,提倡积极向上的茶人精神,建设新茶学,扩大省内外、国内外交流,发展茶旅游,筹建茶业博物馆。"他执教事茶、科技兴茶,为振兴中华茶业披肝沥胆,为繁荣我国茶文化不遗余力,展现了崇高的茶树风格——这就是茶树的扎根大地、奉献绿叶、造福人类、永葆青春的特有品质,并以一生事茶的实际行动身体力行茶人精神。这种茶人精神的具体体现就是上海市茶叶学会顾问刘启贵先生高度概括的"爱国、奉献、团结、创新"精神。王镇恒教授不仅热情倡导茶人精神,而且努力实践茶人精神,他不愧为茶人精神的光辉典范。正如上海市茶叶学会副秘书长胡舜龄在该书首发仪式上所说的:"我们要学习王老爱国奉献、追求真理、崇尚科学的精神;学习王老的为振兴中华茶业、献身茶学教育事业、艰苦探索精神;学习王老的认真做事、低调做人的敬业精神;学习王老对工作热情负责、对业务精益求精、对茶叶事业无私奉献的茶人精神。"我们茶界为有王镇恒教授这样的茶人而骄傲、自豪和庆贺。

王镇恒教授退休后仍继续发挥余热,乐为茶业奔忙,积极支持和参加茶叶学会的各项活动,依然展现出一位老茶人的特有风采。他担任了六安市华山名优茶开发中心技术指导,经过三年多开发,研制成"华山银毫"名茶,精品茶每500克有芽尖17万个。他帮助金寨县开发研制成"金寨翠眉"名茶,获得农业部优质产品奖、全国农业博览会金奖,远销海外,备受青睐。他十分关心家乡温州的茶叶发展,提出了"温州的茶叶应做好'早'字文章"的建议,形成了独具特色的温州早茶,奠定了"浙江茶叶第一早"的重要地位。他还经常在有关刊物上发表文章,他在《上海茶业》2012年第1期上发表了论文《中国红茶的历史与加工制造》,继续为我国茶叶的发展献计献策、贡献力量。

我与王镇恒教授相识于1980年。当年我因报考安徽农学院制茶专业研究生之事曾经和他通过信,他一一回复,耐心指教,使我感激不尽。不久,我带着军天湖茶厂的新创名茶"天湖凤片"到合肥参加安徽农学院组织的名茶研讨会,又见到了王镇恒教授,他十分支持我们的创新精神。后来,《天湖凤片简介》一文在安徽《茶业通报》上发表,引起较大反响,扩大了影响,并载入了全国著名茶学教授陈椽先生主编的《中国名茶研究选编》一书。80年代初,我为军天湖农场"茶树高产优质栽培技术"课题到安徽农学院请陈教授写鉴定。其间,我又见到了王镇恒教授,他是茶树栽培专家,给了我很大的支持和鼓舞。这个课题受到王镇恒教授的支持,又有陈教授的亲笔鉴定,达到程序上和实体上的要求,并最终获得了上海市重大科研成果二等奖。这三件事,体现出王镇恒教授和蔼可亲、提携后辈的人格魅力,至今还留在我的记忆中。

(原载《上海茶业》2013年第1期;另载安徽省茶叶学会《茶业通报》2013年第4期)

# 品茗识茶

# 太平猴魁 实至名归

“太平猴魁”属绿茶类尖茶，是中国历史名茶，创制于1900年，曾经入选“十大名茶”系列。太平猴魁产于安徽省黄山市北麓的黄山区（原太平县）新明、龙门、三口乡一带。主产区位于新明乡三门村的猴坑、猴岗、颜家。尤以猴坑高山茶园所采制的尖茶品质最优。

## 一、茶名由来

“太平猴魁”与南京有着密不可分的历史渊源。20世纪初，南京叶长春茶庄到太平县三门村猴坑一带收购茶叶。他们派人从成茶中挑拣出幼嫩茶叶单独包装。运回南京后，以“奎尖”茶名高价销售，获利甚丰。家住猴坑的茶农王魁成（外号王老二）从中受到启发。他从源头做起，改为在鲜叶采摘时就选出一芽二叶进行加工，提高了茶叶品质。并以“王老二奎尖”茶名投入南京市场，深受茶客欢迎。“奎尖”在南京热销，引起了太平县三门茶人刘敬之的注意，他立即收购了数斤。经品尝，此茶两头尖，不散不翘不卷边，“头泡香高，二泡味浓，三泡四泡幽香犹存”，确是绿茶中的精品。1910年，中国第一个全国性的博览会——南洋劝业会在南京举办。刘敬之即请挚友苏锡岱帮忙，将此茶放到会上展出。苏锡岱提出，为区别其他尖茶，用产地猴坑的“猴”字，取茶农王魁成名中的“魁”字，定名为“太平猴魁”，此茶在南洋劝业会上一举获得优等奖。

## 二、自然环境

“太平猴魁”之所以能长盛不衰，关键在于产地自然环境优越，鲜叶质地良好。茶区常年平均气温15℃，1月份平均气温2.1℃，7月份平均气温28.2℃，春秋气温凉爽温和，4月和10月平均气温分别为15.4℃、16.7℃。年太阳辐射总量为506.18千焦/平方厘米，日平均气温大于等于0℃时的年太阳辐射为369.69千焦/平方厘米，占全年总辐射量的73%。年日照时数为2000～2230小时。年平均降水量1200～1400毫米，常年相对湿度80%，干燥度0.8以下。茶园土质肥沃，土层深厚，多为黑沙壤土，富含有机质。云雾笼罩，低温多湿，适宜茶树生长。茶树大多生长在海拔500～700米的山岭上，由于林壑幽深，地势险要，所以民间有猴子采茶之传说。

## 三、采制工艺

### （一）采摘特点

采摘时节在谷雨至立夏，茶叶长出一芽三叶或四叶时开园，立夏前停采。采摘时间较短，每年只有15～20天时间。分批采摘开面为一芽三、四叶，并严格做到“四拣”：一拣坐北朝南阴山云雾笼罩的茶山上茶叶；二拣生长旺盛的茶棵采摘；三拣粗壮、挺直的嫩枝采摘；四拣肥大多毫的鲜叶。将所采的一芽三、四叶，从第二叶茎部折断，一芽二叶，俗称“尖头”，为制猴魁的上好原料。采摘天气一般选择在晴天或阴天午前，午后拣尖。

### （二）制作特点

太平猴魁的制作分为杀青、毛烘、足烘、复焙四道工序。

杀青：用直径70厘米的桶锅，锅壁保持光滑清洁。以木炭为燃料，确保锅温稳定。锅温110℃左右，每锅投叶量75～100克。翻炒要求“带得轻、捞得净、抖得开”，历时2～3分钟。杀青结束前，要适当理条。杀青叶要求毫尖完整，梗叶相连，自然挺直，叶面舒展。

毛烘：按一口杀青锅配四只烘笼，火温依次为100℃、90℃、80℃、70℃。杀青叶摊在烘顶上后，轻轻拍打烘顶，使叶子摊匀平伏。适当失水后翻到第二烘，先将芽叶摊匀，最后用手轻轻按压茶叶，使叶片平伏抱芽，外形挺直，需边烘边捺。第三烘温度略降，仍要边烘边捺。当翻到第四烘时，叶质快干时不能再捺。至六七成干时，下烘摊凉。

足烘：投叶量250克左右，火温70℃左右。用锦制软垫边烘边捺，固定茶叶外形。经过五六次翻烘,约九成干,下烘摊放。

复焙:又叫打老火,投叶量约1900克。火温60℃左右,边烘边翻,切忌捺压。足干后趁热装筒,筒内垫箬叶,以提高猴魁香气,故有“茶是草、箬是宝”之说。待茶冷却后,加盖焊封。

## 四、品质特征

### (一)品牌等级

太平猴魁主要品牌有猴坑、六百里、新明、奇松、松谷、双猴。

太平猴魁按质量情况分为若干等级,猴魁为上品,魁尖次之,再次为贡尖、天尖、地尖、人尖、和尖、元尖、弯尖等传统尖茶。

产品分为五个级别:极品、特级、一级、二级、三级。

极品:外形扁展挺直,魁伟壮实,两叶抱一芽,匀齐,毫多不显,苍绿匀润,部分主脉暗红;汤色嫩绿明亮;香气鲜灵高爽,有持久兰花香;滋味鲜爽醇厚,回味甘甜,独具“猴韵”,叶底嫩匀肥壮,成朵,黄绿鲜亮。

特级:外形扁平壮实,两叶抱一芽,匀齐,毫多不显,苍绿匀润,部分主脉暗红;汤色嫩绿明亮,香气鲜嫩清高,兰花香较长;滋味鲜爽醇厚,回味甘甜,有“猴韵”;叶底嫩匀肥厚,成朵,黄绿匀亮。

一级:外形扁平重实,两叶抱一芽,匀整,毫隐不显,苍绿较匀润,部分主脉暗红;汤色黄绿明亮;香气清高,有兰花香;滋味鲜爽回甘,有“猴韵”;叶底嫩匀成朵,黄绿明亮。

二级:外形扁平,两叶抱一芽,少量单片,尚匀整,毫不显,绿润;汤色黄绿明亮;香气清香带兰花香;滋味醇厚甘甜;叶底尚嫩匀,成朵,少量单片,黄绿明亮。

三级:外形两叶抱一芽,少数翘散,少量断碎,有毫,欠匀整,尚绿润;汤色黄绿尚明亮;香气清香纯正;滋味醇厚;叶底尚嫩欠匀,成朵,少量断碎,黄绿亮。

### (二)品质独特

“太平猴魁”在尖茶中独树一帜。外形两叶抱一芽,平扁挺直,自然舒展,不散、不翘、不曲;全身披白毫,含而不露;叶面色泽苍绿匀润,叶背浅绿,叶脉绿中藏红，俗称“红丝线”；入杯冲泡，芽叶成朵，或悬或沉，悬在明澈嫩绿的茶汁之中，似乎有好些小猴子在杯中对你伸头缩尾，有“刀枪云集”“龙飞凤舞”的特色。其香气高爽持久，汤色清绿明净，叶底嫩绿匀亮，滋味鲜醇甘甜，有一种独特的“猴韵”。

其特征是：①外形：魁伟重实，个头较大，两叶一芽，叶片长达5～7厘米，这是独特的自然环境使鲜叶持嫩性较好的结果，这是太平猴魁独一无二的特征，其他茶叶很难鱼目混珠。冲泡后，芽叶成朵肥壮，好似含苞欲放的白兰花。此乃极品的显著特征；②色泽：苍绿匀润，阴暗处看绿得发乌，阳光下绿得好看，绝无微黄的现象。冲泡之后，叶底嫩绿明亮；③香气：高爽持久，更耐冲泡；④滋味：滋味鲜爽醇厚，回味甘甜，泡茶时即使放茶过量，也不苦不涩。

### （三）声名显赫

1915年在巴拿马举办的万国博览会上，中国展出的“太平猴魁”茶获得金质奖章和证书，20世纪30年代曾在玻利维亚等国展销；1979年在中国出口贸易中博得五大洲客商好评。多次获得省优、部优和全国金质奖、金牌奖。2002年5月，荣获中国（芜湖）国际茶业博览会金奖，并以500克7万元价格拍卖成功。2004年，在国际茶博会上获得“绿茶茶王”称号，并以50克6.1万元的价格成交。2005年，在中国黄山（上海）茶交会获特等金奖，在拍卖会上100克太平猴魁创下15.9万元竞拍天价，轰动茶界。

## 五、相关传说

### 故事一

古时候，在黄山居住着一对白毛猴，生下一只小毛猴。有一天，小毛猴独自外出玩耍，来到太平县，却遇上大雾，迷失了方向，没有再回黄山。老毛猴四处寻找，连夜奔波，几天后，由于寻子心切，劳累过度，老猴病死在太平县的一个山坑里。山坑附近住着一个老汉，以采野茶与药材为生，他心地善良，当发现这只病死的老猴时，就将他埋在山岗上，并移来几颗野茶和山花栽在老猴墓旁，正要离开时，忽听有说话声：“老伯，您为我做了好事，我一定感谢您。”但不见人影，这事老汉也没放在心上。第二年春天，老汉又来到山岗采野茶，发现整个山岗都长满了绿油油的茶树。老汉正在纳闷时，忽听有人对他说："这些茶树是我送给您的，您好好栽培，今后就不愁吃穿了。"这时老汉才醒悟过来，这些茶树是神猴所赐。从此，老汉有了一块很好的茶山，再也不需翻山越岭去采野茶了。为了纪念神猴，老汉就把这片山岗叫作猴岗，把自已住的山坑叫作猴坑，把从猴岗采制的茶叶叫作猴茶。由于猴茶品质超群，堪称魁首，后人就将此茶取名为"猴魁"。

### 故事二

古时候，有一位山民采茶，忽然闻到一股沁人心脾的清香。看看四周什么也没有，再细细寻觅，原来在突兀峻岭的石缝间，长着几丛嫩绿的野茶。可是却无藤可攀，无路可循，只得怏怏离去。但他始终忘不了那嫩叶和清香。后来，他训练了几只猴子，每到采茶季节，他就给猴子套上布套，里面装着水果，让它代人去攀岩采茶。采回茶叶的猴子可以换到苹果和桃子，所以猴子就争先恐后地上山采茶。人们品尝了这种茶叶后称其为"茶中之魁"，因为这种茶叶是猴子采来的，所以便给此茶取名为"猴魁"。

### 故事三

山东济南府有一家小小的茶叶店，主人陈氏，丈夫早年亡故，只有一个独子，名叫鲁义，母子俩相依为命。陈氏为人热情厚道。有一天，她对儿子说"儿啊，听人说，安徽池州、太平一带的茶叶有名，你何不去安徽买点来，我们好做生意。"鲁义向来对老娘十分孝敬，连忙说："孩儿遵命！"陈氏好不高兴，立即变卖金银首饰，加上平日的积蓄，凑足了二百两银子，千叮咛万嘱咐，送儿子上了路。鲁义拜别老母，离了济南府，一路晓行夜突，往安徽而去。

一天，走到一个险要去处，但见一片古老森林，无边无际，阴风嗖嗖。鲁义正有几分害怕，忽听一声吆喝，从树林里"腾"地跳出几个人来，一个个脸上涂得漆黑，手中握着大刀，凶神恶煞般地拦住了去路。鲁义自出娘胎以来还没经过这个架势，吓得三魂掉了两魂，大喊一声昏了过去。待鲁义醒过来时，包袱衣物已被抢劫一空，二百两银子也未留分文。莫说茶叶买不成，就连吃饭的钱也没有了，怎么回去见那苦命的母亲呢？鲁义好不伤心，他解下腰带，往树上一挂，泪流满面地说："娘啊，娘，孩儿对不起你呀！"说完一狠心，将腰带往颈上一套。

鲁义决心赴死，偏偏腰带“咔嚓”一声断了。他睁眼一看，见面前站着一位白须、白眉的老和尚。老和尚问道：“你年纪轻轻，为何走此绝路？”鲁义于是把奉老母之命到安徽买茶叶，不幸路遇强盗的事说了一遍。老和尚将拐杖往东南方向一指，说：“你不必忧虑，那边自有善人相助。”说完，突然不见了。鲁义甚为奇怪。

原来，那和尚是光仁寺的妙真大师，早已得道升天，今天正好神游此处，见鲁义要自尽，特意前来相救，并给他指点了生路。却说鲁义按照老和尚的指点，忍饥挨饿，登上了蚂蚁岭，只见一个小和尚早在那里等待，说：“贵客光临，师傅有请！”鲁义好生奇怪，他想起了老和尚“自有善人相助”的话，于是跟着小和尚走进了一座寺庙，庙里的妙明和尚亲自离座来迎接。原来，妙明和尚得到师傅妙真大师托梦，要他某日在蚂蚁岭迎接一位上山的贵客，因而特地派小和尚把鲁义接进了寺庙。妙明和尚亲自作陪，以礼相待，鲁义想想自己竟落到这种地步，不觉伤心掉泪。妙明和尚安慰他说：“出家人慈悲为本，如先生决意去做茶叶生意，贫僧愿资助你二百两银子。”鲁义一听大喜，当即叩谢，在庙里留宿一日。

第二天一早，鲁义告别了妙明和尚，动身往太平镇去。来到太平镇附近的剑劈山下，突然狂风骤起，大雨倾盆。他只好站在一家茶店的屋檐下躲雨。眼看着大雨下个没完没了，天又渐渐黑下来。鲁义身上带着银子，怕出意外，想找个地方歇宿，便敲开了这家的门。开门的是一位四十多岁的妇女。鲁义施礼道：“大嫂，我是外地过路之人，天色已晚，特来借宿，明日一早即刻登程。”大嫂一听，面有难色，说：“先生，很对不起，我们孤女寡母的，实在不便，请另找他家吧！”说完，“咣当”关上了大门。此时依然大雨倾盆，行动不得，鲁义想了想，决定在这屋檐下暂过一宿，明日再作理会。半夜时分，突然屋内隐隐传来哭声，牵动了鲁义的情思，想到自己途中遇盗，差点丧命，方知人世间还有这许多苦事。“唉——”，他不禁长叹了一声。这一声长叹，却惊动了一个人。谁？大嫂的女儿。原来，这家大嫂田氏，是个寡妇。有个独生女儿，叫作侯魁，年方一十六岁。长得窈窕清秀，温柔贤惠。不料被当地罗财主的四少爷看中，欲逼迫成亲。田氏想想自己势单力薄，不觉伤心起来，母女俩在这风雨之夜抱头痛哭。鲁义一声长叹，惊动了侯魁，她透过门缝朝外一看，见这位过路客人还缩在屋檐下，就产生了恻隐之心。只是家里没一个男人，实在不便，也只好把他拒之大门之外了。

第二天一早，侯魁打开大门，见这位客人挨过一夜的风雨，脸色苍白，浑身打颤，心里委实过意不去，便邀他进来。此时雨还在下，也不便赶路，鲁义只好进去暂息一时。田氏给他泡了一杯热茶，还端了一些点心。问起，才知这位客人是来太平镇买茶叶的，母女俩见他举止庄重，忠厚老实，也就很客气地留他在家吃饭。俗话说：天有不测风云，人有旦夕祸福。正当鲁义要离店赶路的时候，田氏却突然得了急病，肚腹绞痛，呕吐不已，把个侯魁急得手足无措。鲁义见状，不忍离去，连忙帮着找医就诊，并留在店里照料。雨天一过，请医抓药，不知不觉把二百两银子全花光了，而田氏的病却仍未痊愈。怎么办呢？救人救到底啊！鲁义想：唯一的办法，只有回光仁寺去向妙明和尚再借点银子，一来可治好田氏的病，二来也好买了茶叶回济南府去，免得母亲挂念。

鲁义向侯魁讲了自己的打算，便返身回到光仁寺，把救田氏的情况跟妙明和尚说了一遍。但借银一事却怎么也说不出口来，妙明和尚早看透了他的心事，说："救人一命，胜造七级浮屠。先生不必介意，贫僧再助二百两纹银，买了茶叶也好早日归去。"鲁义惊喜万分，深深感谢这位大慈大悲的菩萨。

却说田氏在鲁义的真心帮助下，身体果然一天天好了起来。这一来，田氏母女对鲁义自有说不出的感激。尤其是侯魁，心里早生爱慕之心。想想这位素不相识的过路人，为娘的病操了那么多心，花了那么多银子，连茶叶也没买着，总不能让他空手回去呀！怎么办呢？侯魁想啊想，想起了"一线天"悬崖上的望云针仙茶。原来，当年侯魁的父亲侯忠是个攀山摘茶的好手。光仁寺的妙真大师听说他为人乐善好施，给他托了个梦，告诉他后山上一线天的峭壁上有几棵长了百年的望云针仙茶，每日可摘到十几片，焙干以后，开水一冲会冒起一缕青烟，还能显出自己亲人的身影。这种茶能医治百病，喝了长命百岁，侯忠按照妙真大师的指点，每日越岭攀崖，采摘仙茶嫩尖，焙干收存。不料被财主知道了，以讨债为名，抢走了侯忠焙好的仙茶，还逼他冒雨上山崖采茶，结果摔死在剑劈岭下。上一线天的山路，现在只有侯魁一个人知道。为了报答鲁义的深情，侯魁以照应母亲为名，一再挽留鲁义，暗里却冒着生命危险，悄悄攀上一线天，采摘当年父亲摘过的望云针仙茶。就这样，侯魁终于焙制了两包望云针仙茶。

当鲁义要离开的时候，田氏母女恋恋不舍地送了一程又一程。临别时，侯魁泪如珍珠，把那两包珍贵的望云针仙茶送给了鲁义，说："这些日子多亏你照应，这两包茶叶请你收下，这是我们母女的一点心意。但不知先生此去何时才能相见！"说完，早已哭成了泪人儿一般。鲁义捧着这两包茶叶，心儿也碎了，一想到母亲还在家里等着自己，只得狠狠心，含泪而去。鲁义经过光仁寺，又去拜见妙明和尚。谈起花去四百两纹银，只换得这两包茶叶时，脸上不免露出羞愧之色。妙明和尚把茶叶打开一看，霍！薄嫩如竹叶，针细若幼芽，色润纯正，清香扑鼻。连声说："好茶，好茶！其价值何止四百两银子！"鲁义不解地问："有那么贵重吗？"妙明和尚说："这两包茶叶，吮吸了侯魁姑娘全身的元气，凝聚了侯魁姑娘毕生的心血，表达了侯魁姑娘一片深情厚意，日后自有大用处哩！"鲁义一听有这么珍贵，越发怀念多情多义的侯魁姑娘，不禁长叹一声："唉！但不知何日才能重新相见啊！"妙明和尚说："你要见侯魁姑娘也不难，我自有办法。"

说着，取了几片望云针仙茶，放进古瓷壶里，用滚沸的开水一冲，只见一股青烟从壶里冒了出来，青烟起处，一位苗条清秀的姑娘出现在鲁义的面前。鲁义又惊又喜，连声喊道："侯魁姑娘！侯魁姑娘！"侯魁姑娘温情脉脉地望着鲁义微笑，不觉流下了两行热泪。鲁义正要向前，突然，青烟散去，姑娘的影子也消失了。鲁义急得大声喊道："侯魁姑娘，你别走哇！"妙明和尚在一旁叹了口气，说："唉！你再也看不到侯姑娘啦！"鲁义大惊，忙问什么缘故。妙明和尚告诉他："自你走后，罗财主的四少爷就去侯家逼婚，侯姑娘至死不从，她登上一线天，口含望云针仙茶，跳崖自尽了。"啊！这简直是晴天霹雳！鲁义当即昏厥过去病倒了。好心的妙明和尚便留他在寺里调养。

数日之后，鲁义渐渐病愈之时，恰逢朝廷出了一张告示，说皇上最心爱的公主得了一种十分奇怪的病，终日饭不思，茶不饮，虽经各路名医医治，仍不见好转，现贵体日渐消瘦，眼望性命难保。凡有能治好公主病者，即招为东床驸马，或赐以重金。妙明即对鲁义说："侯姑娘送你的茶叶，现在有大用处了。"并如此这般地交代了一番。鲁义按照妙明和尚的指点，揭了告示，被带进了宫里。一个官儿对他说："你年纪轻轻，也敢来揭皇告？这可不是闹着玩儿的，犯了欺君之罪，定当满门抄斩！"鲁义说："我自有仙丹妙药，管叫药到病除，请公主用一用便知。"于是，鲁义用几片望云针仙茶，泡给公主喝，果然一喝便精神大振，再喝食欲大增，三喝贵体痊愈。皇上龙颜大喜，当即招鲁义为东床驸马，倍加喜爱，鲁义进宫以后，接来自己的老娘。他深深怀念侯魁姑娘，也把她妈妈田氏接进皇宫。还给光仁寺拨了一笔巨款，扩建寺庙，以报当日赠银之恩。从此以后，侯魁（猴魁）茶叶便扬名各地，流芳至今。

（原载《上海茶业》2014 年第 4 期）

# 黄山毛峰 请君品尝

黄山毛峰是中国历史名茶百花园中的一朵奇葩。在清代光绪年间，由谢裕泰茶庄首创。产于安徽省黄山地区，属于绿茶。该茶每年清明谷雨时节，由茶农精心选摘肥壮初展的嫩芽，手工炒制而成。该茶外形微卷，犹如雀舌，银毫显露，绿中泛黄，且带有类似黄金片的金黄色鱼叶。冲泡时，水汽结顶，香气如兰。汤色清澈微黄，叶底黄绿明亮，滋味甘醇微甜，茶韵意味深长。其鲜叶采自黄山峰巅，早春新茶出炉，白毫披身，锋芒毕露，故名“黄山毛峰”。

## 一、历史渊源

歙州是隋文帝开皇年间设置的，经唐朝，到宋徽宗宣和三年(1121)改名为徽州，元为徽州路，明初原名兴安府，后改徽州府至清末。黄山，原属歙州，后归徽州。据《中国名茶志》载：“黄山产茶始于宋之嘉祐，兴于明之隆庆。”“明朝名茶黄山云雾，产于徽州黄山。”日本荣西禅师著《吃茶养生记》云：“黄山茶养生之仙药也，延年之妙术也。”1949 年夏，黄山丞相源僧师对来访的政府官员，曾采用当年生的大小相似的茶叶生片，每两片面合成一对，以 4～5 对为一扎，作为礼品相赠。

《安徽茶经》记载，“蜚声全国的黄山毛峰”起源的时间“据传说是在光绪年间。当时黄山一带原产外销绿茶，而该地谢裕大茶庄则附带收购一小部分毛峰，远销关东，因为品质优异，很得消费者欢迎”。又据《徽州商会资料》记载：“清光绪年间，歙县汤口谢裕大茶庄试产少量黄山特级毛峰茶，远销东北，深受销区顾客喜爱，遂蜚声全国。”1982 年底，经国务院批准，徽州地区的太平县改为黄山市，并将歙县的黄山公社划归黄山市，设为汤口镇。从 1984 年春开始，歙县茶叶公司在富溪乡选点新田、田里两村 13 个村民组生产特级黄山毛峰。

据李亚北先生考证:“全国名茶珍品——黄山毛峰,是清光绪年间谢裕大茶庄所创制。该茶庄创始人谢静和,歙县漕溪人,以茶为业,种采制都很精通。标名‘黄山毛峰’,运往关东,博得饮者的酷爱。”谢正安(1838—1910),字静和,毕生经营茶业,先后开设了“谢裕大”茶号等厂栈,励精图治,以德兴商,长达半个世纪,可谓一代儒商,时系黄山大小两源唯一的红顶商人。徽州行署商业局长郑恩普于1975年春题词:“凝铸黄山云雾质,飘溢漕溪雨露香。为谢裕大茶号首创黄山毛峰一百周年题。”黄山毛峰从1875年(清朝光绪年间)创制,至今已有一百多年历史。

## 二、产地沿革

黄山盛产名茶,除了具备一般茶区的气候湿润、土壤松软、排水通畅等自然条件外,还兼有“山高谷深,溪多泉清湿度大,岩峭坡陡能蔽日,林木葱茏水土好”等自身特点。黄山常常云雾缥缈,“晴时早晚遍地雾,阴雨成天满山云”。在这样的自然环境下,茶树终日笼罩在云雾之中,长势得天独厚,因而叶肥汁多,经久耐泡。加上黄山遍生兰花,采茶时节正值山花烂漫,花香的熏染,使黄山茶叶格外清香,风味独具。

黄山一带在清朝光绪前原产外销绿茶。自光绪元年(1875)漕溪谢正安创制黄山毛峰,其芽茶原料选自充头源茶园。从此,黄山小源之充头源就成为黄山毛峰的发源地。黄山毛峰茶产于黄山风景区和毗邻的汤口、充川、岗村、芳村、扬村、长潭一带,其中桃花峰、云谷寺、慈光阁、钓桥庵、岗村、充川等的品质最好。

1937年《歙县志》云:“毛峰,芽茶也,南则陔源,东则跳岭,北则黄山,皆地产,以黄山为最著,色香味非他山所及。”可见当时歙县茶区已普产黄山毛峰。后因战乱,民不聊生,黄山小源茶民过着“斤茶兑斤盐”“斤茶换升米”的贫苦生活,黄山大源每年也只有少量黄山毛峰生产。中华人民共和国成立初期,鲁庄茶商进入黄山源收购少量黄山毛峰,而大量收购烘青茶。《中国名茶志》中的“1952—1979年徽州地区毛峰和烘青收购量统计表”注明:“黄山毛峰产区由歙县管辖,特级黄山毛峰为歙县收购。黄山毛峰绝大部分产于歙县黄山源,太平、石台有少量收购。烘青除太平少量外,均产于歙县”。作为黄山毛峰原产地的富溪乡长期受计划经济干扰，产量和质量都受到严重影响。从1991年以来，全市三区四县连年扩大了黄山毛峰生产。目前，除黄山汤口、富溪一带出产著名的毛峰茶外，歙县大谷运—溪头一带的毛峰也跻身上等珍品。

## 三、采制特点

### （一）采摘特点

在清明、谷雨前后，有50%的茶芽符合采摘标准时开采，每隔2～3天巡回采摘一次，至立夏结束。特级茶采摘标准为一芽一叶初展，茶农称“麻雀嘴稍开”；1～3级茶采摘标准分别为一芽一叶、一芽二叶初展；一芽一、二叶；一芽二、三叶初展。特级茶开采于清明前后，1～3级茶在谷雨前后采制。鲜叶进厂后先进行拣剔，剔除冻伤叶和病虫危害叶，拣出不符合标准的叶、梗和茶果，以保证芽叶匀净、质量上乘。然后将不同嫩度的鲜叶分开摊放，散失部分水分。为了保质保鲜，要求上午采，下午制；下午采，当夜制。

### （二）制作工序

黄山毛峰制作分为杀青、揉捻、干燥、拣剔四道工序。

杀青：在平锅上手工操作，火温150～180℃，保持平稳一致，不能忽高忽低。每锅投叶量250～500克，用双手将鲜叶全部提起，翻拌快，抖散开，使茶叶接触锅面受热均匀一致，达到炒匀炒透，没有水闷气。经3～4分钟，叶质变软，稍有黏性，叶面失去光泽，呈暗色即为适宜。

揉捻：将杀青叶起锅后放在揉匾上，轻轻加揉，注意抖散，避免闷黄。特别细嫩的芽叶，往往只需在锅里稍加揉搓即可，以保存叶色鲜艳和芽尖上的白毫。

干燥：分两步完成。第一步是毛火，一般四个烘灶并列一起，火温由90～95℃逐次降低（幅度5～7℃），出锅茶坯先在火温较高的第一个烘笼上烘焙，待后续茶叶出锅时，将前茶坯移至第二个烘笼上，以后逐次类推，流水操作，中间每隔5～7分钟翻动一次，手势轻巧，约经30分钟，茶叶达到七成干即可下烘“摊晾”，这时为“毛火茶”。摊晾厚度3厘米左右，经30～40分钟，茶坯“回潮”时，一般以二烘毛火茶，合并为一烘，进行下一步的足火烘干。第二步是足火。

每锅叶量 1.5～2 千克，火温 65～70℃，烘干过程中要进行翻拌，由开始每 15 分钟一次，以后延长至每 20 分钟一次，直至足干。

拣剔：拣剔是为了除去劣茶杂质，同时使叶脉水分继续向全叶渗透，稍有“还软”，再以 70℃ 火温进行复火，使其充分干燥。

## 四、品质特点

黄山毛峰堪称中国毛峰之极品。其品质特点可以概括为“香高、味醇、汤清、色润”八个字。

《黄山志》记载，“莲花庵旁就石隙养茶，多清香冷韵，袭人断腭，谓之黄山云雾茶”，传说这就是黄山毛峰的前身。清代江澄云《素壶便录》记述：“黄山有云雾茶，产高山绝顶，烟云荡漾，雾露滋培，其柯有历百年者，气息恬雅，芳香扑鼻，绝无俗味，当为茶品中第一。”

黄山毛峰级别分为特级和一至三级。通常以特级茶为代表，三级以下为歙县烘青。

黄山毛峰外形美观，绿中略泛微黄，色泽油润光亮，尖芽紧偎叶中，酷似雀舌，全身白色细绒毫，匀齐壮实，峰显毫露，色如象牙，鱼叶金黄；清香高长，汤色清澈，滋味鲜浓、醇厚甘甜，叶底嫩黄，肥壮成朵。其中“金黄片”和“象牙色”是黄山毛峰外形与其他毛峰不同的两大显著特征。

黄山毛峰冲泡时水温以 90℃ 为宜。冲泡后，汤色清澈明亮带有杏黄色；香气清香高长，馥郁酷似白兰，沁人心脾。喝入口中，滋味鲜浓，醇和高雅，回味甘甜，白兰香味长时间环绕齿间，丝丝甜味持久不退。

1955 年，中国茶叶公司对全国优质茶进行鉴定，黄山毛峰进入全国十大名茶行列。1982 年获商业部名茶称号。1983 年获外经贸部“荣誉证书”。1986 年被外交部定为招待外宾用茶和礼品茶；同时在全国花茶、乌龙茶优质产品和名茶评比会上，再次荣获全国名茶桂冠。1987 年 2 月被商业部授予“部级优质名茶”称号。从 1994 年起，在黄山毛峰原产地小源富溪乡的充头源恢复了特级黄山毛峰的生产，成为国内外游客馈赠亲友的佳品，深受国际友人欢迎。1999 年 4 月 9 日，国务院朱镕基总理访美，江泽民主席委托他带去黄山毛峰馈赠美国费城的恩师顾毓琇，祝愿老先生健康长寿。顾毓琇老师感谢江主席的深情厚意,并嘱咐朱总理为国珍重,又赠其“智者不惑、勇者不惧、诚者有信、仁者无敌”十六字箴言,被传为佳话。2007 年 3 月 26 日,胡锦涛总书记出席俄罗斯举办的“中国国家年”展览会,亲手将黄山毛峰等四种安徽名茶作为国礼赠送给俄罗斯总统普京。

## 五、故事传说

黄山茶树的起源大概与僧人有关。宋代的僧人已经知道在饮茶之后打坐,可以驱散睡魔。他们在寺院后的菜园里栽下了几棵小茶树,采下鲜叶晒干备用。由于黄山气候湿润,每年大半时间茶树都躲在云雾中,僧人便把这些小树叫作“黄山云雾”。800 年过去了,那几棵小茶树已经繁衍出漫山遍野的茶树林。当年的“黄山云雾”不就是“黄山毛峰”的前身吗?明代茶人许次杼的《茶疏》说:“天下名山,必产灵草。”而今,遍布黄山之上的茶树,不正是当年的“灵草”吗?

清朝赵翼《檐曝杂记》记载,黄山毛峰前称“歙岭青”。原先,歙县流传着这样一则故事:明太祖朱元璋 1352 年率军起义后,曾一度转战徽州,屯兵歙岭万岁岭一带。朱元璋在徽期间,广结贤达,还喝上了歙人唐仲实呈上的地方名茶“歙岭青”,连赞“雪岭青”,好茶!好名!因歙县方言“歙”与“雪”同音,朱元璋误把“歙岭青”听成了“雪岭青”。从此“雪岭青”就在徽州传了开来。朱元璋定都南京后,一日行至国子监,有厨人进茶。朱元璋品后曰:“此等好茶,莫不是徽州雪岭青?”厨人闻言答曰:“正是。”国子监如何有产自徽州的雪岭青呢?原来这国子监的厨子正是当年朱元璋在徽期间入伍的歙县歙岭人。朱元璋知情后感慨万端,赏厨人以冠带,封为大明茶事。国子监一贡生闻知此事后叹道:“十载寒窗下,何如一碗茶。”帝适闻之,应声曰:“他才不如你,你命不如他。”从此后,雪岭青的名声响彻全国。当时的“雪岭青”就是如今的“黄山毛峰”。

(原载《上海茶业》2014 年第 1 期)

# 凤凰单丛 山韵悠雅

在大宁国际茶城三楼，有一个宽和轩茶庄。何谓宽和轩？此乃“宽坐小轩四方客，和润心胸凤凰茶”是也。在宽和轩茶庄，有一个凤凰单丛名茶冲泡演示厅。饮用凤凰单丛名茶，须用红泥炉、砂铫壶、橄榄炭、凤凰茶四绝。泡茶按三人、五人、七人不等选择茶壶。以三人饮茶为例，用砂铫（陶壶）一只，取茶 8～10 克，取水 150 毫升冲泡，用三只小杯倒茶喝茶，摆成“品”字形状，所谓“茶三酒四”，既端庄又和谐，正合“天时、地利、人和”之意。经过温杯、润茶、泡茶、点兵等程序，爽口的香茶开始流入茶人的心田。在演示厅里，让顾客买茶学茶，互相交流。买好茶，泡好茶，喝出健康来。正确的饮茶方法让朋友们越喝越健康，越喝越漂亮，越喝越想喝。

凤凰单丛名茶需用锡罐贮藏。由于锡罐密封好，耐恒温，有利于保持茶叶品质的恒定性。宽和轩茶庄鼓励顾客喝旧存新。因为喝隔年的凤凰单丛茶，滋味和香气更好。许多顾客将宽和轩买的茶贮存在茶庄里，等到翌年再喝，贮存量多的达 50 余斤，贮存量少的也有三五斤。宽和轩茶庄主营的广东潮州凤凰单丛名茶品质独特不凡，滋味醇厚甘爽，花香类型多样，自然花香清高。笔者有幸受邀来到宽和轩茶庄，细细品尝凤凰单丛，乐在其中，别有一番韵味在心头——这就是凤凰单丛名茶的“山韵”悠雅。

潮州凤凰单丛名茶说来话长。潮州凤凰山产茶历史十分悠久。民间盛传宋帝南逃时路经凤凰山，口渴难忍，侍从们从山上采下一种叶尖似鹪嘴的树叶，烹制成茶，饮后既止渴又生津，故后人广为栽种，并称此树为“宋种”。明朝嘉靖年间的《广东通志初稿》记载，“茶，潮之出桑浦者佳”，当时潮安已成为广东产茶区之一。清朝时，凤凰茶已名声大振，并跻身全国名茶行列。

凤凰单丛属于乌龙茶类，产自广东省潮州市凤凰山。该区气候温暖，空气湿润，昼夜温差大，年均气温在 20℃左右，雨水充足，年降水量 1800 毫米左右，终年云雾弥漫，土壤肥沃深厚，含有丰富的有机物质和多种微量元素，特别是富含硒元素。茶树生长在海拔1000米以上的山区，有利于生长发育，而且持嫩性强，品质优良。凤凰山上现存的百年以上单丛大茶树有3000余株，单株高大如榕，性状奇特，根深叶茂，本固枝荣，每株年产干茶都在10公斤以上。在凤凰单丛产地，有一株"宋种"茶树，需搭架登高采摘，年产干茶仅有2斤，品质独特，堪称极品，其中有1斤由宽和轩茶庄包销，售价高达3万元/斤。据说在某地，这种极品茶竟然被炒到100万元/斤，让人瞠目结舌。

凤凰单丛名茶的外形要求是：条索粗壮，匀整挺直，色泽黄褐，油润有光，并有朱砂红点。内质要求是：冲泡时清香持久，有独特的天然兰花香；滋味浓醇鲜爽，润喉回甘；具有独特的山韵品味。汤色清澈黄亮，叶底边缘朱红，叶腹黄亮，素有"绿叶红镶边"之称。按照成茶香气、滋味的不同，当地茶农习惯将单丛茶按香型分为黄枝香、芝兰香、杏仁香、玉兰香、肉桂香、茉莉香等多种。

凤凰单丛名茶具有"香""活""甘"的特点。究其原因，离不开三个必备要件：一是优越的生态条件；二是良好的茶树品种；三是精湛的采制技艺。其香出于茶本身之香，有着天然花果香，绝不加任何香精。口含茶汤有清香芬芳之气冲鼻而出，有齿颊留芳之感，隽永幽远，清快爽适。其活表现在润滑、爽口、清冽而不带涩感。其甘表现在清爽甘滑，回味甘甜，十分给力，俗称"有喉头"。凤凰单丛茶还具备独特的"山韵"风味。所谓"山韵"就是一种崇山峻岭中深藏不露的宁静感，饱含着高山流水的气息，充满着大自然的韵味，略带着几分天然花香的幽雅，是对茶叶内质更深一层的表述。这种特殊的"山韵"是凤凰单丛茶品质的独特反映，是区别于其他产地单丛茶的关键所在。喝着凤凰单丛名茶，使人有一种回归自然的神秘感觉，甚至会产生一种仙意。

20世纪80年代以后，在普及"茶为国饮"和市场经济的无形推手下，潮安茶区茶园面积不断增长，茶叶品质也有很大提高。1982年以来，凤凰茶多次被评为全国名茶。1982年及1986年获商业部全国优质名茶称号，1986年在全国名茶评选会上被评为乌龙茶之首。1989年在农牧渔业部召开的名茶评比会上获名茶金杯奖。1990年由汕头市茶叶进出口公司潮州分公司生产的金帆牌凤凰单丛被商业部评为全国名茶。1991年在"中国杭州国际文化节"上荣获"文化名茶奖杯"。2012年在杭州国际名茶评比会上由元成茶业提供的八仙单丛获得了特等奖。凤凰单丛的产销历史已有900余年，在国内主销闽、粤等地，同时出口日本、新加坡、泰国及我国港澳地区。供不应求，物有所值，深得顾客赞誉。

在凤凰茶乡，茶农们最津津乐道的是传授制茶经，如何制好茶，卖出好价钱。凤凰单丛茶是在凤凰水仙群体品种中选拔优良单株茶树，经过精心培育、采摘、加工而成。单丛茶实行分株单采，当茶芽萌发至小开面时开始采摘。鲜叶采摘必须掌握适时的原则，当新梢出现驻芽时开采，一般采 2～5 叶。既不能过嫩采摘，又不能过老采摘。过嫩采摘鲜叶太嫩，其所含有效成分偏少；过老采摘鲜叶粗老，叶细胞老化，纤维素多，制成的干茶外形及滋味都差。要严格执行强烈日光下不采，雨天不采，雾水茶不采的规定。鲜叶采摘时要做到手快、眼快；轻采、轻放；松堆、透气；分类、隔开。一般于午后开采，当晚加工，制茶在夜间进行。

凤凰单丛茶的初制工艺，是手工生产或手工与机械生产相结合。经晒青、晾青、碰青、杀青、揉捻、烘焙等六道工序，历时 10 小时制成成品茶。其中每一道工序环环紧扣，相辅相成，不能随心所欲，自行其是。稍有疏忽，其成品茶就不是单丛品质了，而降为浪菜或水仙级别，品质价格相差甚远。

晒青工序，是将采来的鲜叶，利用日光进行萎凋，使鲜叶中部分水分和青草气散发，增强茶多酚氧化酶的活性，促进内含物及香气的变化，为后续做青发酵创造条件。

晾青工序是恢复叶子的紧张状态。将晒青后的茶叶连同水筛搬进室内晾青架上，放在阴凉通风透气的地方，使叶子散发热气，降低叶温和平衡调节叶内的水分。晾青要做到薄摊，即一般茶叶摊放厚度不高于 3 厘米，如果摊放过厚，会造成叶温升高而致发酵加快，出现早吐香现象。

做青工序是香气形成的关键工序，是由碰青、摇青和静置 3 个过程往返交替构成的。在整个做青过程中要密切关注叶子回青、发酵吐香、红边状况，结合当天气温，看茶做青。在多次碰青过程中，茶叶的气味从青草气味到青香气味，再到青花香味，最后逐渐转为凤凰单丛茶特有的自然花香。

杀青工序是用高温抑制叶子的酶促氧化，以利于单丛茶特有的色、香、味进一步形成。

揉捻工序是使茶条成型，外形美观；使叶细胞破碎，茶叶内含物渗出黏附于叶面，经过生化作用，使茶叶色泽油润，滋味浓醇、汤色艳亮、耐于冲泡。

烘焙工序分为初烘、摊凉、复烘3个阶段。其目的是蒸发叶内多余水分,促使茶叶内含物发生热化作用,增进和固定品质,提高香气,以利贮藏。

凤凰单丛茶为什么广受茶人和顾客追捧呢?其健康防病功效是原因之一。

凤凰单丛茶能防治富贵病。常喝茶,可排毒。现今人们生活条件好了,造成营养过剩,脂肪肝、高血压、高血脂、糖尿病、心血管病人增多,所以喝凤凰单丛茶的作用更为明显。国外一份1994年的单丛茶功效实验报告指出,单丛茶针对高血脂和高血压患者有相当好的疗效。特别是68位参与试验的高血压患者中,通过一个阶段的测试后,75%的人血压值出现了下降的趋势。此外,单丛茶也有抗肿瘤、提高淋巴细胞及NK细胞的活化作用。专家已经发现单丛茶多酚类还有吸附体内异物并促使其排出体外的功效。

凤凰单丛茶具有预防蛀牙的功效。饭后饮一杯茶不仅能生津止渴、口气清爽而且还能预防蛀牙。蛀牙形成的原因是细菌侵入牙齿组织,而且在组织内产生引起蛀牙的酵素,这种酵素和食物中所含有的糖分起作用,产生蛀蚀牙齿的物质。这种可以蛀蚀牙齿的物质与细菌附着在牙齿上即形成齿垢,累积之后就会发生蛀牙现象。单丛茶中含有的多酚类具有能够抑制齿垢酵素产生的功效,所以吃饭之后饮用一杯,可以防止齿垢和蛀牙的发生。科学家经过长期的实验证明,让白鼠食用含有多酚类的饲料,会减少蛀牙发生的概率,饭后如果没有时间刷牙,可以饮用一杯凤凰单丛代替。

凤凰单丛茶能抑制皮炎。有调查表明:皮肤病患者中患过敏性皮炎的人居多,但到目前为止这种皮炎发生的原因还并不明确。然而单丛茶却有抑制病情发展的功效。通过在白鼠身上制造皮肤发炎症状的实验证明,单丛茶对白鼠身上的皮炎具有抑制的效果。在国外曾有一位专家通过对121个患有过敏性皮炎的成年病人为临床试验对象发现,他们都是用现有的类固醇和抗过敏药物的方法治疗,但却无法改善病情。经过每天饮用400毫升的浓缩单丛茶,一个月后其中78个病人(占64%)的症状出现明显改善。

凤凰单丛茶有瘦身作用。尤其是吃太多油腻食物后,饮单丛茶能够分解油脂。人的脂肪细胞中,未被消耗的能量,被当作中性脂肪来储存,以便运动时作为能源使用。这个时候,中性脂肪在类蛋白脂肪酶等酵素作用下,被分解成必要的能源。饮用单丛茶可以提升类蛋白脂肪酶的功能。也就是说,并不是单丛茶本身能溶解脂肪,而是它可以提高分解脂肪的酵素,通过饮用单丛茶使脂肪代谢量相对提高，从而起到减肥瘦身的作用。有专家曾以对102位成年肥胖者进行实验，分上午、下午两次饮用单丛茶300毫升，持续6周，其间不采用其他减肥或食物疗法，虽然没有发现体重明显降低，但他们的腰围、腹部皮下脂肪、血液中性脂肪、血液胆固醇总量都出现了明显下降的趋势，而这种功效正是来自单丛茶多酚类化合物的缘故。

凤凰单丛茶如此之多的惊人功效，现在已经逐步被更多的人认识和接受。敬请喜欢凤凰单丛茶的顾客多加光顾，一同品尝，促进健康，增强体质。

（原载《上海茶业》2014年第2期）

# 常饮白茶 返璞归真

中国是茶叶的祖国，茶叶品种之繁举不胜举。各种茶叶因其品质、特点、功能各不相同而得到不同人群的喜爱。绿茶绿得鲜爽，红茶红得乌润，青茶青得芬芳，黄茶黄得醇和，黑茶黑得浓烈，白茶白得清醇，真是各具其味、各有特色。白茶因其制法贴近自然、品质超乎自然，巧夺天工、浑然天成，饮之使人回归自然，返璞归真，身心自然十分健康。我常饮白茶，日久生情，觉得别有一番滋味在心头。我接触福鼎白茶经历了眼中、口中、心中三个阶段。

二十多年前，我在上海军天湖茶叶总厂当厂长。当时为了引进茶树优良品种政和大白和福鼎白茶，我曾经到“中国白茶之乡”——福建福鼎实地考察。我的这次考察，不仅引进了一批优良品种树苗和茶籽，而且购买了一卡车福鼎优质茶叶。在福鼎考察期间，通过当地基层茶厂厂长的介绍和对茶叶样品的品尝，我对福鼎白茶有了粗浅的了解。后来，经过多年的品尝、交流，我深切感受到喝白茶有许多好处。

我喝福鼎白茶，开水温度掌握在90℃，茶具用同心杯，冲泡5分钟后将茶水倒于小瓷杯中，接着就是闻香品茗。福鼎白茶由于口感上佳、功效非凡且在适合保存的环境下越陈越好，受到茶界和商界的青睐。福鼎白茶不仅在现代中医处方中可作药引，而且白茶的功效越久越显著，非新茶可比。福鼎老白茶整体感观黑褐暗淡，但依然可从茶叶上辨别些许白毫，抓一把茶叶闻之，陈年幽香阵阵，毫香浓重但不浑浊，令人赏心悦目。老白茶的香气清幽略带毫香，且头泡带有淡淡的中药香味，闻之数秒即可提神，口感醇厚，略带清甜，余味绕舌，充斥于口。老白茶是相当耐泡的，可祛风寒，在普通泡法下可达二十余泡，而且滋味后劲尚佳。老白茶有“一年茶，三年药，七年宝，越存越醇”之称。我请教了有关专家，他告诉我关键是白茶经过陈放之后，其多酚类物质不断氧化，转化为更高含量的黄酮、茶氨酸和咖啡碱等成分。而黄酮具有降血脂、降血压、抗氧化、抗衰老、美容、抗癌等功效。茶氨酸具有保护神经、镇静、调节情绪、提高记忆力、抗肿瘤、保护肝脏、降血糖、抗疲劳、抗病毒等功能。咖啡碱具有利尿、消肿、解毒等作用。我的切身体会是——白茶喝下肚,感觉很舒服。

我觉得,常饮福鼎白茶,有诸多好处。

一曰养心。心为血府,心主血脉。血液旺盛,才能血气方刚。饭后一杯茶,赛过活神仙。茶的养心功能主要体现在喝茶使人安心、定心、爽心、开心。饮茶的慢节奏可以调节人的紧张情绪,使人心旷神怡。中国人格外钟情于茶。喝茶是人民大众喜闻乐见的精神文化需求,排在"琴棋书画诗曲茶"之列。一个"茶"字包含了物质文明和精神文明的和谐统一。如果我们把"团结、爱国、奉献,创新"的茶魂融会贯通在大众生活中,人民就能和睦,社会就能和谐,国家就能进步,事业就能发展。茶魂的本质是造福人类,是奉献和爱心。这正合孔子的"仁者爱人"之意。在茶文化熏陶下喝茶,有利于增强人们的爱心和宽容心。以茶魂铸就的民族魂必定是典雅而励志的。我们在日饮一杯茶的不知不觉中,时时不忘仁义道德,时时不忘礼貌待人,时时告诫自己做一个有爱心的人,就能做到为人处世心安理得。

二曰养肝。心血旺盛,肝血方可贮藏充盈。既能营养筋脉,又能促进人体四肢百骸的正常活动。如果肝火过旺,人就会心烦意乱。根据科学家的分析,茶叶中含有三百多种化学成分,含量高者多达10%~20%。茶叶中所含的蛋白质、氨基酸、脂肪、碳水化合物、各种维生素和矿物质等,都是人体生命所必需的成分。对于补充人体营养,调节五脏六腑功能具有积极作用。

三曰养气。中华文化认为,一个人的素养和品质取决于他胸中的浩然正气,充盈着正气的是君子,充盈着邪气的是小人,充盈着清气的是雅士,充盈着浊气的是俗民。气是人体中的生命原物质所产生的能量。一个人断了气,也就意味着死亡。所谓郁气,就是元气结聚在内,不能通行周身。郁气者,气血不畅,久而久之,就容易得病。而通过饮茶,吸取茶的精华,达到气息平衡,就能进入心态平和、浩气长存的状态。

四曰养目。《神农本草》把茶列入365种药物之中,并说"茶味苦,饮之使人益思,少卧,轻身明目"。当下由于电脑族久坐屏幕前,看东西较近,眼睫状肌处于收缩紧张状态,从而使晶体变凸以适应视近物,眼睛长期处于紧张状态而得不到休息。视觉的过度疲劳还会引起房水运行受阻,较易导致青光眼。同时,干眼症、白内障、角膜溃疡和视网膜剥脱等，也是长期使用电脑者易患的眼病。由于白茶中含有丰富的维生素A原，能迅速转化为维生素A，并能合成视紫红质，使眼睛在暗光下看东西更清楚。同时白茶中的维生素C和维生素E具有防辐射的特殊功能，对人体的造血机能有显著的保护作用，能减少电脑辐射的危害。

五曰养神。所谓养神就是使自己的身体和心理处于平静状态，来恢复精神和体力。当人们过于激动时，饮茶可以安静下来。当人们过于麻木时，饮茶可以振奋起来。老白茶中的芳香物质可以通过嗅觉调节人的心态，使之恢复到正常状态；茶叶中的咖啡碱和多酚类化合物通过感官刺激可以改变人的情绪，促进血液循环，提神醒脑，使麻痹的大脑振作起来。

六曰养颜。由于白茶中的维生素C和维生素E的含量是日常果蔬所不及的（约800微克/杯），能起维生素P作用的多酚类化合物含量之高更是一般食物所难以提供的（约600毫克/杯）。而维生素C、维生素E和多酚类化合物是延缓衰老的保健良药。特别是上品的茶叶采摘于初春天气清明的早晨。其时，山间空气清新，露水滴在茶树上，大地精华凝聚在茶叶之中，生气勃勃，郁郁葱葱。用这样的鲜叶制成的白茶，最纯真，无污染，堪称名符其实的有机食品。长期饮用此茶，等于不断吸取天地之精华，利于养颜，抵抗疾病，促进健康，延年益寿。

总之，随着小康生活的实现、和谐社会的建成、科学发展的指引，人们越来越向往美好的“中国梦”。提高生活质量，已经成为人民生活的第一要务。白茶具有养心、养肝、养气、养目、养神、养颜功能，所以既是大众化的饮料，又是健康长寿的妙药。在姹紫嫣红、争奇斗艳的茶叶百花园中，福鼎白茶的确是一朵不可多得的绚丽奇葩。

（原载2014年8月19日《茶周刊》“我心中的白茶”）

# 名茶碧螺春

碧螺春属于绿茶系列，产于苏州太湖洞庭山（茶出东西两山，东山者胜）。洞庭碧螺春历史悠久，名声显赫。早在唐末宋初，碧螺春已经被列为贡品。据《苏州府志》载："洞庭东山碧螺石壁，产野茶几株，每岁土人持筐采归，未见其异。康熙某年，按候采者，如故，而叶较多，因置怀中，茶得体温，异香突发。采茶者争呼：吓煞人香！茶遂以此得名。"清朝王应奎《柳南随笔》云：清圣祖康熙皇帝，于康熙三十八年(1699)春，第三次南巡车驾幸太湖。巡抚宋荦从当地制茶高手朱正元处购得精制的"吓煞人香"进贡，帝以其名不雅，题之曰"碧螺春"。后人评说此茶乃康熙帝取其色泽碧绿，卷曲似螺，春时采制，得自洞庭碧螺峰所具备的特点而钦赐的美名。从此，洞庭碧螺春也就家喻户晓、闻名遐迩了。

碧螺春条索紧结，卷曲如螺，白毫显露，银绿隐翠。由于其芽叶幼嫩，冲泡后茶芽徐徐舒展，栩栩如生，上下翻飞，三起三落，茶水清澈碧绿，香气袭人，口味微甜，鲜爽生津。茶农有一句行话，"早采三天是个宝，晚采三天便是草。"所以，采茶的时间非常重要。开春以后，随着日子往后推移，鲜叶渐渐变老，因此对于讲究鲜叶嫩度的茶叶品种来说，采得越早茶叶品质越好。明前茶当然弥足珍贵，但是雨前茶也十分难得。因为极品碧螺春尽是芽头，每 500 克干茶约有 7 万个嫩芽，春茶刚开采时每个采工只能日采 50 克，需要 50 个采工采摘一天才能完成，是很费工夫的。

洞庭碧螺春不同于铁观音，每年只采一季，每天上午茶农上山采茶，最多能采到 250 克到 500 克鲜叶，而 500 克干茶需要 2500 克鲜叶炒制而成。在鲜叶进入炒锅前，还要进行严格的捡剔，去掉叶瓣，截去根部，才能进入炒茶工序，足见其中包含了多少茶农的辛劳和汗水。

碧螺春的贮藏非常讲究。为了吸潮保鲜，要把干石灰放置在茶缸中，用纸包好茶叶放置其中。随着科学技术的不断发展，越来越多的人采用保鲜袋分别包装，分层扎紧，分开饮用，以达到隔绝空气、避免氧化的目的。如果放在10°C以下的冷藏箱内贮藏，还可以保持茶叶的色、香、味、形犹如新茶，鲜醇爽口。如果用抽气充氮的方法保鲜，效果会更好。

碧螺春茶名的由来，还有一个动人的民间故事。

传说，在太湖的洞庭西山上住着一位勤劳、善良的孤女，名叫碧螺。碧螺生得美丽、聪慧，喜欢唱歌，且有一副圆润清亮的嗓子，她的歌声，如行云流水般优美清脆，山乡里的人都喜欢听她唱歌。而在与西山隔水相望的洞庭东山上，有一位青年渔民，名为阿祥。阿祥为人勇敢、正直，又乐于助人。当时，在吴县洞庭东、西山一带方圆数十里的人们都很敬佩他。由于阿祥常年在湖中打鱼、山上砍柴，碧螺姑娘那悠扬婉转的歌声，常常飘入阿祥的耳中。久而久之，阿祥被碧螺的优美歌声打动了，于是默默地产生了倾慕之情。但是，他们各在一方，却无由相见。

某年早春的一天，太湖里突然跃出一条恶龙，蟠居湖山，强使人们在洞庭西山上为其立庙，且要每年选一少女为其做“太湖夫人”。太湖人民不为其强暴所求，恶龙乃扬言要荡平西山，劫走碧螺。阿祥闻讯义愤填膺，怒火中烧，为保卫洞庭乡邻与碧螺的安全，维护太湖的平静生活，阿祥趁夜深人静之时潜至洞庭西山，手执利器与恶龙交战，连续大战七个昼夜，阿祥与恶龙俱负重伤，倒卧在洞庭之滨。乡邻们赶到湖畔，斩除了恶龙；将已身负重伤，倒在血泊中的降龙英雄——阿祥救回了村里，碧螺为了报答救命之恩，随即把阿祥抬到自己家里，亲自护理，为他疗伤。此时，阿祥因伤势太重，已处于昏迷垂危之中，碧螺焦急万分。

一日，碧螺为寻觅草药，来到阿祥与恶龙交战的流血处，偶然发现生出了一株小茶树，枝叶繁茂。为纪念阿祥大战恶龙的功绩，碧螺便将这株小茶树移植于洞庭山上并加以精心护理。清明时节刚过，那株茶树便吐出了鲜嫩的芽叶。而阿祥的身体却每况愈下、日渐衰弱，汤药不进。碧螺在万般无奈之中，猛然想起山上那株以阿祥的鲜血育成的茶树，于是她跑上山去，以口衔茶芽，泡成了翠绿清香的茶汤，双手捧给阿祥饮尝。阿祥饮后，精神顿爽。碧螺从阿祥那刚毅而苍白的脸上第一次看到了笑容，她的心里充满了喜悦和欣慰。当阿祥问及是从哪里采来的“仙茗”时，碧螺将实情告诉了阿祥。

阿祥和碧螺的心里憧憬着未来美好的生活。于是碧螺每天清晨上山，将那饱含晶莹露珠的鲜嫩茶芽以口衔回，揉搓焙干，泡成香茶，让阿祥服用。阿祥的身体渐渐康复了；可是碧螺却因天天衔茶，劳累过度，渐渐失去了元气，终于憔悴而死。阿祥万万没有想到，自己得救了，却失去了美丽善良的碧螺，他悲痛欲绝，遂与众乡邻将碧螺安葬于洞庭山上的茶树之下……为了告慰他们的英灵，后人就把这株奇异的茶树称为碧螺茶。每年春天采自碧螺茶树上的芽叶制成的茶叶，条索纤秀弯曲似螺，色泽嫩绿隐翠，清香幽雅持久，汤色清澈碧绿，回味醇厚甘甜，继续造福于人类，给人留下了不尽的思念。洞庭太湖虽然历经沧桑，但那以碧螺的一片丹心和阿祥的斑斑碧血孕育而生的碧螺春，却永葆青春、永留人间。

东都漫士有一首《碧螺春》诗赞曰："苏州太湖洞庭山，东西相分各一边。物华天宝出佳茗，春雷惊坼嘉木尖。明前采得带露鲜，杀青揉搓妙手翻。纤叶锅中化碧螺，隐翠白毫茸满衫。碧螺一斤七万芽，均净不容梗相掺。焚香通灵壶含烟，飞雪沉江舞翩翩。春染碧水云袅袅，氤氲烟引洞中仙。瑶池玉液鲜醇甘，余味不尽唇齿间。"这是一种多美的环境，多高的意境，多妙的情境，多好的仙境啊。有道是"好山好水出好茶"。置身于苏州太湖洞庭山，饮上一杯醇香可口的碧螺春，顿感心旷神怡。这是一种多么惬意的生活享受啊！

老酒越陈越好，碧螺春却是越新越好。如果你买来新茶，放个一年半载再去品尝，新茶变成了陈茶，也就失去了一半的价值，着实枉费了一个"新"字。所以，新茶一买回来，还没过夜，我就急不可耐地品尝起来。我拿出一个透明玻璃杯，放入 5 克碧螺春，用 80℃ 的水冲泡 5 分钟，然后倒出茶汤，先闻香气，再尝滋味，后看汤色和叶底……多好的茶啊！喝一杯碧螺春，仿佛品味春天般的气息，沐浴大自然的甘露。这真是"洞庭无处不飞翠，碧螺春香万里醉""碧螺飞翠太湖美，新雨吟香云水闲"。

饮茶的最高境界是尝茶。尝茶的内涵意味深长，最关键的是领悟其中的意境，只有掌握了"静、净、修、悟"四字要诀，才算懂得了其中真谛。

一曰静。人们常说"茶禅一味"。所谓"静"就是要在红尘滚滚、人心浮躁的形势下，做到回心转意，当下心安；淡泊名利，宁静致远。饮茶须静心，饮茶可心静。而参禅则能悟本心，明心性。所以，茶禅两者，趣味相通，一脉相承。

二曰净。所谓"净"就是要去除杂事杂念，心底无私天地宽。饮茶能去油腻，抗氧化，清理血管，净化心灵。参禅能修身心，悟道理，清心寡欲，看破红尘。

饮茶参禅可以使人去杂念、离凡尘，修身养性，超凡脱俗，达到提精神、去睡魔，平添活力的效果。

三曰修。茶性高洁清淡，具有明目醒脑、去欲养神的功效，有益于道德修养。常人饮茶，可以提神益智，净化身心，消除烦恼，提升品格，以茶悟道。所以佛家认为，茶有三德：坐禅时可除疲劳，此为一德；满腹时可助消化，此为二德；昏聩时可制欲念，此为三德。

四曰悟。物由心生，茶由心悟。茶心禅心，心心趋同；茶味禅味，味味一味。茶禅一味的实质在有意无意之间。有意者，在参禅时饮茶提神，集中意念。无意者，茶作为参禅的媒介和载体，且保持着自身的特质，饮茶时因人而异，因事而异，因地而异，茶由各人心悟，悟者各不相同，故无定意。茶禅之奥妙深不可测，极致者无语，以心传心之。我们应该学会保持"平常心"。"平常心"就是顺其自然之心，就是不加刻意钻营之心，就是禅的静思修行之心，就是中华民族的"仁者爱人"之心。我们的本意是开辟心茶之路，让人人都能互相谅解，自由沟通。

饮茶的最高境界是尝茶的第二层含义，在于茶文化的普及。普及茶文化的真谛是弘扬茶人精神。茶人精神的内涵是"爱国、奉献、团结、创新"。我曾根据茶树的生物学特性作了一首七绝诗《茶颂》："红梗绿叶小白花，四季常青发新芽。一生愿被千人采，香茗进入百姓家。"

茶人精神的第一要义是赤胆忠心，报效祖国。你看那古老的千年茶树，扎根在祖国的肥田沃土之中，风吹雨打不动摇，天寒地冻不低头，根深叶茂，本固枝荣，五千年不变色。

茶人精神的第二要义是不讲索取，只讲奉献。你看那绿油油的茶树，把自己身上的嫩芽和绿叶无私地奉献给人类，采了又发，发了又采，牺牲自己，为民造福，几十年如一日。

茶人精神的第三要义是紧密联系，拥抱成团。你看那碧螺春茶、炒青绿茶和工夫红茶，经过千揉万捻而百折不挠，条索紧结，亲密无间，你中有我，我中有你，九牛拉而不回头。

茶人精神的第四要义是四季常青，常采常新。你看那一望无际的茶园，始终保持着朝气蓬勃的本色，苍茫翠绿，郁郁葱葱，日新月异，永葆青春，逾百载而不衰老。

人生若得闲暇，遍游祖国大好河山，实乃幸事一桩；如能遍尝各类名茶，更是美事成双。

（原载《知心》2014 年第 6 期）

# 好叶出好茶

有道是:“好种出好苗,好山出好茶。”在众人热议健康饮茶的今天,茶人都喜欢喝一杯好茶。殊不知,只有从茶树上采下好的鲜叶来才能做出好茶。采好茶是制好茶的先决条件和物质基础。

众所周知,采茶是鲜叶的收获过程,是茶树栽培过程的终结,又是茶叶制造过程的开始。采茶是由种茶目的决定的,不采茶既无收获,也无制茶,更无经济价值可言。采茶是制茶的前提,鲜叶质量状况影响制茶工艺,决定成茶品质,并最终体现其经济效益的高低。

## 一、重视科学合理采茶

在茶叶生产过程中,采茶具有特别重要的意义。科学采茶不仅是高产、优质、低耗、多效的保证,而且是养好茶蓬,加强树势,持续高产稳产的需要。因此,采茶是茶树栽培过程的一个环节,不能仅仅作为单纯的收获过程。

采茶的对象是茶树的营养器官——芽叶。采茶减少了叶面积,降低了光合作用,影响了碳水化合物的累积,阻碍了茶树新陈代谢的过程,必然破坏茶树的生长平衡。为了使人类的种茶目的得以完美实现,更多地收获优质的鲜叶,同时又保证茶树兴旺茂盛,常采不衰,所以“科学合理”是贯彻采茶始终的根本要求,也是评定采茶工作好坏的唯一标准。

采与发是一对矛盾,是对立统一的。留叶采,正是缓和了这一矛盾。“留得青山在,不怕没柴烧”,留叶为茶树生育保留了必要的物质基础,是芽叶再生产的首要条件。人类采茶行为应该造成一种良性循环。那种顾前不顾后的掠夺式、破坏性的方法是采茶之大忌。虽然采茶于茶树是不利的,但是却打破了顶端生长优势,促使侧芽迅速生长,引起采茶面上新梢萌发数的增加,以侧芽的大量生长代替了顶芽的生长。可见采茶是对茶树的一种人为刺激,采法不同引起的刺激反应也不同。采茶正是用不同的刺激作用,使茶树向有利于人类的方向发展。

采茶除了收获鲜叶以外,还有其他作用。第一,采茶影响茶芽的萌发。在茶田管理水平较好的条件下,狠采会使茶芽萌发率提高。在茶田管理水平较差的条件下,狠采会使茶芽萌发力变弱,芽瘦小,叶片薄,且持嫩性差,易成对夹叶。第二,采茶对形成丰产的树冠形态起到辅助作用。采茶打破了茶树地上部与地下部的平衡状态,造成了人为的不平衡,促使树冠迅速生长,以保持其与根系原有的平衡关系。所以采茶影响到茶树树冠形态的形成。第三,采茶促使了营养器官的重生。采茶收获了营养器官,造成茶树营养的重新分配,以促使营养器官的重生,必然抑制生殖生长,扭转生殖生长的方向,减少或推迟茶树开花结果,以利于芽叶生长。

所谓科学合理采茶,就是既要采好茶,又要养好茶,应留下一定数量的绿叶层。一般叶面积指数为3.5～4(是指植物叶片总面积与土地面积的比值。它与植被的密度、结构、茶树的生物学特性和环境条件有关,是表示植被利用光能状况和树冠结构的一个综合指标),以确保足够数量的有机养料供应叶、根生理活动的需要。正所谓“叶靠根养,根靠叶长”。科学合理采茶是增产增收的技术措施,是夺取好收成的关键,关系到当年的利益,并对今后茶树生长产生长远的影响。科学合理采茶的原则是采中有养,以养促采。科学合理的采茶是高产与优质的统一、高效与低耗的统一、采茶与制茶的统一、当年利益与长远利益的统一。为了促进茶业经济的发展,必须重视科学合理采茶。

## 二、哪些因素影响采茶

### (一) 肥培管理的影响

有道是:“不种无收,不管白种。”茶园肥培是茶树根深叶茂、本固枝荣的基础,茶叶干物质中有许多矿物营养元素,它来自土壤和肥料。补充足够的肥料N、P、K三要素,是茶树维持自身生育的需要,也是收获鲜叶的需要。春茶何以量多质优呢?就在于春梢生长势强,因为春前根部贮藏水平达到了最高峰。在年生长周期中，如果秋季茶树贮藏营养水平高，翌年春梢萌发早，芽壮叶大，整齐、叶质厚。春茶养分的大量消耗，会影响后季茶叶的生长。这是夏、秋茶虽然气候条件适宜，而产量、质量不如春茶的原因之一。从这个意义上说，茶园肥培管理水平决定鲜叶产量高低和品质优劣。此外，茶园是否是有机茶园，是否使用农药治虫，使用农药的种类、浓度、药效期、安全性、残留量达标状况等都会对茶叶的质量造成一定的影响，生产者必须严格掌控好。

### （二）温度、光照、水分的影响

温度是茶芽萌动迟早和新梢生长快慢的影响因素之一。在一般情况下，可根据3月份的平均气温决定茶叶开采期。10℃以上时，4月上旬开采；8～10℃时，4月中旬开采；8℃以下时，4月下旬开采。4月上旬的平均旬气温关系到春茶高峰期的出现时间，15℃以上时，4月下旬高峰；12～15℃时，5月上旬高峰；12℃以下时，5月中旬高峰。4月份平均气温还关系到春茶停采期，17℃以上时，约5月15日停采；15～17℃时，约5月20日停采；15℃以下时，约5月25日停采。皖南山区，3月下旬，日平均气温在10℃以上，茶芽开始萌动，4月20日前后大批采摘春茶，5月中旬结束。春茶产量占全年的40%～50%。4月份采摘量约占春茶产量的40%，5月份采摘量约占春茶产量的60%。夏茶采摘时间是6月上旬到7月上旬，夏茶产量约占全年的25%；7月下旬至10月上旬为秋茶，持续时间较长，产量约占全年的25%；若遇干旱则减产，若雨量充沛则可达全年产量的35%。总之，在茶树生长季节中，茶芽萌发的日平均气温是10℃；新梢旺盛生长、芽壮叶嫩的日平均气温是15～23℃，茶叶旺长衰老的日平均气温是23～30℃。23℃以上产量高，23℃以下质量好，温度过高过低都影响茶叶的质量和产量。在水肥条件满足的情况下，温度是影响采茶数量比例的主导因素。

光的强度和光的性质对茶树生育有一定影响。直射光对茶树不利，破坏叶绿体和原生质，抑制生长。茶树新梢有强光敏感性，光照强度过高、过低都有碍其生长。

茶树喜欢湿润。水是茶树进行光合作用的原料，是营养物的溶解剂，是茶树新陈代谢不可缺少的物质，与茶树的生理作用密切相关。年降雨量以1500毫米为宜，生长季节中降雨量以1000毫米为宜，而且雨量分布要均匀。水分适宜茶树生长迅速，水分不足茶树生长缓慢，叶片粗糙质硬，出现大量对夹叶。在温度等条件满足的情况下，降雨量的多少往往决定采茶量的多少。

### （三）茶树生育特性的影响

茶树新梢萌发具有周期性、轮次性、季节性、集中性和持续性。

周期性：茶树形成一个轮次新梢的时间需要 40 天左右，茶农说“尖对尖，四十天”。新梢生长按慢、快、慢的速度发展，呈 S 形曲线。所以，采茶要符合周期性的要求，应该先阳坡后阴坡，先早发后迟发，先对夹叶后芽头，先打顶后采侧，先蓬面后蓬里。

轮次性：当第一轮芽叶采去之后，就刺激腋芽和潜伏芽萌发形成第二轮、第三轮甚至更多轮次的新梢。与之相适应，采茶出现了头茶、二茶、三茶等轮次。

季节性：茶芽由嫩到老的趋势，是受茶树自身生长规律制约的，是茶树的自然生理现象。为此，采茶一定要及时，要遵循季节更替的规律，不误农时。

集中性：在最适宜的水、热、肥条件下，茶树新梢的萌发势必最为集中，造成了采茶的集中性，出现了自然高峰，这对采工数量、采茶质量、制茶能力都会产生一定的影响。

持续性：茶芽的萌发受茶树品种、小气候、采摘先后等因素的影响，出现了茶芽有迟有早、时间有先有后、叶量分散、参差不齐、断断续续的情况，反映在采茶上就要勤采多批。

根据上述特性，对不同的茶园，要采取不同的采摘原则，幼龄茶园“以养为主，以采为辅”；壮年茶园“以采为主，多采少留”；更新茶园“培养树冠，采养结合”。

### （四）人类生产活动的影响

采茶要符合高产、优质、低耗、多效的要求，因此，人类的生产活动对茶树影响极大。

采茶有嫩采、老采和适采之分。

嫩采，品质虽优，但产量较低，生产效率不高，影响茶树的经济效益。所以，只宜局部少量打顶采摘，以适合制作特种名茶之需或者采摘少量嫩芽以作“点缀之物”，不宜大面积铺开。

老采，是采茶标准因茶类而异的典型事例。例如有些乌龙茶要求采老熟的对夹叶，成茶香高味浓，滋味独特，外形别具一格。有些黑茶和砖茶对于采老不采嫩也是情有独钟的。

适采，即采茶要符合鲜叶内含物化学组成的要求和符合成茶色、香、味、形诸因素的要求。过分强调“清一色”，采一芽二叶，会造成茶树减产，还会使采茶工效降低。从芽叶有效成分来看，“清一色”采摘也大可不必，以采一芽二、三叶的“混一色”鲜叶为宜。

错开高峰是自觉调节采茶活动的要求。搭配品种，选用早、中、晚品种，可以错开高峰期。不同修剪方法也是调节高峰的有效手段，重剪迟发，轻剪先发、不剪早发。

“任何质量都表现为一定的数量，没有数量也就没有质量。”茶树在年生育周期中提供的可采鲜叶呈现着如下情况：量少质好、量多质好、量多质差、量少质差。所以，前期以质为主，及时开采夺高档；中期量质并举，适时旺采夺高产；后期以量为主，抓紧洗蓬争超产。这时叶质老化，不可逆转，可在数量上做文章，避免量质无所可取的情况。

## 三、茶青对成茶品质的影响

### （一）鲜叶是制茶之本

鲜叶（茶青）的组成比例和有效成分含量是通过嫩度、匀度、净度、鲜度反映出来的。嫩度表现为芽头比例高，叶片较小、叶质柔软、叶色浅绿。匀度表现为大小一致，老嫩一致、形态一致。净度表现为无茶类夹杂物和非茶类夹杂物。鲜度表现为叶色光润，叶张坚挺，没有损伤，没有劣变。在其他条件一定的情况下，鲜叶质量的好坏决定制茶品质的优劣。正如土布做西装是卖不出高价钱来的。

### （二）鲜叶影响制茶工艺

茶青鲜嫩柔软，内含物丰富，可塑性强，适制性亦好，便于制茶。而老嫩不匀的鲜叶，叶形大小不一，叶质软硬不一，基础不相一致，初制加工时杀青火温不易掌握，揉捻时间难以控制，往往顾此失彼，很难做到两全其美。其结果是毛茶条索粗松、断碎、长短不一、老嫩不匀、色泽花杂，有粗老气，质量很差。

### （三）鲜叶要符合适制性

一般来说，特种茶特别讲究鲜叶嫩度；炒青绿茶要求芽叶完整柔软；红碎茶强调鲜叶均匀一致。此外，还在注意茶树品种的适制性。如果采茶不顾鲜叶的适制性，就不能充分发挥鲜叶的经济价值，造成人为的经济损失。

## 四、采茶方法对鲜叶质量至关重要

### （一）及时

开园要及时，封园要及时，高峰时及时拿下，洗蓬要抓得早、采得净、收得快。及时采要有足够的采茶劳力作保证。春茶期间，有10%～15%的新梢符合采摘标准时，即可开采。“头茶不采，二茶不发。”及时采适应了茶树早采早发的特点。早采和迟采的一对矛盾构成了采茶是否及时这个概念的内涵。其外延是某一品种的茶树，春夏秋茶何时开采、何时旺采、何时洗蓬、何时停采。开采迟，停采迟，影响产量和质量，甚至影响后季茶的开采。开采早，停采早，产量和质量都好，继而促使后季茶的提前萌发。如果坚持多年精采细摘，可以适时提早开采，采茶季节有提前的趋向；反之，如果历年采摘粗放，开采失时，采摘季节会有推迟的趋势。“早采三天是个宝，迟采三天便是草”，说明了采茶农时千万不能延误。早日开园，轮流勤采，三天一批，春茶十批，一月无间隔，日日采鲜茶。如果抓住茶树的生长特点及时采茶，就能为制茶提供良好的鲜叶。

### （二）勤采

也就是有茶就采，不要等鲜叶长老了再采。要根据情况，灵活掌握，不要受轮次批次的限制。

### （三）分批

分批采可以保证芽叶的品质，缓和采制矛盾。分批采使采期延长，产量提高，而且鲜叶符合采茶标准，芽叶整齐，大小均匀。因为茶树新梢形成的速率是不同的，它表现为相对的集中和绝对的分散。它是一个连续的新梢交替生长过程。其特点是萌芽有早迟之别，生长有快慢之分，成熟有先后之差。与之相适应，采茶也有先后、迟早、多少、优劣之不同，所以要看茶采茶。为此，要实行分批采：春茶 2～3 天采一批，夏茶 4～5 天采一批，秋茶 6～7 天采一批。春茶十批，夏秋茶各七、八批，全年二十四至二十六批。

### （四）留叶

推广春秋茶留鱼叶、夏茶留一叶的采茶方法，可以获得量、质兼优，树势平衡，持续丰产的效果。

春季，气温不高，雨水充沛，光照适宜，春茶生长平稳，持嫩性好，芽叶优质，只留鱼叶，可以保证质量、提高产量。

夏季，气温较高，蒸发量大，光照强烈，夏茶生长迅速，持嫩性差，叶片易老，芽叶质差，留一叶采，可保留茶树叶面积，加强光合作用，累积有机物，弥补春茶采摘造成的创伤，恢复茶树生机。从经济角度来看，留下一叶损失不大，较之春茶留叶，经济合算。

秋季，秋高气爽，光照强而不烈，遇到风调雨顺的年景，秋茶芽叶质量较好，素有“小春茶”之称。所谓“春茶苦，夏茶涩，秋茶好吃采不得”正说明了秋茶的质量情况。这是因为在过去农户经营的小面积茶园中，由于管理水平较低，秋茶往往不采，起到恢复树势，休养生息的作用。但从经济效益来看，却失去了一季产量，甚为可惜。同时，秋梢留得过长也会增加翌年修剪的困难。如果重剪，则会造成春茶迟发；如果轻剪，则使树高得不到控制。

### （五）按标准采

采茶标准是人为制定的。但制定标准必须以一定的物质基础为依据，所以确定标准的原则是瞻前顾后、统筹兼顾、量质兼优、低耗高效。第一，按不同茶类确定采茶标准。第二，按茶树长势确定采茶标准。第三，按最佳整体效益确定采茶标准。第四，按生产活动的需要确定采茶标准。第五，按保持树势、采而不败的要求确定采茶标准。采茶标准要因茶类而异，因茶园而异，因树龄而异，因品种而异，因长势而异，因季节而异，因适制性而异。

### （六）提手采

采茶手法直接影响采茶质量，掠夺采法不足取，传统采法要继承，新式采法要提倡。

掠夺采法是遍山跑，满把抓，一扫光。这是为眼前利益所驱使，是在金钱诱惑下形成的要钱不要茶树命，不要茶叶质量的破坏性采茶。采茶不慎，会使产量、质量、茶树、效益都受影响，一损俱损。

传统采法是用手指掐采。只采茶头，质量极好，适制名茶。提手采也是一种传统优良采法，《诗经》中“左右采之”的诗句可以用来形容这种采法。

新式采法是双手采。既质量好，又效率高。关键是精力要集中，手法要熟练，要经过一段时间的训练，才能运用自如。

### （七）采养结合

只养不采，不打破顶端优势以及茶树地上部与地下部的平衡就不能促进新芽萌发，就会出现枝条稀疏、高低参差不齐的现象，不利于养成宽大的树幅和密集的新梢。相反，只采不养，会使茶树过早衰竭，造成营养不良，不能形成良好的采摘面，不能长采不败，反而会未老先衰。

### （八）采茶组织管理

说千道万，鲜叶采摘的好坏取决于采茶组织管理。它是采茶技术实施的保证，涉及工效、质量和进度诸多问题，表现为采工的组织、劳力安排和质量检验。

采工的组织。要有充足的采工人数，将他们结合成有组织的基本力量，而不是流动性大、责任性差，贪数量、轻质量、捞现钞的一盘散沙式的散兵游勇。按全年产量的3%～6%来确定高峰期日产量，以下限3%来确定采工人数。如年产量100万斤鲜叶，高峰期日产量为3万斤，平均每人采60斤/天，需500名采工；以上限6%来确定，则采工人数需1000名。采工宜多不宜少，少则无法完成产量，更无法保证质量。

劳力安排。要采取分组、划片到人、包干的方法，做到组有专人带队，片有任务指标，人有固定茶行，承包责任明确，以确保各季鲜叶产量、质量的完成。采用定人员、定茶行、定时间、定质量、定数量和超利润奖励的“五定一奖”方法。

质量检验。要有管理小组，设质量检验员。做到嘴勤多宣传，手勤多检查，脚勤多深入。分行到人不准遍山跑，推行提手采不准满把抓，提倡留叶采不准一扫光。检查茶篓以减少老叶、老梗、碎叶、单片，检查茶行以防止只采不留、掠夺式采或者该采不采、养老再采，采取降级、赔偿、返工等措施，坚决克服采茶粗放现象。采茶组织管理搞好了，才能使采茶活动有一个新的起色，使制茶质量大大提高。

总之，如果所有茶农都能在制茶的鲜叶上把好第一道关，就一定能够制出优质、安全、干净、放心的茶叶，就一定能够为茶人提供更好的饮品。

（原载《上海茶业》2019 年第 4 期）

# “吃茶去”及其他

茶文化把茶和文化糅合在一起，两者相得益彰。我国的茶产业和茶文化的发展历来是亦步亦趋的。一般情况下，先有茶产业，后有茶文化；茶产业是基础，茶文化则是茶产业的集中表现。然而，有时候茶文化的发展超越了茶产业，会反过来成为拉动茶产业迅猛发展的引擎。“德山棒、临济喝、云门饼，赵州茶”的经典故事就是我国唐朝茶禅发展史上的一种文化现象。

关于“吃茶去”的著名公案，大多数禅宗文献如《五灯会元》《祖堂集》中都有记载。相传赵州（唐代高僧从谂的代称，公元 778－897 年），唐乾宁四年（897）十一月十日坐化圆寂，享年 120 岁。据《赵州真际禅师行状》所述，赵州和尚受戒于南泉普惠之后，云游四方，经风雨，见世面，足迹遍布天下，八十岁时定居河北赵州城东观音院，担任住持，历时四十年。他曾经问新来的和尚：“曾到此间？”和尚答曰：“曾到。”赵州说：“吃茶去。”又问另一个和尚，答曰：“不曾到。”赵州说：“吃茶去。”院主听到后问：“为甚曾到也云吃茶去，不曾到也云吃茶去？”赵州呼院主，院主应诺。赵州说：“吃茶去。”赵州和尚均以“吃茶去”之言引导弟子领悟禅的奥义（见《五灯会元·南泉愿禅师法嗣·赵州从谂禅师》）。后来“吃茶去”被用为典故，并以“赵州茶”代指寺院用茶。赵州和尚的“吃茶去”把深奥的道理蕴藏在吃茶的形式里，呈现出禅宗机锋的魅力，饱含着清淡幽远的人生智慧，让无数学子得以解心灵之渴，悟禅心自在。一杯茶，参透世态炎凉；一杯茶，尝尽百味人生。因此，千百年来广为传诵，被美誉为“赵州茶”。

“吃茶去”可以从如下几方面理解：

第一，“吃茶去”是透过现象看本质的典范。“吃茶去”是赵州和尚把茶“一物两用”的绝妙应辩，是领先他人的高超之处。赵州和尚的目的是告诫我们为人做事要有一颗“平常心”，求佛之人如饮茶水，冷暖自知；修为不同，感受就会不同。当我们在利用茶的物质属性之时，更要重视追求茶的精神属性。赵州和尚“吃茶去”的答复，并非简单地要你吃茶去，而是让你直面人生，拿得起、放得下；让你反躬自省，摆脱惯性思维的窠臼，不仅享受吃茶去的味觉效果，更是感受吃茶去的哲学魅力。其实，“吃茶去”的答复是“内藏玄机，多虚少实”。正如欧阳修之所谓“醉翁之意不在酒，在乎山水之间也”。其中的用意包罗万象，妙趣横生，伸展了茶文化无穷无尽的意境和外延。上海百佛园园主许四海先生有一句名言“无事喝茶，喝茶无事”，说得多么好啊，揭示了“吃茶去”的内涵，领略了“吃茶去”的底蕴，切中了“吃茶去”的灵魂，吃透了“吃茶去”的真谛。赵州和尚其实是让你在“吃茶去”和静清寂的框架内，深入领会气象万千的人生变化。

第二，“吃茶去”是品味人生哲理的体验。其实，赵州和尚的“吃茶去”，是祖师对徒弟的棒喝与教训，是为了消除求佛者心上的尘埃，夺去其执着的片面性，露出其本来面目。茶可得道，茶可雅志，茶可健体，茶可去病，茶可长生。赵州和尚对学禅之人，不管来过的、初来的、住下的都让他们亲自去体验生活。赵州和尚的三声“吃茶去”，虽然历经一千二百多年，犹如阵阵棒喝，依然振聋发聩，意趣无穷，时时回响在耳边。把心放下，说说简单，做做却难。所以赵州和尚针对三个不同问题，都是一个回答——“吃茶去”，就是引导人们摆正心态，抛弃邪念，重获自由。一是提醒我们，做人需实实在在。赵州和尚劝你管好自己，光明磊落，堂堂正正。不用问这、问那、问前、问后，患得患失；否则，说得再好也是白搭。二是提醒我们，做事需身体力行。赵州和尚让你全身心投入实践，亲口尝尝，才能有所感受。有时候，人们会对某事的理解无从下手。其实不然，正如茶的味道，怎么去体会呢？只有去感知、去认识、去体悟；去努力、去付出、去实践。三是提醒我们，交友需以茶为媒。赵州和尚在开导别人时，为什么让大家“吃茶去”，而不是“喝酒去”呢？大概“吃茶去”更能让人广交朋友，轻松愉快，心安理得。酒能热忱一时，茶却温暖一世。赵朴初先生曾为柏林禅寺从谂禅师影像碑题诗：“平日用不尽，拂子时时竖。万语与千言，不外吃茶去。吃茶去！”品茶品人生，当你理想破灭，处在十字路口时，吃茶去！当你百无聊赖，英雄无用武之地时，吃茶去！当你遭人暗算，心灵受伤时，吃茶去！水解身体之渴，茶解心灵所需。茶是一份清闲，亦是一份相知。最难能可贵的是两人对饮，可遇而不可求。林语堂说过：“只要有一只茶壶，中国人到哪儿都是快乐的。”鲁迅曾说：“有好茶喝，会喝好茶，是一种‘清福’。”赵州和尚劝人“吃茶去”，就是以茶为载体，让你仁者见仁，智者见智。

第三,“吃茶去”是因人施教原则的运用。赵州和尚所说“吃茶去”的内涵是不一样的。对于学业有成的“曾到者”,是让他谦虚谨慎,戒骄戒躁,再接再厉,继续前行。对于初出茅庐的“未到者”,是让他先熟悉情况,拜师求学。对于精通管理的“院主”,是让他学而不厌,诲人不倦,身体力行,以身作则。劝他“去做该做的事,不要多管闲事”。同样是一句“吃茶去”,对于不同的人,其中包含的用意是截然不同的。各人听了有各人的体会,各人感受心知肚明,各人觉悟各人知道。茶与我们有说不清的缘分,泡茶知性,喝茶知味,论茶知心;独饮提神,对饮入胜,众饮成趣。因空饮茶,由茶生情,传情入茶,自茶悟空。茶如诗词,有的豪放,有的婉约;茶如歌曲,有的抒情委婉,有的荡气回肠;茶如书法,有的劲瘦似“柳骨”,有的丰润似“颜筋”;有的似“狂草”张扬奔放,有的似“隶楷”中规中矩。茶有苦涩、柔和、刺激、清淡、醇厚、甘甜之分,茶在人们的心里早已不仅仅是茶,茶如人生百态,各人喝茶感觉到的是各不相同的人生状态。不同的茶,在不同环境和不同时间以不同方式冲泡,带给人的感受和理解是不同的。一同“吃茶去”的人也是有差异的,平庸的人有一条命,是性命;优秀的人有两条命,是性命加生命;卓越的人有三条命,是性命、生命加使命。分别代表了生存、生活和责任三种状态。不同状态的人“吃茶去”的后果想必是迥然不同的。由此可见,“吃茶去”三个字,素处以默,妙机其微;犹之惠风,荏苒在衣;脱有形似,握手已违;蕴涵深远,藏锋不露。正如王国维解答三种读书的境界一样,首先是第一境界:“昨夜西风凋碧树,独上高楼,望尽天涯路。”意思是刚读书的时候总是觉得异常困难,感觉是一条无止境的路。意味着做学问成大事业者,先要有执着的追求,登高望远,勘察路径,明确方向与目标。接着是第二境界:“衣带渐宽终不悔,为伊消得人憔悴。”意思是经过第一境界后你就渐渐产生了对读书的兴趣,即使为此衣带渐宽和人憔悴都不后悔。比喻成大事业、大学问者,不是轻而易举,随便可得的,必须坚定不移,经过一番辛勤劳动,废寝忘食,孜孜以求,直至人瘦带宽也心甘情愿。然后是第三境界:“众里寻他千百度,蓦然回首,那人却在灯火阑珊处。”意思是经过前两个阶段后你就会豁然开朗,读书就变得轻松简单,方向明确了,目标临近了,大事可成也。同样,赵州和尚所说的三次“吃茶去”,虽然在形式上是一样的,但是在内容上却相去甚远。对于不同的人在不同认识阶段的感受和表现是不一样的。人们对事物的认识是螺旋式上升的,迈上一个新台阶后看到的光景是不同的,每登高一步就会看得更远。初学之人领会的是表皮，深学之人探究的是本质，领头之人擅长的是管理。茶由心悟，物由心生，通过智者的点化，原本被遮蔽的心灵之光会渐渐显露出来。如果想让心胸更加宽广，就要继续前行，不断探索新的领域。

第四，"吃茶去"是禅宗茶道形成的标志。中国是茶的发源地，也是茶文化的发祥地，从"神农尝百草，日遇七十二毒，得茶而解之"到陆羽著《茶经》，数千年的历史积淀形成了中国的茶文化。在茶文化的发展过程中，又与禅文化接踵联袂，结伴同行，茶禅一味，相映成趣。"赵州'吃茶去'是'茶禅一味'肇始的标志。赵州禅茶的出现标志着佛教'禅宗茶道'的正式形成，也为'大唐茶道'的形成奠定了基石。"（引自《舒曼茶文化续集》第247页），可以肯定地说，赵州和尚的"吃茶去"是"茶禅一味"的开天辟地之作。而其后经过茶禅文化的交流演化，自然而然地成为我国传统茶禅文化的一道独特的风景线。舒曼先生在《禅门"吃茶去"公案禅境意象中的美学探究》一文中说："茶文化的发展，源头在道家，核心在儒家，发展在佛家。故而，'吃茶去'的意境实际上是由儒、释、道文化意境组成的巨大背景，它的立意是'明心见性''境由心生'。""吃茶去终于在禅化、道化、儒化和诗化的人生中找到了存在的意义和栖居的归宿。"（引自《舒曼茶文化续集》第274－275页）。赵州和尚所处的年代，正是唐朝茶圣陆羽著《茶经》百年之际，喝茶风气已经从上层社会流传到民间百姓，饮茶已经从解渴、解闷、解乏的物质层面上升到"精行俭德"的精神层面。由于当时《茶经》在人民群众中的影响已经逐步显现出来，大江南北，人人饮茶，增强了人民体质，确立了茶在人民生活中的重要地位，在中晚唐时期出现了"柴米油盐酱醋茶"的民间谚语，"茶"成为开门七件事之一。"吃茶去"既突出了茶在人们生活中的重要地位，又赋予其包罗万象的文化韵味。并且通过与禅宗坐禅的交相汇合，达到了"茶禅一味"的融会贯通，促进了饮茶习俗在全国范围内的蔚然成风。到了百丈怀海订立《百丈清规》之时，饮茶更是成为禅宗丛林生活的规矩。这时又界定了饮茶的各种仪式场合，有"打茶"（每坐禅一炷香，寺院监值就要供僧众饮茶）、"奠茶"（向诸佛菩萨及历代祖师供茶）、"普茶"（住持或施主请全寺僧众饮茶）、"茶鼓"（击鼓以召集大众饮茶说法）等诸多规定。还有"茶头""茶堂""施茶僧"等执行茶仪的职位，说明茶仪已经深入到禅宗教规的内部。由于赵州和尚特别嗜茶，他在学僧时信手拈来的便是茶，吃茶对他来说已然成为吃饭喝水一样的本能。所以他常劝人饮茶，他所说的"吃茶去"已非单纯意义上的生活行为，而是借此参禅觉悟其中的精神意念。一句“吃茶去”,佛法禅机尽在其中,饮茶益处不言自明。舒曼先生还指出:陈文华教授说,吃茶去是“有茶禅心凉,无禅茶不香”(赵州柏林禅寺“茶禅一味”研讨会发言),道出了“吃茶去”以茶悟禅的意境。这就是“吃茶去”的“无穷之意达之以有尽之言”的意境,也是一种虚实隐显的意境(引自《舒曼茶文化续集》第 268 - 269 页)。可以毫不夸张地说,“赵州茶”公案是继陆羽《茶经》之后百年时间里,赵州和尚活学活用《茶经》的典范。

此外,关于“赵州茶”公案,还联系着“德山棒、临济喝、云门饼,赵州茶”的典故呢。什么是“德山棒、临济喝、云门饼,赵州茶”?唐朝德山宣鉴禅师常以棒打为接引学人之法,形成特殊之家风,世称德山棒。《景德传灯录》卷十五(大五一・三一八上)云:“师寻常遇僧到参,多以拄杖……”偈十六首其一诗文:“德山棒如雨点,临济喝似雷鸣。虽然声振一时风流万世,检点得来还是强生节目。”昔日“临济”祖师遇有人来问法,便是一声大喝。禅宗使人开悟的特殊方法,不仅是喝,还有棒打的,即德山棒、临济喝。禅宗强调个人的开悟不是别人告诉你的,所以经常通过间接的方法使人觉悟,这是最高的修为境界,此种境界不可以“语言”道出。

“德山棒”与“临济喝”相互联系、相互齐名。所谓“德山”,是山名,位于湖南常德。湖南有谚语,广为传诵:“常德德山山有德。”德山有德,据说与它有关的人都是有德者。相传远古时期,这里曾居住着一位隐士,名善卷,与尧舜齐名。尧曾拜他为师,尧死后,舜想让帝位于他,善卷推辞了,表示要过“日出而作,日入而息,逍遥于天地之间”的生活。德山有德,更是因为这里出过不少高僧。其中有位德山宣鉴,是云门宗的祖庭。而云门文偃师承雪峰义存,而雪峰义存则师承德山宣鉴。德山宣鉴皈依禅宗后,他的机锋名言是“道得也三十棒,道不得也三十棒”,因此佛门有“德山棒,临济喝”之说。

至于“云门饼”公案与“赵州茶”公案,也有着相仿的来历。此公案又叫“云门胡饼”。宋・释绍昙・《偈颂一百零二首》载“云门胡饼赵州茶”。有诗为证:“云门胡饼赵州茶,信手拈来奉作家。细嚼清风还有味,饱餐明月更无渣。”南派禅宗的云门宗,由云门文偃创立,其传承方式,常以一字来截断弟子妄想,禅林称为“云门一字关”。云门禅风除了“云门一字关”,还有著名的“德山三句”,即“涵盖乾坤、截断众流、随波逐浪”。文偃禅师常以“胡饼”回答佛意、祖意、如何是超佛越祖之问,而绝不容以思量分别之余地,即显示超佛越祖之言,除了穿衣吃饭等日常生活外，别无他意，故即便是超佛越祖之谈，也不如一个胡饼吃了省些是非。所以，每当有僧来问，师即以此意对答。如僧问：“如何是佛？”师云：“干屎橛。”僧问：“如何是尘尘三昧？”师云：“钵里饭，桶里水。”

联想到如今的茶道、茶艺、茶礼、茶席、茶舞、茶品、茶宴、茶馆、茶楼、茶城、茶会等茶事活动，都是对古代茶事的继承和发展。今日之茶文化与往昔的“赵州茶”是一脉相承的。“问渠哪得清如许？为有源头活水来。”没有陆羽《茶经》奠定的坚实基础，就没有当今华夏茶文化的雄伟大厦。没有“赵州茶”的公案，就没有茶禅一味的千年延续，也就没有“吃茶去”色彩纷呈的灿烂前景。一个“茶”字，笔画为九，表示九九归一，即回归自然。“茶”字上面是草，下面是木，中间是人；表示人在草木中，寓意不要脱离自然。同时表示要把草民顶在头上，把人民装在心中。汉字中唯有“茶”字既从草又从木，表示茶既是草本作物，又是木本作物；除此之外，别无它字。老子《道德经》云：“人法地，地法天，天法道，道法自然。”人的一生来自自然，又回归于自然。茶道是什么？茶道是关于茶的科学，遵从茶道就是来自自然，效法自然，归于自然，服从自然。遵从茶道的人就是陆羽所说的“精行俭德之人”。人是大自然的产物，人与自然之间，顺从其道则利，逆反其道则患。我们必须爱护自然，珍惜自然，合理利用自然！人与物之间要遵循自然法则，人与人之间也要遵循自然法则。健康的人生一定要回归自然，返璞归真，道法自然。

毫无疑问，“吃茶去”是个永恒的主题，一千二百年公案探讨至今，五千年茶史说不尽道不完，我们将在新时代继续把“万里茶路”延续下去，中国茶不仅应该，而且必须成为中华民族千秋万代的国饮。2014 年 4 月，习近平主席在比利时鲁日欧洲学院发表演讲时说：“正如中国人喜欢茶而比利时人喜爱啤酒一样，茶的含蓄内敛和酒的热烈奔放代表了品味生命、解读世界的两种不同方式。但是，茶和酒并不是不可兼容的，既可以酒逢知己千杯少，也可以品茶品味品人生。”2017 年 5 月，习近平主席向首届中国国际茶叶博览会致贺信：“中国是茶的故乡。茶叶深深融入中国人生活，成为传承中华文化的重要载体。从古代丝绸之路、茶马古道、茶船古道，到今天丝绸之路经济带、21 世纪海上丝绸之路，茶穿越历史、跨越国界，深受世界各国人民喜爱。希望你们弘扬中国茶文化，以茶为媒、以茶会友，交流合作、互利共赢，把国际茶博会打造成中国同世界交流合作的一个重要平台，共同推进世界茶业发展，谱写茶产业和茶文化发展新篇章。”如今，在习近平主席“一带一路”倡议的指引下，连接中华民族五千年历史的茶叶纽带，正以其磅礴气势架起“人类命运共同体”的桥梁。举世闻名的“丝绸之路”正在以全球经济带的形式通往五湖四海，时代久远的“茶马古道”和“万里茶路”愈益焕发出无穷无尽的青春活力。华茶的明天，前途无量。

（原载《上海茶业》2020 年第 1 期）

# 茶禅壶“三位一体”“吃茶去”以人为本

茶文化经过几千年的历史积淀，融汇了儒、释、道三家的文化精华，成为东方文化艺术殿堂中一颗璀璨的明珠。茶禅一味，禅茶一如，迷者问禅，经书万卷，智者悟禅，清茶一杯。“茶”是自然与生活的结合，“禅茶一味”就是心与茶、心与心的相通。2012年，上海首届茶禅会开幕，对更好地弘扬中国传统的茶禅文化起到十分积极的作用。

“2012上海茶禅会开幕式暨茶禅文化论坛”是一个别开生面的盛会，标志着我国茶禅壶“三位一体”饮茶模式已经真正确立。我们可以对茶、禅、壶三者的关系做一个形象的比喻。壶是一个泡茶的器皿，茶是泡在器皿中的物质成分，禅是融会贯通茶禅文化的精神体验。这是一个从外形到内部，从物质到精神，从历史到现实，从实用到欣赏、再从欣赏回归实用的过程；也是一个茶、禅、壶返回民间，走向大众化的过程；更是一个茶、禅、壶普及的过程。

“吃茶去”是一千多年前的一段公案。中国佛教协会副会长净慧法师有一首诗是这样描写的：“燕山修水隔天涯，明月清风共一家。千古禅林公案在，逢人且说赵州茶。”这段千年公案就是关于从谂禅师“吃茶去”的著名典故。从谂禅师（公元778－897年）幼年出家，参拜南泉普愿禅师而得法，后住赵州观音寺（今河北石家庄市赵县柏林寺）。他的禅言法语“吃茶去”传遍天下，时称“赵州门风”。“吃茶去”是茶与禅的有机统一，是禅对茶的爱好，是禅对茶的向往，是禅心的本意流露，是凡人与僧人平常心的真实写照。

“吃茶去”三个字融会贯通了茶、禅、壶三者的深刻内涵。茶是中华民族的五千年瑰宝，是人民大众的开门七件事之一，也是文人墨客琴棋书画诗曲茶的高尚享受，蕴含着丰富多彩的茶文化和茶人精神。“吃茶去”是从谂禅师的禅言法语，寓意深刻，博大精深，高深莫测，体现了禅与茶的完美结合。而吃茶要用壶去泡，离不开盛茶的器皿。美妙绝伦的紫砂壶又使茶艺茶道平添了不尽的遐想，真所谓“茶内意境远，禅里天地宽，壶中乾坤大”。

存在的即是合理的。茶、禅、壶在中国存在了几千年，谁能说它是不合理的呢？茶禅壶“三位一体”体现了茶禅一味，德智双修，以茶悟禅，净化人心的功能。在茶禅会上，上海市茶叶学会周星娣秘书长说：“茶友、禅友、壶友相聚一堂，这是人生难得的奇缘。我们要以茶养心，以茶修心，不断提升人的素质。”玉佛寺大和尚觉醒说：“自古以来，品茶、参禅结下了不解之缘。体悟人生真谛，是茶禅一体的高妙境界。”江苏省宜兴市陶瓷行业协会会长史俊棠说：“紫砂壶是为茶而生的，也要为茶而兴。茶壶泡茶是很有兴味的，可以从中体会到无穷的乐趣。”“茶因壶而香，壶因茶而响。”这是因为茶共壶格外香，壶共茶名气响。中国工艺美术大师汪寅仙说：“紫砂壶泡茶最好，越用越光，越用越新。”他们的话言简意赅地道出了茶、禅、壶三者的关系，给我们以深刻的启迪。

“吃茶去”是茶禅一味的历史见证。中国佛教协会副会长净慧法师为上海茶禅会题词云：“禅茶不二。”原中国佛教协会会长赵朴初另有诗为证：“七碗爱至味，一壶得真趣。空持百千偈，不如吃茶去。”著名书法家启功诗云：“今古形殊义不差，古称荼苦近称茶。赵州法语吃茶去，三字千金百世夸。”原上海市茶叶学会理事长黄汉庆先生主持茶禅会时说过：“茶禅的要义是静、净、修、悟。”因为茶能清心、明心、见性、悟道，把“吃茶去”的精神实质解释为“静、净、修、悟”四字要诀，其中的内涵是意味深长的。

唐代茶圣陆羽从小生活于佛门，在寺院中耳濡目染，习得茶道，他的《茶经》在寺庙香火中熏过一番，自带三分佛气。明代乐纯著《雪庵清史》中列出了佛事的次序：“焚香、煮茗、习静、寻僧、奉佛、参禅、说法、作佛事、翻经、忏悔、放生……”。这里竟然把“煮茗”摆在“奉佛”“参禅”之前，列为第二位，这与从谂法师“吃茶去”的意境相得益彰，异曲同工。

唐朝时，禅师们提倡坐禅饮茶，寺院饮茶蔚然成风。及至中唐，寺院中以茶供佛、点茶祈福等礼仪程序逐步规范，于是在禅林规制中形成了种类繁多、程序完备的茶礼，并且还影响到茶事活动，使之超越日用层面而上升成为一种精神文化活动。唐朝百丈山（今属江西）怀海禅师（公元724－814年）制定的《百丈清规》中明确将僧人植茶、制茶纳入农禅内容，同时也将僧人饮茶纳入寺院茶礼。由于当时在山区实行农禅，僧人在寺院内自辟花园，自种自饮茶叶便流行起来，通过农业活动而与茶叶结下了不解之缘。按照《百丈清规》规定，寺院在各种特定佛教节日以及寺院举行职事变更、送旧迎新等活动时,都要举办“茶汤会”,当时的农禅制度促进了茶禅的有机结合。此外,一些虔诚的佛教徒也常以茶或茶具作为供品,向寺院献茶,以茶结缘。有的僧人还于夏日里专门在凉亭准备茶水供过往客人免费饮用。

茶禅文化是服务于人民的,紫砂文化也是服务于人民的。“茶韵无尽,只因茶如人生,茶香悠远。”“人要劳动,要工作,要追求,要忙碌。人也需要闲逸,人就需要茶陪伴我们的生活。”(见叶辛《茶韵》),今有诗云:“饭罢浓煎茶吃了,池旁坐石数游鱼。粥去饭来茶吃了,开窗独坐看青山。”这是一种多么轻松的人间游戏,这是一种多么惬意的神仙意境。另有诗云:“红泥小水煮一壶,清香醇厚纳百福。世人贪恋功和名,岂知禅茶味一如。”用青山的泉水,煮沸一壶祁门功夫红茶,慢慢品尝其中的甘醇和清香,实在是感受美妙人生、享受世间清福。“茶禅文化既是中国的,亦是世界的。”“禅茶文化蕴涵‘正、清、和、雅’四大精神。”(见章传政《浅析禅宗与茶文化的发展》)进一步发扬茶禅文化精神,反映人文精神,彰显社会价值,使之造福人民,正是上海市首届茶禅会的宗旨所在——养生悟道,净化人心,促进和谐,自由幸福。其实功名空空如也,领悟禅茶之道才能进入佳境。发展是硬道理。茶、禅、壶要继续存在下去,就必须继续发展下去。正如中国作家协会副主席叶辛《茶韵》所言:“用心地品茶,就能从茶味中品出我们的人生,品出苦尽甘来的过程,品出生活中酸甜苦辣的过程,从而净化我们的灵魂,让我们更淡定、更从容地面对今天和明天。”

(原载《上海茶业》2013 年第 2 期)

# 论“茶为国饮”

《上海茶业》2012年第1期刊载丁俊之大作《持续加大力度，呼吁我国政府尽快将茶正式定为“中国的国饮”》。丁俊之先生回顾了茶的历史，“茶之为饮，发乎神农氏”，闻于鲁周公，兴于唐朝，盛于宋代。故而中国是“茶的祖国”。文章论述了茶的保健、减肥和养生功效，引用了日本高僧荣西《吃茶养生记》的评价，所谓“养生之仙药，延龄之妙术”，“茶为万病之药”；引用了欧洲知识产权研究交流中心主席大卫·格拉伯对中国茶的称赞——“味道特别好，文化底蕴厚重”；引用了胡锦涛主席2008年3月15日在“中日青少年友好交流年开幕式”活动中的重要讲话——“以茶为缘，以和为贵”；介绍了中国国际茶文化研究会会长王家扬于2004年给全国政协大会的提案——“将茶确定为中国国饮”。文章还提到2010年中国茶叶产量达到145万吨，占世界总产量的36%，国内茶叶消费量超过100万吨，稳居世界第一。由此可见，茶为国饮，事出有因。

丁俊之先生还列举了茶为国饮的八大好处，并概括为“三个有利于”：利国、利民、利农。笔者以为利国则是以茶化成文化，倡导“爱国、奉献、团结、创新”的茶人精神；利民则是使全民普遍饮茶，健康长寿；利农则是使八千万茶农安居乐业，财源茂盛。倡导茶为国饮，实在是利益济济，好处多多。

饮茶是我国的传统，是民间的风俗，是国人的习惯，是生活的必需，这在中国五千年发展史上是早有定论的。有下列事实可以佐证：

其一，茶叶发源地之说。中国在茶业上对人类的贡献，首先在于最早发现了茶树，并且最先利用了茶叶，甚而把茶叶发展成为我国乃至整个世界的一种灿烂的茶文化。据我国史籍所载：“古人夏则饮水，冬则饮汤”，以温汤生水解渴取暖，达不到杀菌的效果，解决不了卫生问题。然而自从知道饮茶之后，用开水泡茶，问题就迎刃而解了。把水烧开之后再来饮用，是中国人的一大发明，是在原始简陋的生活条件下克服病菌侵害的创举，其灵感盖来自饮茶。饮茶和开水当是中国的第五大发明。饮用开水的传统一经形成，就大大提高了中华民族的健康水平。在当时人口众多、生产不发达、物质不充裕的历史条件下，饮茶所起的抗病、防病、杀菌、健身作用是可想而知的。如果没有全民饮茶，人们的生存都要受到影响，何来日后的发展壮大？西汉时期有一位书生王褒以一万五千钱与一个叫便了的奴仆签订一份民事契约——《僮约》。其中有"武阳买茶""脍鱼包鳖""烹茶尽具"的记载，说明当时已有茶叶市场，已有把餐、饮两部分内容合在一起的餐饮业雏形，已有煮茶饮茶、清洗茶具的茶事活动。随着历代的发展，茶叶的种类扩大到六大类，每一类茶又有多个品种，每一个品种还有各种花色等级。中国茶叶名目繁多，不胜枚举。我国是茶的祖国，云贵川是茶树的原产地，华人是饮茶的鼻祖，这些事实越来越被世界各国人民所公认。我国茶叶的发展经历了药用、食用、饮用、品用四个阶段。如今我们华夏儿女有责任和义务将茶不断推向一个新的阶段。所以，华人应该对茶万分珍惜，断不可将"茶为国饮"的优良传统拱手相让于他国。如今，我们对于英国成为世界头号饮茶大国的现状，决不能视而不见：英国人每天喝掉13500万杯茶；每年共消费世界茶叶总量的1/4。世界饮茶冠军应当属于英国人！

其二，开门七件事之说。中国民间有一句老话："开门七件事——柴米油盐酱醋茶"。这句话是国人尽人皆知的，它流传至今，绝不是空穴来风。在我国，茶和米被放在同一生活必需品的地位上来认识，是历史地形成的，绝不是偶然的。从造字角度来看，"茶"是"米"加"艹"（草头）形成的，茶米两字本同源，米上有草即是茶。从长寿之道来看，"茶寿"即108岁，"米寿"即88岁，茶寿高于米寿，多了廿岁。既然国人在一天中的开门七件事少不了饮茶，可见饮茶在中国的地位之显赫、之重要、之特别。据此可以推断，如果我国历史上只是少数人饮茶，而与大多数民众无关，未有"茶为国饮"的生活阶段存在，断不可能把茶作为国人日常生活中开门七件事之一。

其三，"茶禅一味"之说。在我国，茶道与宗教是密不可分的。茶文化与禅文化，融合成为茶禅文化，是我国对世界文明的一大贡献。中国佛教中的禅宗始于南北朝，梁武帝时，天竺僧人达摩来到中国，建立禅宗。禅宗比传统佛教的参禅、修行程式简单且易于推广。传说达摩少林面壁，揭眼皮堕地而成茶树。嗣后马祖创丛林，百丈立清规，禅僧以茶当饭，资养清修，以茶待客，广结善缘，形成具有中国特色的佛教禅宗。佛教的兴起，使得当时不盛行饮茶的我国北方地区也随着僧侣的到来而盛行起来。唐代封演的《封氏闻见录》云:“南人好饮之,北人初不多饮,开元中,泰山灵岩寺有降魔大师,大兴禅教,学禅务于不寐,又不夕食,皆许饮茶,人自杯挟,到处煎煮,以此转相仿效,遂成风俗。”可见我国北方人民的饮茶习惯是与佛教分不开的。大约茶味的清苦与佛教的清修体验有相似之处,所以僧侣们在把茶当作修行提神物之后,又把“顿悟”与饮茶结合起来,提出了“茶禅一味”的观点,其意是说“只要吃茶去,就能参透禅机佛理”。从僧侣们“茶禅一味,以茶当饭,不食饮茶”的痴迷状态,可以窥见当时饮茶的盛况。唐朝茶圣陆羽之所以成为茶圣,与他身为弃儿,由和尚收养,长于佛门,深受茶禅的耳濡目染,且一生行踪不离寺院不无关系。

其四,“人类饮料”之说。孙中山先生在《建国方略》中有一句至理名言“茶为文明国所知已用的饮料,就茶言之,最合卫生、最优美之人类饮料。”孙中山先生之所以要在《建国方略》中倡导“茶为人类饮料”,是基于中国是一个农业大国的基本国情,振兴中华就要振兴农业,也包括振兴茶业。因此,孙先生把“茶为人类饮料”作为一项基本国策提了出来。孙先生对茶作了极高的评价,他一连用了五个修饰词,对茶作了充分肯定。我们暂且把句子拆开来分析:一是“茶为文明国的饮料”,把饮茶与国家是否文明联系在一起;二是“茶为所知已用的饮料”,“所知”是肯定茶的历史地位,《神农本草经》记载“神农尝百草,日遇七十二毒,得茶而解之”,国人在几千年以前对茶已经了解所知。“已用”是肯定茶的现实地位,如今茶已作为风靡世界的饮料之一而为人类普遍所用;三是“茶为最合卫生的饮料”,赞美茶中没有酒精成分,且经过高温杀菌;四是“茶为最优美之饮料”既称赞茶叶外形内质之美,又称赞茶叶美容健身的功效之美;五是“茶为人类的饮料”,对茶的大众化程度和实用性价值给予了恰如其分的评价。当然,要把茶作为人类的饮料,首先必须使之成为占全球人口近四分之一的中华民族的国饮。我们的责任是首先做好自己的事情,然后再去管他人的事情和老天爷的事情。只有在国饮的基础之上,才能升格为人类饮、全球饮、国际饮。

目前,全球已有 50 多个国家种茶产茶,几乎所有的国家都有饮茶之人。茶叶的发展正有方兴未艾之势。

寻根溯源,世界各国的茶树都是由中国传播过去的。茶树栽培方法、加工技术、饮茶方式、茶事礼仪,最早都出自中国。印度、斯里兰卡、肯尼亚、荷兰、英国、美国、法国、俄罗斯、日本、越南等著名茶叶国家,他们的茶技、茶艺和茶道都是从中国引进、效仿和进化的。早在唐朝时期，日本的“遣唐使”就多次来中国学习政治、经济、文化，茶叶就由这些留学生带回日本。最著名的是日本僧人空海，他于公元815年留学归国，将茶和饮茶习惯带回日本，使之在日本普及开来。尤其是通过丝绸之路，当时茶还传到了中亚各国，传到了中东地区和地中海沿岸。我们完全有理由自豪地说：茶叶之于中国是原创物，茶叶之于外国是舶来品。

我们要振兴茶为国饮，须增强茶的宣传力度。要进一步宣传茶的作用，让千千万万的国人都能认可。不仅广泛认可，而且在行动中把饮茶放在三大非酒精饮料（茶叶、咖啡、可可）的首位。以这个标准来衡量，目前在全国范围内对茶文化的普及程度还是不够的。所以还是要广泛开展茶道、茶艺活动，深入传播茶的知识，做大做强茶的企业，开辟新的茶产品领域，提高茶的附加值，实行传统饮茶与便利饮茶相结合。要加大茶文化的宣传力度，做到家喻户晓，人皆尽知。万众一心饮茶之日，即是茶为国饮之日。

我们要振兴茶为国饮，须使之蔚然成风。众所周知，在我国，新疆维吾尔自治区、西藏自治区等地区人民常年食用牛羊肉和奶制品，需要茶叶助消化，他们熬制的奶茶、酥油茶是常用的饮料。所以，边区人民不可一日无茶。不言而喻，茶为国饮在这里断然没有问题。在我国的城市和农村，有那么多的茶馆、茶楼、茶坊、茶肆；有那么好的早茶、午茶、晚茶的风俗；有那么多人家，具有客来敬茶的习惯；有那么多的人早已把茶作为生活必需品，这就是茶为国饮的最深厚的土壤条件和群众基础。但是，具有良好的土壤和基础，不等于形成了全民饮茶的风气。所以当务之急是营造饮茶之风，使之成为压倒多数的氛围。当然，一国之内，欲使全民百分之百饮茶不仅不可能，而且不必要。但如果半数以上的国人加入了饮茶行列，这岂不就是茶为国饮了吗？

我们要振兴茶为国饮，须从娃娃抓起。娃娃是祖国的未来，唯有从娃娃开始培养饮茶的兴趣，茶为国饮的战略方针才能充满希望。所以，要从小让娃娃接触茶叶，认识茶叶，喝点茶水，因为习惯是潜移默化形成的。据说，肯尼亚、斯里兰卡的婴儿出生时，先喝一口茶，然后再喂奶。这是很有道理的，因为茶有杀菌消毒作用和利尿作用，对于排除婴儿体内的宿尿、宿便和抗感染会有一定帮助。

我们要振兴茶为国饮，须发挥政府的作用，对茶叶的供给采取限量、直接分配的办法。所谓茶叶配给制度,有两方面的含义,一是纯福利性质的,由政府出钱,按人头无偿配给一定数量的茶叶,让人人饮茶,使大众受益。二是茶叶定额管理。对于每人每年购买茶叶的数量做出明确的规定,确定一个茶叶消费下限。当然对于茶叶的等级、品种和消费上限不作硬性规定,消费者可以根据自己的爱好和经济条件作出选择。如果各级政府重视和支持把茶叶作为国饮,或者真正采取切实有效的措施来促进和普及全国的茶叶消费,相信“茶为国饮”的时代指日可待。

其实,振兴茶为国饮绝不是为国饮而国饮。饮茶的好处实在是国饮的根本。倘若饮茶没有太多好处,又何必多费口舌呢?有道是:“一日无茶则滞,三日无茶则病。”清朝乾隆皇帝更是以“君不可一日无茶”道出了对茶的情有独钟。唐朝诗人白居易《闲眠诗》中云:“昼日一餐茶两碗,更无所要到明朝。”他的日常生活要求不是很高,只要能够达到一日餐后两碗茶的饮食标准,就能今日复明朝,别无他求了。

总之,我自愿加入吴觉农先生、王家扬先生、丁俊之先生等诸人倡导的“茶为国饮”行列,也呼吁全体华人加入这个行列,形成一种前所未有的气势,形成一种铺天盖地的声浪,并拿出自己的行动来——饮茶,这就是真正的“茶为国饮”。

(原载《上海茶业》2012 年第 2 期)

# 茶人说茶

# 我和上海市茶叶学会

1983年7月29日，上海市茶叶学会在钱樑先生等发起人不遗余力的精心努力下成立了。30多年来，我与上海市茶叶学会建立了深厚感情，结下了不解之缘，获得了无穷乐趣。

## 一、学会是茶业之师

1983年至1993年，上海市茶叶学会致力于成为全市茶经济的良师益友。

那时，我在皖南军天湖农场工作。先是在军天湖农场下湾茶厂担任厂长，后来在军天湖茶叶总厂担任厂长。军天湖农场的茶业发展得到了学会的热情帮助和关心指导，这是学会积极服务于经济建设的有力见证。

军天湖茶厂原有茶园5000余亩，分布在汤村、马村、钱村、下湾四个农业分场。自1968年以来，陆续建立了四个茶厂。十一届三中全会以前，在茶叶统购统销政策下，农场的干毛茶是卖给当地宣城县精制茶厂的。当时一级一等干毛茶的收购价是1.96元/斤；六级三等干毛茶的收购价是0.57元/斤，价格十分低廉。由于生产成本高、销售价格低，经济效益很差。在上海市茶叶学会的大力支持和帮助下，1988年2月成立了军天湖茶叶总厂，是在四个茶叶分厂的基础上再建一个精制厂组合而成的。军天湖茶叶总厂的成立，实现了茶叶生产经营的转型发展，实现了茶叶的流水线作业，由干毛茶生产变为精制茶生产。通过积极发展对外出口茶叶贸易，以质取胜，适销对路，换取外汇，经济效益日益提高，使茶叶生产成为农场经济的第二大支柱，茶叶的单位面积产量达到每亩150公斤干茶，茶叶年产量达到733.5吨，总产值达到406万元。其中出口绿茶320吨、红碎茶10吨，超过计划指标41.6%，出口创汇金额240万元。

军天湖农场茶叶生产经营的转型发展走过了艰难曲折的道路。当时，上海市茶叶学会的钱樑等老前辈相继到农场来考察，指导茶叶生产。他们冒着酷暑，汗流满面，深入到千亩茶园和四个茶厂实地调查和研究分析，得出了真实可靠的数据材料。然后向有关部门详细汇报，说明情况，阐述利弊，出于公心，据理力争，得到了主管领导的支持。经过他们的不懈努力，终于把皖南两个外地农场确定为上海的茶叶生产基地，扫清了茶叶精制加工和出口创汇的障碍。然而，由于毛茶生产向精制茶生产的转变是军天湖农场茶叶生产的一大飞跃，其中有许多关键环节，特别是机械设备、加工技术等问题需要加以解决，并不能一蹴而就。他们面对现实，正视困难，献计献策，多方联络，不辞劳苦，几经周折，为农场茶叶生产经营摆脱困境，走出一条“产、供、销一体化”的道路，作出了巨大贡献。

在茶叶学会专家的指导下，茶林队的干部职工克服茶园面积大、采工难招、成本上涨、天气反常的困难，加强田管，分批采摘，保质保量，为制茶车间提供了充足的原料，为完成全厂的生产计划打下了坚实的基础。初制车间大刀阔斧地改革不合理的管理方式，对各道工序指派专人把关，岗位责任到人，职责分明，使毛茶条索紧结，色泽墨绿，香气清鲜，滋味醇厚，无烟焦味，为精制茶上等级奠定了基础。茶叶学会的专家还建议建立车间核算制度，处处精打细算，提高效率，降低成本。定额管理对于精制车间同样起到了很好的作用。通过加强严格管理，坚持考核制度，提高了产品质量，提高了经营管理水平，提高了经济效益。

不言而喻，发展茶经济、振兴茶叶雄风是学会的宗旨之一。军天湖农场在茶叶生产经营中取得的成绩是与上海市茶叶学会的关心指导分不开的。茶叶学会的老师们不愧为茶经济发展的授业、传道、解惑之师，军天湖农场的茶业发展历程雄辩地证明了这一点。

## 二、学会是茶人之家

1993 年至 2003 年，上海市茶叶学会致力于成为服务广大会员、茶人、爱茶人的茶人之家。

此时，我因工作交流从皖南军天湖农场返回上海。先是调到上海申江特钢公司，后来到上海市新收犯监狱从事罪犯的教育改造，脱离了已经从事二十五年的茶叶工作。但我离职而不离茶，易岗而不易帜，万变不离其宗，在茶叶学会的怀抱里，我仍坚持喝茶、饮茶、品茶、赏茶，对茶有了更深的眷恋。

我以茶人自居，更为茶人自豪。自居者，日日饮茶，乐在其中；以茶提神，以茶健身；有茶清福至，无茶苦闷极；自豪者，自信人生百年，喜结茶缘人缘。朋友中尤以茶友至多、至知、至爱、至尚。正如我的朋友所说："人生如茶""茶是生命的清泉""茶人是幸福的"。我在每天开始工作之前，第一件事就是泡一杯茶，没有茶是万万不能的。冬季可以不吃香甜的桂圆莲子羹，夏季可以不吃雪糕、冰激凌，不吃晶晶亮、透心凉之类的冷饮，春季可以不吃黏稠晶莹的白木耳汁，秋季可以不吃清醇的百合绿豆汤，但不喝茶就觉得吃饭不香，精神不足，浑身不自在。只要一杯清茶入口，就觉精力充沛、心清气爽。这就是茶的魅力、茶的作用；这是茶人的乐趣、茶人的荣耀。

在与茶叶学会会员的交往中，我结识了许多老朋友和新朋友。学会资深顾问刘启贵先生是我十分敬重的老茶人之一。他为人诚恳，乐于助人，风趣幽默，广交朋友，一身茶树风格，一腔茶人精神，对茶叶事业任劳任怨、兢兢业业。他有很强的组织活动能力，对学会工作倾注了大量精力，大有"咬定青山不放松"的精神，这是全体学会会员有目共睹的。

我时刻记得何耀曾先生对我的关心和帮助，他曾在给我的信中说："一个人的成才除老师外，靠自己实践，靠同志们的帮助，而多读书，学以致用，则一辈子受用无穷，而且书籍这位老师不限于时间，没有任何条件，你可以永远从它那里得到启迪，得到指点，得到帮助。中国文字上'学问'两字我觉得最有意思，一个人只要肯学、肯问，就会有很多的学问。"(1993 年 12 月 21 日来信)我在工作和生活中遇到什么难题，就会给何耀曾先生写信讨教。他都一一回复，耐心解答，语重心长，关怀备至。我在与何耀曾先生的通信交往中聆听教诲，受益匪浅。

我从自己的切身体会中深深感到，服务全体茶是学会的宗旨之一。茶叶学会不愧为广大会员、茶人、爱茶人交流聚会的欢乐之家。

## 三、学会是交友之所

2003 年至 2013 年，上海市茶叶学会致力于成为以茶会友、以茶交友、以茶交流、以茶共进的交友之所。

这时，上海市茶叶学会以普及茶文化和弘扬茶人精神为标志，掀起了"茶为国饮"的热潮。在茶文化和茶人精神的熏陶下,我开始注重对茶文化的宣传和推广。

上海市茶叶学会有一本名为《上海茶业》的期刊,这份期刊给所有茶人提供了交友的园地。《上海茶业》集新闻性、理论性、茶文化于一体,熔实践性、探索性、资料性于一炉,有茶业动态、贸易平台、专业技术、生产经营、茶源志史、茶道茶艺、茶庄茶馆、茶与健康等栏目,是全体茶人喜闻乐见的杂志。在主编和责任编辑的帮助支持下,我积极为《上海茶业》撰稿,每年都有几篇文章被采用,有的年度几乎每期都有文章被收录。这些年来,我孜孜不倦地为普及茶文化略尽自己的绵薄之力,而且乐此不疲,意犹未尽,把酸甜苦辣浸在笔端,让茶人精神溢于言表。我感到能把自己学习茶文化的点滴心得体会与茶人交流共享,确实是一种莫大的享受。上海市茶叶学会举办的每年一度的年会,则是我们茶人的快乐节日。会员们多日不见,每当相聚分外喜悦,家长里短,互通信息,有说有笑,应接不暇。学会开年会,朋友小聚会。茶人相聚,分外热闹,以茶会友,以茶交友,聆听报告,学习交流,增长知识,陶冶情操,有一种说不出来的高兴和快乐。

茶人精神是茶人缘分的纽带。我曾把茶树的生物学特性描述为"红梗绿叶小白花,四季常青发新芽。一身愿被千人采,香茗进入百姓家"。从茶树的生长特性看,隔年生的茶梗是褐色的麻梗,当年生的茶梗是红色的,象征着一颗红心造福人类。白色的小茶花象征着心地纯净,洁白无瑕。无私地提供绿叶服务百姓,而且愈采愈发,永葆青春。既然茶树的优秀品质是无私奉献,学做茶人就要有茶的精神,就要树立茶魂。我以为,大凡茶人总是与茶有缘的。这个缘就是心中有着茶、口中喝着茶、言中谈着茶,行中忙着茶。作为茶人,就要学习钱樑先生"一生许茶、一生事茶、一生为茶",努力普及茶文化,提高茶的国饮地位,让茶为大众造福,让茶为人民健康服务。茶是无私的,茶是甘于奉献的。从某种意义上说,奉献是一种幸福。我们茶人在互相交往和宣传茶文化的过程中,耳濡目染、潜移默化、相互影响,逐渐确立了甘于奉献的幸福观。当我们在用茶的甘露滋润别人心田的同时,也滋润了自己的心田。

## 四、学会是文化使者

自 1983 年成立以来,上海市茶叶学会始终致力于振兴中华茶叶雄风的梦想，倡导茶人精神，广泛开展学术交流，研究茶科技、普及茶知识、发展茶经济，致力把茶叶学会打造成繁荣茶文化的宣传阵地。

我和茶文化情有独钟。从先前的《茶报》到后来的《上海茶业》以及《学会简讯》，都是每期必看的。茶既能提供物质层面的享受又能提供精神层面的享受，一个“茶”字包含了物质文明和精神文明的双重内涵。每每读到茶的信息，似乎闻到了茶的清香，有一种特别的亲切感，好像又回到了茶叶圈，依然在茶人的行列中。

文化是一种思维方式，茶文化亦是如此。在茶叶学会的竭力倡导下，全体茶人不仅以茶为荣，而且自觉向茶看齐。刘启贵先生在《盛世茶缘》一书中说：“上海茶人把茶人精神高度概括为八个字：爱国、奉献、团结、创新。这八个字应当成为我们浩浩荡荡的茶人队伍的一面光辉旗帜。”这种茶人精神，其意境是十分高远的。把一身献给人类是茶最优秀的品质。既然茶的品质是奉献，学做茶人就应该甘于奉献，以茶树的品格为榜样。一个人做点好事并不难，难的是一辈子做好事。学做茶人是要具备勇气和毅力的。如果全体茶人在新的历史条件下，承先启后，继往开来，将茶人精神付诸行动并发扬光大，将功在当代，利在千秋。

上海市茶叶学会成立三十年来，团结全体茶人，贯彻学会宗旨，做了许多工作，多有成效，多有建树。其中屡有令人难忘、可圈可点者：中国当代茶圣吴觉农纪念馆的建成，《钱樑选集》的出版发行，王镇恒教授科教事茶60周年暨《王镇恒茶文选集》上海地区首发仪式的举行，《快乐品茗》300人画册的出版；上海世博会联合国馆中的茶叶馆；“2012上海禅茶会开幕式暨茶禅文化论坛”的举办；等等，不胜枚举。

衷心祝愿学会欣欣向荣，越办越好！

（原载2013年11月1日《上海市茶叶学会与茶文化建设论文集》）

# 把学会接力赛跑好

## ——上海市茶叶学会成立三十五周年庆祝大会侧记

2018 年 12 月 23 日，“上海市茶叶学会成立三十五周年庆暨会员大会”在南昌路 57 号科学会堂国际会议厅隆重举行。

当日，室外阳光明媚，室内热气腾腾。参加会议的除了学会会员以外，还有各区的茶文化组织代表和各茶城茶企的代表以及社会各界爱茶人士，共出席代表 454 人。全体与会人员喜气洋洋，济济一堂，其乐融融。大家畅谈改革开放成果，畅谈学会发展变化，畅谈相互之间的深情厚谊，气氛十分热烈。庆典大会展示了改革开放四十年与发展中的上海市茶叶学会的累累硕果，反映了全体会员饱满的精神风貌。

会议由学会副秘书长王亚雷主持。上海市科学技术协会党组成员、副巡视员黄兴华致辞表示祝贺。副理事长兼秘书长高胜利作“不忘初心 敬业奉献 开拓务实砥砺前行”的主题报告，总结三十五年来学会发展历程，汇报学会 2018 年工作成绩，展望 2019 年学会发展前景；茶艺表演队演出了精彩节目，会员代表作了交流发言。最后由上海市茶叶学会理事长龚如杰总结讲话，突出中华茶文化源远流长，突出茶叶学会任重道远。会议发放了《上海市茶叶学会成立三十五周年纪念文集》供会员学习收藏。庆典活动完成了各项预定议程，取得圆满成功。

这次庆典活动具有以下特点：

### 一、领导重视 准备充分

(1)全力以赴，筹备庆典。为了办好庆典大会，学会召开了 8 次筹备会：其中编辑部会 3 次，庆典筹备小组会 2 次，各工委会 1 次，录制影视、视频会 1 次，各区学会、协会 1 次。大家各司其职，各负其责，分工不分家，协力完成任务。

(2)关心会员,服务会员。以前学会开展各项活动的礼品往往由一个单位提供,比较单调。今年的伴手礼由四个单位提供,学会发给荣誉证书,鼓励茶企争做贡献,既宣传了本企业,又给会员以福利。伴手礼由四大茶类、四个品牌茶叶合成,寓意事事如意,皆大欢喜。由考亭书苑魏华提供水仙茶、刘同意提供祁门红茶、白沙溪提供黑茶、绿雪芽提供白茶等各 600 份。伴手礼采取小额有偿的办法,企业给予支助,学会支付 1/4 费用。大宁茶城叶应春总经理提供 1000 只礼品杯。嘉宾的鲜花以及讲台花篮也都是企业无偿赞助的。充分体现了茶企对学会的支持和对会员的关怀。

(3)注重细节,精细管理。庆典的成功,在于抓住了方方面面的精细化管理。细节决定成败,管理保障秩序。会议发动各区茶文化组织准备了优质好茶,精心布置了八个茶席。开会之前,每个茶席与广大会员广泛接触交流,观赏品鉴,大家一边喝茶,一边聊天。以茶沟通,以茶交友、以茶会友,客来敬茶,联络感情,心情舒畅。既展示了特色茶艺,又向会员提供了饮茶场所;既暖心解渴,又烘托会议热闹气氛;既为会员着想、为嘉宾服务,又宣传茶企,扩大影响,做了品牌广告。

会议间隙,学会特别设立了服务柜台,为会员交纳会费提供方便。为了使交费秩序井然,工作人员按照会员编号收费,增加了收费人手,缩短了收费时间,方便了全体会员。学会还为没有领取会员证的会员发放了会员证,健全管理制度,加强基础工作。

会议安排文艺演出和代表发言交叉进行,一动一静,互相搭配,消除了视觉疲劳,提高了视听效果。达到了会员各就各位,遵守会场纪律,会场秩序良好,会议效果显著的要求。无论是文艺节目表演,还是领导讲话和代表发言,会员们都能洗耳恭听,专心致志。在庆典开幕之际,热闹非凡的"滚灯"表演拉开了序幕,铿锵有力,动人心弦;原创作品"在路上守望",内涵丰富,耐人寻味;少儿茶艺"茶与戏的对话"穿越时空,精彩纷呈;让我们领略了在茶文化拓展路上百花齐放、各展风采的新气象。台上表演的文艺节目,无论是上海市奉贤区茶文化学会非遗文化节目"滚灯",还是上海市青浦区茶文化协会原创作品"在路上守望",或是上海市静安区青少年活动中心表演的少儿茶艺"茶与戏的对话",都经过了精心策划、精心排练。表演有故事、有剧情,有茶艺表演,有品牌展示;有布景道具,有音乐效果,已经不是单纯的泡茶、喝茶、热闹一番,而是给人一种源于生活、高于生活的艺术享受，给人耳目一新之感。这为改变上海茶艺竞赛的落后状况，吹进了一缕春风，起到了引领作用。

会员代表的发言，充分考虑到各个方面、不同角度和不同情况，突出代表性，反映层次性，有传承，有创新，有发展，有前进，体现了老、中、青三个层次茶人的丰采。大宁国际茶城总经理叶应春发言“不忘初心谋发展，守正创新中国茶”；少工委主任方茵发言“茶香铺满成长路”；吴觉农纪念馆秘书长马力发言“让吴觉农茶人精神发扬光大”，从各个层面和角度歌颂了学会 35 年改革创新和发展变化，给人以深刻的教育和启迪。

通过颁奖仪式，表彰了一批对学会做出贡献的荣誉单位：①授予荣誉单位证书；②表彰 17 家 2018 年上海市最具特色茶馆；③表彰上海市 13 家少儿茶艺特色学校。运用榜样的力量，开展“学习身边的人”活动，继续弘扬茶人精神，推动学会工作更上一层楼。

## 二、视频滚动 风景亮丽

上海市教育电视台拍摄的庆典大会现场视频滚动播放很有特色，展示阳光心态，表达会员愿望，起到了哄托场面、渲染气氛的作用。一人一句话，祝贺心意长，言简意赅，情真意切。有豆蔻少年，也有百岁老翁；有学会理事长、秘书长，也有区学会、协会会长、秘书长；有德高望重的老茶人，也有年富力强的创业者；有学者教授，也有企业老总；代表了上海茶界的各行各业、男女老少。

三位少儿茶艺代表凌巧、施媛媛说：“我们是小茶人，我成长，我快乐。祝贺上海市茶叶学会三十五周年了。”谢俊辰说：“祝贺上海市茶叶学会成立三十五周年了。”

老顾问刘启贵说：“我们祝上海市茶叶学会越办越兴旺，要成为一流学会。同时我要祝贺我们全体会员大家健康、开心、和谐、长寿，大家都超过 108 岁。”

老教授王镇恒说：“三十五年来，上海市茶叶学会团结上海市乃至全国的茶人和爱茶人以及社会力量，开展了多种丰富多彩的茶事活动。因此我相信，今后我们学会仍然会发扬茶人精神，为中华茶业、为发展茶文化，继续做出贡献，继往开来，承前启后。”

老专家尹在继说：“我热烈祝贺上海市茶叶学会成立三十五周年，我希望上海市茶叶学会一届比一届好,越办越好,更上一层楼。"

学会理事长龚如杰说:"热烈祝贺上海茶叶学会三十五周年的生日快乐,我衷心希望和祝愿上海茶叶学会在未来的工作中能够开拓进取,与时俱进,凝心聚力,不忘初心,不断开创学会工作的新局面。"

学会秘书长高胜利说:"今天是上海市茶叶学会三十五周年庆。我们衷心地祝愿上海市茶叶学会在改革开放的道路上,不忘初心,团结奋发,励志前行。"

秋萍茶宴总经理刘秋萍说:"茶叶学会三十五年,岁月留痕,精彩辉煌。"

黄浦区茶叶学会高建华说:"衷心感谢上海茶叶学会三十五年来造就了我们每一个茶人。"

青浦区茶叶学会徐琴说:"青浦区茶文化协会,感谢我们上海市茶叶学会的引领,我想说让我们再做一次对信念的执着,来感谢上海市茶叶学会成立三十五周年。"

金山区茶叶学会徐辉说:"改革开放伴我行,三十五载茶学会。上海市金山区茶文化交流协会热烈祝贺上海市茶叶学会成立三十五周年。"

闵行区茶叶学会张红燕说:"茶叶学会,茶人之家,上海市闵行区茶叶学会热烈祝贺上海市茶叶学会成立三十五周年。"

静安区茶叶学会叶应春说:"三十五载吐芳华,守正创新中国茶。上海市静安区茶文化协会衷心祝贺上海市茶叶学会成立三十五周年。"

徐汇区茶叶学会黄幼华说:"三十五载吐芳华,学会传播中华茶。徐汇区茶文化学会热烈祝贺上海市茶叶学会成立三十五周年。"

奉贤区茶叶学会周菊莲说:"三十五年砥砺前行,不忘初心。上海市奉贤区茶文化学会恭祝上海市茶叶学会成立三十五周年。"

著名陶艺大师许四海说:"上海茶叶学会已经三十五年。在这三十五年之际,我祝贺我们所有的茶人做到无事喝茶,喝茶无事。"

吴觉农纪念馆秘书长马力说:"我和上海市茶叶学会一起度过三十五年,人生如茶。"

黄山茶业有限公司总经理陈一峰说:"祝贺上海茶叶学会三十五周年生日快乐。也祝愿在我们全体会员的共同努力下面,学会的明天会越来越精彩。"

每一个茶人的祝愿,都说出了全体会员的心声。成为庆典大会的精彩花絮和一道亮丽的风景线。

## 三、贺信题词 弥足珍贵

学会庆典得到了全国五家茶界顶级学会的大力支持和充分认可，收到了他们发来的贺信。有中国茶叶学会、中国国际茶文化研究会、中国茶叶流通协会、中华茶人联谊会、吴觉农茶学思想研究会的贺信，他们用热情洋溢的赞语肯定了上海市茶叶学会35年来的工作成绩，突出了上海市茶叶学会在全国的地位以及发挥的作用，提出了今后的发展目标和希望。同时，收到了陈宗懋、王镇恒、周国富、王庆、于观亭等教授的墨宝、题词。如陈宗懋院士题词“团结奋进，创新发展，再创上海茶业新辉煌”，王镇恒教授题词“承前启后，发展学会”，王庆会长题词“不忘本来，吸收外来，开辟未来”，此等贺信和墨宝难能可贵，求之不得，锦上添花，弥足珍贵。

## 四、纪念文集 品牌纷呈

《上海市茶叶学会成立三十五周年纪念文集》是改革开放40年和上海市茶叶学会35年紧密结合的产物。上海市茶叶学会的35年，是团结奋斗的35年，是开拓创新的35年，也是卓有成效的35年。学会组织编写的《上海市茶叶学会成立三十五周年纪念文集》是全体会员众望所归。

35年来，上海市茶叶学会不辱使命，艰苦创业，筚路蓝缕，砥砺前行。《上海市茶叶学会成立三十五周年纪念文集》集中反映了学会的主要工作：包括连续举办上海国际茶文化节，推动了海派茶文化的兴起；培育推广少儿茶艺，让茶文化后继有人；创建茶业职业培训，推进社会化服务；开展茶文化进社区活动，为提高市民健康生活水平服务；创办吴觉农纪念馆，让吴觉农茶人精神发扬光大；倡导全国饮茶日活动，开展全民饮茶周活动，达到“全民饮茶，健康全民”的目的；努力争创全国百佳茶馆，积极办好“空中茶馆”；让中国茶进入世博会联合国馆，扩大中国茶在世界的影响力；支持茶城建设，推动产销对接，促进茶经济发展。经过岁月的洗礼，学会的“九大品牌”历久弥新，已经在上海茶人和全国茶人中交口称赞、深入人心。

当前，全国人民在习近平新时代中国特色社会主义思想指引下，正在描绘各行各业新的画卷。我们要响应习近平主席的号召，“品茶品味品人生”，“弘扬中国茶文化，以茶为媒、以茶会友，交流合作、互利共赢，共同推进世界茶叶发展，谱写茶产业和茶文化发展新篇章。”上海市茶叶学会是在改革开放的大潮中应运而生并顺势发展的。没有改革开放，就没有上海市茶叶学会的今天。我们要以此为契机，带领全体会员，发扬优良传统，传承茶人精神，不忘初心，牢记使命，开拓务实，敬业奉献，始终不渝地前进在改革开放的大道上。

我们要按照习近平主席《在庆祝改革开放40周年大会上的讲话》中提出的要求："建成社会主义现代化强国，实现中华民族伟大复兴，是一场接力跑，我们要一棒接着一棒跑下去，每一代人都要为下一代人跑出一个好的成绩。"《上海市茶叶学会成立三十五周年纪念文集》的出版，向全体会员献上了一份厚礼。新一届理事会有责任和义务认真写好学会续集。用真心做好茶文化事业，用真心做好茶科技事业，用真心做好茶经济事业，用真心做好茶品牌事业，用真心做好茶教育事业，用真心做好上海市茶叶学会事业，不辜负全体会员的期望。

（原载《上海茶业》2020年第2期）

# 朋友，请到茶城走一走（之一）

## ——记上海大宁国际茶城

上海大宁国际茶城坐落在上海市静安区共和新路1536号的黄金地段，总建筑面积近5万平方米，总投资1.5亿元，有300多家商户，经营各地新茶、名茶和茶制品千余种，是一座无茶不包的茶叶王国。上海大宁国际茶城于2007年1月26日封顶，2007年4月18日上海国际茶文化节期间开始正式营业。

上海大宁国际茶城的前身是创办于1996年的上海大统路茶叶批发市场。经过二十多年的发展，上海大宁国际茶城已成为沪上规模宏大、影响广泛、设施一流、管理规范的现代化大型茶城，先后被中国茶叶流通协会授予“全国重点茶市”，被中国商业联合会授予“中国商业名牌企业”和“中国商业服务品牌”，属于中国茶叶综合实力百强企业、中国茶叶最具影响力知名茶城、上海市文明市场、上海市守合同重信用企业、上海市爱国拥军模范单位。大宁国际茶城凭借不忘初心的执着追求和对消费者高度的责任担当，秉持诚信经营宗旨，以不断创新的服务理念、服务方式和服务项目赢得了新发展，以丰富的品牌创造、品牌内容和品牌形象赢得了新作为，以优质规范的管理，回报社会的仁爱赢得了新提升。

2018年4月21日，在大宁国际茶城广场举行第十届“春茗雅集”活动，作为大宁国际茶城开业10周年庆典，可谓“风雨同舟路，十年共辉煌”。大宁茶城总经理叶应春致开幕词，举行共和新路街道大宁国际茶城党群工作服务站揭牌仪式；中茶公司代理商陆峰华经理介绍中茶蝴蝶等产品。文化演出节目有感受中国茶艺秀的“太平茶道”、古琴、大汉熏香、太极拳、太极剑、越剧表演；有品新茶、写茶诗、猜茶谜、“茶风诗韵”等茶事互动表演。现场开展群众性评茶活动，向前三名观众发放奖品。外国留学生代表团观看表演，品茗鉴赏，流连忘返。前100名签到的朋友，每人还可获赠价值598元的精美茶礼“石生茶业”茶饼一份。中粮茶业、九凝飞黄、神苗白茶、延盛茶业、小罐茶大宁店、台湾千叶茶行、朋来阁、金珊坊茶行、白玛茶叶店、羲雨斋等20多家商铺以各自的特色茶席吸引前来品茗的茶友驻足观望和品尝。活动既普及了茶文化,又拉动了全民饮茶热潮。位于二楼商场的福建茶叶进出口有限责任公司上海代理商张建经理、陆峰华经理、周暄骐店长等人抓住机遇,不遗余力,配合开展中茶蝴蝶"茶圣茶"品鉴和推广活动。正如中茶蝴蝶代理商张建所言:"中茶开始发力上海了!期待蝴蝶效应。"中茶蝴蝶"茶圣茶"进入申城,进入大宁,既是大宁国际茶城强劲吸引力的一个窗口,也是大宁国际茶城蓬勃发展的一个缩影。

上海大宁国际茶城被称为申城茶业航母,它有四大特点:

一是秉持现代理念,注重专业管理。大宁国际茶城由2007年上海市商业创新人物"金商奖"得主、上海"茶王"叶石生亲自带领团队掌控运营,布局合理,指挥得当。如今由叶石生的儿子叶应春接管。大宁国际茶城自成立以来,本着"高起点规划、高标准布局、高质量运行"的现代企业管理理念,逐步完善企业管理的各项规章制度,做到管理团队人人有目标,个个负责任,各项工作井井有条,经营管理规范有序。特别是为了确保消防安全,茶城投入巨资建立了完备的技防设施,并坚持做到"人防技防合一,动态静态同步",把一切隐患消灭在萌芽之中。在全市茶界率先成立"上海大宁国际茶城义务消防队",以高度的守土有责精神,保一方平安,促经济发展,被市综合治理委员会评为"平安单位"。在恪守诚信上,茶城坚持不欺行霸市,不缺斤短两,不以次充好。公司与每个商户签订诚信计量承诺书。在静安区质监局帮助下,对每个商户的计量器具进行检测;市场还配备专职人员接受客户投诉,设立公平秤,以确保消费者权益。由于注重质量,恪守诚信,近年来未发生一起买卖茶叶曝光、被查事件,让平民百姓放心购茶,购茶放心。

二是实现规模经营,崇尚创新发展。大宁国际茶城包括四层半的主楼和配套的仓储、停车场、商务办公楼。四楼辟有茶叶质量检测室、茶叶评审室、茶叶拍卖厅、茶文化博览厅、书法展示厅。顶层设有苏州园林式的露天茶吧,是一家无茶不包的茶文化的集大成者。茶城规模超大,品种齐全,为了加强经营管理,坚持做到商文结合,茶城从提高传统产品的使用价值和文化内涵入手,在做好茶叶经营的同时,更加注重创新,坚持塑造品牌,在国家工商总局注册的"石生茶叶"多款茶品先后获评得奖。2015年"石生月饼茶"以其精心设计、精致品质、精美造型,获得中国特色旅游商品金奖,成为中国茶叶品牌上海地区唯一获此殊荣的茶叶。2016年与上海旅游景点宝华寺合作创新产品"石生牌宝华禅茶"被第23届上海国际茶文化旅游节作为指定用茶,被组委会评为金奖。2017年在第24届上海国际茶文化旅游节上,"石生茶叶""神苗白茶"等多款茶叶品牌被组委会评为"金奖茗茶";2018年还有更多创新品牌隆重上市。大宁国际茶城品牌茶叶知名度正在不断上升,消费者认可度不断提高。在静安区提出的"文化兴区"战略的指引下,茶城从服务民众、惠及民生着眼,以思想创新、内容创新、方法创新入手,脚踏实地结合自身行业特点,传承中华茶文化的博大精深,创办了"茶香进社区"品牌系列,先后在静安寺街道、曹家渡街道、共和新路街道、芷江西路街道、彭浦新村街道及彭浦镇等十多个街(镇)组织多场活动,为社区居民送去了古琴演奏、品茗闻香、茶艺讲座以及斗茶大赛、斗壶大赛,为大家增添了幸福感、获得感,受到基层百姓的热烈欢迎。该创新项目现已被区政府正式列入"你点我送"文化配送节目,以进一步弘扬中国传统茶文化。"采薇阁"经营水晶、银饰、珠宝翡翠、佛珠文玩,经营中的"一对一"服务和高性价比的"私人定制"吸引了不少年轻消费者;"元音琴行"创办十年来教学经久不衰,影响越来越大,培养了几千名学子,沪上国学馆里教琴的老师几乎都是从这里走出去的;"盛香阁"是沪上最大奇楠沉香展示中心,在沉香工具几乎失传的背景下,通过考古挖掘的历史图片、古画,研究复原沉香出世流程,开设讲座,传承仪轨,弘扬博大精深的国学文化;茶艺培训,影响深远,更有全国各地学人慕名前来。大宁国际茶城自始至终把优质服务放在突出位置,为了丰富一线公安民警的业余生活,先后专程去静安区交警支队、公安分局机关,给公安干警讲茶经、说茶道、演茶艺、品茶茗,让城市卫士对中华茶文化有了更多的了解。

三是确立战略思维,坚守诚信服务。大宁国际茶城位于闸北公园的斜对门、南北高架的匝道口,与洛川东路的东方明珠一条街和久负盛名的宋园茶室遥相呼应,具有地段优势和硬件优势。大宁国际茶城得益于改革开放,发展于市场竞争,战胜了各种困难,抓住了各种机遇。创业初期缺资金、缺业务、缺人才,没有被难倒,凭借敢打敢拼的精神和加倍付出的努力,赢来了一片生机;发展过程要场地、要管理、要品牌,也没有被吓住,依靠主动出击、刻苦钻研和探索,得到了很好的回报。不忘初心,立足茶经济,做好茶产业,发展茶文化始终是大宁茶城的战略思维;做最好的茶叶,创最响的品牌,赢更多的市场,始终是大宁茶城的奋斗目标。不断总结经验,敢于砥砺前行,使大宁茶城愈行愈远。大宁茶城围绕发展目标,经营全国各地千余种名茶、新茶,价廉物美,服务超前,得到了国内外顾客的认同。同时，还与英国、俄罗斯、日本、韩国、印度和东南亚各国外商建立了良好的贸易往来。在经营布局上，大宁茶城集全国各地名、特、优、新茶叶于一体，绿、红、青、黄、黑、白茶俱全，还增加了多家香道、花道、茶道企业；营销方式上既有实体又有体验，既有批发又有零售，既有到店卖货又有网上购物；发展策略上，立足茶叶，做大做强做精，确保茶城在沪上的持续影响力，并通过拓展茶文化，每年举办近 2000 人参加的茶艺培训、琴艺培训、花道培训，挖掘传承发展弘扬中国茶文化，让这一中华瑰宝散发出时代的光芒，惠及民生，服务民众。

四是不忘公益事业，牢记社会责任。公司董事长叶石生说："发展不忘回报社会，积极履行社会责任，倾力支持公益事业，用行动践行使命，以奉献诠释责任是我们民营企业家的理所担当。"在过去的岁月中，大宁国际茶城对上海、对家乡公益事业、弱势群体、贫困人员捐赠近千万元。在上海结对共和新路街道，无论是光彩事业、老年活动中心捐赠、走访看望困难家庭，每年从不间断；对上海市茶界活动的赞助长期进行；对家乡困难学校、学生的助学活动每年提供不少于 10 万元的扶持。此外，在沪上与武警消防中队、静安区闸北支队成为共建单位，长期坚持春送茶、夏送凉、秋送月饼、冬送温暖；部队消防官兵也经常到茶城来传授消防知识，指导消防工作，军民共建，互帮互助。2016 年大宁国际茶城被评为上海市爱国拥军模范单位。乐善好施、扶危济困、助人为乐的中华民族优秀传统，已经成为大宁国际茶城全体茶人的追求目标。

在今后的日子里，大宁国际茶城将坚持不懈，继续努力，开拓创新，真抓实干，知恩图报，不忘社会，不忘反哺民众，为实现中国梦、企业梦、个人梦而奋斗拼搏，以新的思路寻求新突破，以新的作为赢得新发展，以新的业绩作出新贡献。

（原载《知心》杂志 2020 年第 1 期）

# 朋友，请到茶城走一走（之二）

## ——记上海帝芙特国际茶文化广场

上海帝芙特国际茶文化广场位于中山北路与共和新路的黄金十字交叉口，总投资三亿多元，总建筑面积11万平方米，是在上海闸北区委、区政府和共和新街道的大力支持下建立起来的集茶叶、咖啡、酒店用品为一体的大型综合性市场。广场经营商铺位1000多个，以多功能、多元化的茶交易市场为基本定位，以中西饮料、中心文化相结合为特色，倡导茶叶，咖啡，酒店用品三家市场为一体的经营理念。另有3万多平方米的配套场地，可用于宾馆、茶楼、咖啡厅、仓储、商务办公和购物休闲等。上海帝芙特国际茶文化广场内有3800多平方米的扇形广场适合举行各种大型宣传活动。帝芙特广场以其交通便利，基础设施完善等优势成功取得了第十五届上海国际茶文化节的独家冠名权。

### 一、帝芙特广场经营范围

上海帝芙特国际茶文化广场以经营茶叶为主，兼售各种品牌咖啡和酒店用具和设备，是集全国各地各种名茶于一市的茶叶大卖场，也是商家洽谈生意、朋友聚会休闲、茶香酒香咖啡飘香、商情文情友情交织的一个以茶文化为主题的创意园区。场内设有闭路电视终端、计算机网络终端，通道畅通，布局合理，方便商家交易洽谈；还有书法、绘画、石雕、根雕等艺术品使你赏心悦目。茶叶与咖啡市场的融合，带给帝芙特广场独有的中西文化体验，更是东西方饮品结合的市场典范。

### 二、帝芙特广场经营规模编辑

上海帝芙特国际茶文化广场内拥有全国各地名、特、优、有机茶，包括普洱茶、西湖龙井、安吉白茶、铁观音和大红袍、黄山毛峰、六安瓜片、祁门红茶、碧螺春、益品道凤凰单丛茶，无化学施肥的有机茶等。经营品种齐全，是全国名优茶销售风向标。同时经营各种精品茶具、茶文化用品和茶产业的相关产品，以品种齐全、质量优良、价格低廉的综合优势，为海内外茶叶采购商提供"一站式"采购服务。

上海帝芙特国际茶文化广场是帝芙特国际茶文化广场的一个重要组成部分：随着中国经济的稳步成长，中国人的消费理念也在不断改变，人们更多地追求生活的品质，咖啡、西洋茶等西方的文化也被更多的人慢慢接受，而上海这座世界知名城市，更是追求时尚的弄潮儿。帝芙特咖啡市场是上海市唯一一家咖啡市场，有 200 多间店铺，目前在上海的规模是最大的，功能也是最齐全的。建成后的帝芙特咖啡市场将成为上海第一家高档咖啡市场，经营咖啡豆、咖啡机、咖啡原材料和杯碟等器具。市场营造浓郁的"咖啡文化"氛围，全力搭建咖啡行业最佳交易平台。

## 三、帝芙特广场发展方向

2008 年是帝芙特企业发展史中关键性的一年，上海帝芙特国际茶文化广场 5 月 10 日的开业和与上海第十五届茶文化节的联手合作，标志着帝芙特文化品牌高潮的到来。帝芙特人以其务实的工作观和严谨的工作作风，切实为业主和消费者提供优质的产品和服务，将上海帝芙特国际茶文化广场打造成为全国乃至全世界最有影响力、最有品牌价值的综合性国际市场。

2008 年上海帝芙特国际茶文化广场成功收购了原雅古酒店用品批发市场后，将其重新建设，商铺规模扩大到两万六千多平方米，一期建成规模 6000 平方米，经营铺位 100 余个。市场经营的有酒店用品、厨房用品及设备、食品机械、烘烤机械、中西餐具、茶具、制咖啡设备和饮具、陶瓷制品、玻璃器皿等。该新型酒店用品市场建成后将成为上海最大的酒店用品设备销售集散地和采购平台。

上海帝芙特国际茶文化广场成立于 2007 年，位于上海共和新路与中山北路内环高架和南北高架汇通的"黄金十字"交汇处，是上海闸北区政府的重点引进项目。广场总面积 11 万平方米，经营铺位 1000 余个，拥有 300 多个泊车位，是一个多功能、多元化，集购物娱乐休闲于一体的综合性广场。其中帝芙特茶叶市场是上海最大的茶叶市场，汇具全国知名茶业、茶具、咖啡、古玩、根雕、书法、字画等名家艺术品；帝芙特雅谷酒店用品批发市场也是上海最早的酒店用品批发市场之一；北苏州河路上的国际音响广场于 2010 年 1 月搬入本市场。广场内配置大型电子屏，为各经营户进行广告代理和信息发布，实时公布国内外茶文化动态信息。

## 四、帝芙特广场掌舵人

庞言良先生是上海帝芙特投资有限公司董事长、福建庞达滤网布业有限公司董事长、浙江恒达布业有限公司董事长，还是中国茶叶品牌集群联盟副主席、中国茶叶流通协会副会长、天台上海商会执行会长。他立足于天台的滤网行业，钟情于家乡深厚的茶文化，在滤布和茶叶之间巧搭鹊桥，成功创造了帝芙特这一独特的金字塔形立体袋泡茶，为传统的袋泡茶领域开拓了一个崭新的空间。因此，庞言良不愧是帝芙特广场的掌舵人。

### （一）不畏艰难办企业

早在 1984 年，庞言良就办起了自己的第一个企业——天台工业筛滤厂，成为当地第一批办滤布企业的人。在他的不懈努力下，终于获得了成功，小荷才露尖尖角，成为 21 岁的年轻企业家。

随着业务的不断拓展，1990 年，庞言良又在福建兴办了庞达滤网布业有限公司。淡泊以明志，宁静以致远，在他的苦心孤诣下，企业逐渐壮大，又稳步发展了庞达布业。

从 1984 年开办天台工业筛滤厂开始，直到开办福建庞达滤网布业有限公司，庞言良的产品一直走品质路线。他视产品质量为生命，每件产品都是从原材料采购开始，直到生产加工，再到经营销售，他建立了自己的一条龙产业链。通过层层严格把关，落实生产责任制，确保产品质量。在天台，他是第一批取得进出口经营权的企业之一，在福建也是比较早取得进出口经营权的企业。这充分说明了庞言良企业的产品是严格建立在质量保证基础之上的。

### （二）开拓创新谋发展

正如庞言良所说："以前雀巢咖啡是速溶，后来发现现磨咖啡更香，1997 年在德国杜塞尔多夫展会上认识了雀巢公司技术总鉴，雀巢公司用筛网和保鲜纸保鲜咖啡，使其达到现磨效果。从这点受到启发，开始生产茶包，当时还没想到卖茶叶，而只是为了卖滤网，后来发觉随着国泰民安，大家注重养生保健，喝茶的人越来越多，茶叶利润不错，而且中国的影响力在世界上不断扩大，最后决定做茶产业。”他常说：“我们的滤网是用植物纤维做的，对口感的影响较小，而且符合欧洲食品标准，之后我将想法付诸实践，用滤网设计出了一种金字塔造型的茶包，并加入了覆膜保鲜技术。”除了茶包，帝芙特还在茶包中使用了有机整叶茶，打破了“袋泡茶只是碎末茶”的一贯传统。经过一段时间的试制，帝芙特茶叶在 2003 年以后，连续几年呈现倍数增长。2005 年注册成立了浙江帝芙特茶叶有限公司，在天台正式设立了生产基地，2006 年帝芙特茶业的年产值达到了几千万元。

在 2010 年世博会期间，庞言良开始时只是简单地想为帝芙特做广告宣传。当时全国有 1000 多家茶叶企业参与到竞争中来，在前几次筛选中，帝芙特走得很顺利，但到最后 10 选 1 的时候，入选的 10 家茶企都是非常有实力的，选送的产品质量也都很好。直到 3 月 21 日，帝芙特才脱颖而出，成为“2010 年上海世博会官方唯一接待用茶生产商”。事后庞言良才知道，在批量送货的时候，很多企业放松了，而帝芙特所有批次产品的各项指标都符合食品安全标准和农药残留标准。庞言良厚积而薄发，用过硬的产品质量敲开了世博会的大门。2010 年帝芙特国际茶文化广场应世博局邀请，代表中国茶企在世博文化中心举办茶文化活动，让世界领略中国茶文化的风采。当时也为浙江人争光，为天台山云雾茶享誉世界作出了贡献。国际茶叶委员会主席伊恩·吉布思和澳大利亚国家茶叶主席也到访帝芙特。上海闸北区周平区长给上海帝芙特国际茶文化广场董事长庞言良颁发了特别贡献奖。中国茶叶学会理事长江用文也与上海帝芙特国际茶文化广场董事长庞言良签约，成为长期茶科技合作伙伴。经过世博会，帝芙特茶业一下子增加了对 19 个国家的出口。2012 年，帝芙特经营额达到 30 多亿元，2014 年做到 50 多亿元。

### （三）再接再厉办展会

2018 年，帝芙特承办了两个大型茶文化活动。一个是 6 月份同上海市委宣传部、静安区人民政府合作的“上海国际茶文化旅游节”；另一个是 9 月份同中国茶叶流通协会、上海市工商联总商会联合举办的“上海国际茶叶展”。此外，2018 年 4 月成立的中国茶叶集群品牌联盟，庞言良成为该联盟的副主席。这个组织的建立，为茶行业的发展和规范运作起到了推动作用，成为推广和展示中国传统茶文化的一个窗口，也为帝芙特在国际上更有话语权搭建了交流平台。

（原载《知心》杂志 2020 年第 5 期）

# 中国茶向何处去？

近日，我看了《茶周刊》中的两篇文章，很有感触。一篇是赵光辉先生的《茶行业需要彻底的营销转型》；另一篇是徐方先生的《向上看，还是向下走？》。前者“希望茶行业能够尽快实现营销的转型，跟上时代步伐，创造中国茶企业从农业时代到商业时代、从自发营销到专业营销的飞跃”。后者通过“向上看的时代文化”与“向下走的市场变化”的矛盾现象，揭示出“两极分化的市场格局”，引申出“何处去的创新之路”，从而提出了“文化与市场中的中国茶”的尖锐问题。文章振聋发聩，值得一读。

人们往往在形势好的情况下容易犯浑。不错，当前中国茶轰轰烈烈，莺歌燕舞；茶企业齐头并进，欣欣向荣；茶文化姹紫嫣红，方兴未艾。这是中国茶业可喜的一面。但是我们不能不看到隐藏在背后的忧患和转型发展的另一面。树立全国茶业一盘棋的观念，共同做好区域资源优化，做好、做大、做强、做活中国茶，抱团营销全国市场乃至国外市场，满足需求，合理消费，整合资源，互补共赢，这是中国茶的应有走向。中国茶产业良性发展的明天才是我们追求的目标。

确保中国茶叶的历史地位是我国茶业话语权之基。中国是茶叶故乡，100多年前，中国茶一直垄断着世界茶叶市场，但后来由于生产者组织涣散，栽培制作技术落后，经营销售乏力，繁重的税收以及战争和政治上的不稳定等原因，中国茶逐步衰落，曾一度落后于印度、斯里兰卡。1969 年到 2000 年，随着国际茶叶市场的起伏不定，国内茶叶行业也一直处于曲折发展状态。直到 2005 年，中国茶叶产量突破 93.4 万吨，产值达到 155 亿元，重新夺回世界第一大产茶国的地位。2012 年，我国茶叶生产面积、产量和产值同步增长，茶园面积 3578 万亩，干毛茶产量 176.1 万吨，总产值 953.6 亿元。如今中国茶叶的种植面积、产量均居世界第一，这是一个不争的事实，也是华人的骄傲和光荣。中华茶人要以自己的不懈作为，积极打造生态茶、健康茶、放心茶，赢得中华茶业的国际地位。

中国茶叶的出口量是衡量我国茶业地位的标志之一。茶叶是中国最早参与世界贸易的商品之一，但目前我国70%的茶叶仍为内销，出口量在世界的排名还徘徊在二至三位。做好中国茶叶的出口文章，打出中国茶叶的国际品牌，是当今中国茶人的历史责任。要扩大中国茶叶在全球的影响，没有别的途径，只有让世人更多地接受中国茶叶、更好地消费中国茶叶、更加发自内心地赞扬中国茶叶。

中国是世界上拥有饮茶历史最悠久的国家，也是世界上茶叶种植面积最大、茶叶产量最多的国家。但是中国却不是人均茶叶消费量较大的国家。中国大陆人均茶叶消费量为0.36千克/年。中国人均茶叶消费量最大的省市有：西藏3.75千克/年、北京0.70千克/年，上海1.00千克/年，广东1.00千克/年，广州1.66千克/年(潮州地区1.60千克/年)，深圳2.8千克/年，香港1.28千克/年，台湾2.00千克/年。深圳人均消费量达2.8千克/年，在全国城市中排名第一。国人茶叶消费量偏低反映出我国"茶为国饮"的战略目标还没有真正实现。是喝不起茶？还是舍不得喝茶？或是不愿意喝茶？其中的原因值得国人反思。中国茶叶产量与人均消费量的反差足以说明我国的饮茶宣传和饮茶措施跟不上形势的发展。中国应该采取切实有效的方法培养全民的饮茶意识和饮茶习惯，让这一起源于中华民族的有益于人类健康长寿的饮料首先造福于中华民族。值得注意的是，自身并不产茶的英国反而成为人均茶叶消费量最大的国家！人们不禁要问，为何英国人均茶叶消费量最大呢？

英国的茶来自中国。1662年，葡萄牙凯瑟琳公主嫁于英王查尔斯二世，陪同的嫁妆包括了221磅红茶和精美的中国茶具，由此将饮茶风尚带入了英国皇室。凯瑟琳公主视茶为健康美容的饮料，因嗜茶、崇茶，被人称为"饮茶皇后"。新皇后对茶的喜爱，起了表率作用，引得英国贵族们争相效仿，品茗风尚迅速风行并成为高贵的象征。由此，茶在皇室贵族中间盛行起来，并逐步传至普通百姓家庭，深受人们青睐。喝茶既可提神又可养生，是不可多得的健康生活方式。英国人民称赞茶是"群芳最"，将茶视为"康乐饮料之王"。在凯瑟琳公主结婚一周年之际，英国诗人沃勒特地写了一首赞美诗，道出了对茶的喜爱之情："花神宠秋色，嫦娥矜月桂；月桂与秋色，难与茶比美。"如今，风靡于欧洲乃至世界的下午茶,亦起源于英国,在1840年由英国贝德芙公爵夫人安娜女士所创。而后,下午茶的风俗随之传遍全英,甚至传到世界各地。据统计,英国茶叶消费量一直在世界上保持最高纪录,是世界上消费茶叶最多的国家。英国85%的家庭将茶叶作为生活必需品,每年人均消费茶叶3.5千克以上,大约相当于1500杯,每天每人要喝5杯茶,人均消费量居世界首位,远高于印度、中国等茶叶主产国。

营销观念的转变是做活中国茶业的关键。茶叶生产中的小农经济思想是影响茶业商品经济发展的阻力。茶叶商品的市场营销活动要符合商品经济的规律。茶叶商品的定位要从卖资源、卖关系、卖包装转向卖需求、卖品牌、卖信誉。没有茶叶生产基地的英国人用简单的思维改变了人们的味蕾,一个立顿袋泡茶就征服了全世界。我们要借鉴他们的经验,让茶叶商品回归自然,回归大众,回归简单。

茶叶商品的源远流长是茶业经济的常胜之道。只要茶叶商品的质量有保证(没有农药残留等问题、足够安全、令人放心),销路打开了,中国茶企就没有了后顾之忧,就不会陷入产量越来越多而销量越来越少、品牌越来越多而客户越来越少的窘境。扩大茶叶消费有三条路径:一是扩大消费区域,向全世界推销,增加出口量,这是绝对范围的扩大。二是扩大消费人群,特别是加大对年青群体的影响和渗透。青年人代表着未来,使他们养成饮茶习惯是茶为国饮的保障。三是改变饮茶方法,使烦琐与便捷相结合、悠闲与快捷相结合、静态与动态相结合,传统与时尚相结合,为多元化的人群提供多元化的饮茶方法,势必促进饮茶的推广和茶业的繁荣。

总之,中国茶业还有许多事情要做,需要全体茶人的共同努力。中国茶业前途光明,必将赢得未来,征服世界。

(原载《上海茶业》2014年第3期卷首语)

# 以“红茶联盟”助推华茶复兴

## ——对发展我国红茶产业的意见和建议

上海市茶叶学会老顾问刘启贵先生常说:“红茶是全球茶、大众茶、爱国茶、革命茶、和谐茶、百味茶。红茶是温和的、中性的、包容的、共赢的。红茶中富含的茶黄素是软黄金,对心血管病有疗效。目前红茶生产滞后的原因主要有三个,症结是企业小、质量低、成本高。”打个比方吧,绿茶像是打麻将牌,是由中国人一家玩的;红茶像是打扑克牌,是由全世界大家玩的。所以中国茶叶要占据世界市场的半壁江山,必须做好发展红茶产业的大文章。

近年来,随着人们对中华茶文化的日益关注,众多红茶制造厂商开始注重红茶的市场发展。目前,我国的茶叶种植面积为293万公顷,产量为243万吨(2016年统计数据),为全球第一。但是,中国的红茶出口数量远远比不上印度、斯里兰卡等红茶出口大国。此外,中国茶叶的平均单产低于世界的平均单产水平,致使生产成本偏高。同时,茶叶出口价格又上不去,均价不过每千克4.5美元左右,吸引力不大。所以,发展振兴中华茶叶任重道远。

尽管近20年来世界茶叶产品结构发生了显著变化,红茶由原来占市场90%份额下降到75%,绿茶及特种茶则由原来占市场份额的10%上升到25%,然而红茶仍在国际市场上占据着绝对位置。虽然中国茶叶市场长期以绿茶生产为主,但是为了适应“一带一路”倡议的需要,发展“国茶贸易”特别需要红绿并举,全面发展。可是目前中国红茶品牌发展滞后的现状严重影响了我国在国际茶叶市场上的地位。国际茶业市场历来主打红茶,红茶占据了茶叶贸易量的绝对多数。为了振兴华茶,中国红茶品牌亟待东山再起抢占国际市场,挑起“国茶贸易”的大梁。因此,希望在全国茶人的共同努力下,提出“红茶联盟”的口号,发展规模经济,促进红茶产品升级换代和红茶品牌更新发展,在激烈的市场竞争中做优、做大、做强中华红茶。

## 一、为什么要提出“红茶联盟”的口号？

### （一）中华茶文化软实力需要增强

中国茶叶具有悠久的历史、丰富的内涵、独特的区域性文化以及多特色、多品种的特点，因而在国际市场上具有一定的优势。茶叶是全球公认的健康饮品，饮茶习惯是东方式雅致生活的最佳范例。要改变目前中国茶大而不强的局面，就要不断在这些优势上下功夫。一边提高质量，一边加强中华茶文化的宣传。我国茶叶的价值不仅在于物质，而且在于文化内涵。我们要通过大力宣传茶文化，使我国茶道、茶艺、茶礼、茶元素为更多的受众所了解，使茶文化更接地气、更大众化，不断增加茶叶的附加值，增加软实力，为消费者营造更好的消费氛围，使人们在喝中国茶时有一种文化享受。做好中国茶叶的出口文章和文化宣传，打出中国茶叶的国际品牌，是当今中国茶人的历史责任。要扩大中国茶叶在全球的影响，没有别的途径，只有让世人更多地接受中国茶叶、更好地消费中国茶叶、更加自发地赞扬中国茶叶。

### （二）我国茶叶品牌建设需要创新

很多爱茶人说，每年都会收到各种各样的茶叶，而且每次送茶的人都会告诉他们：“这个是最好的茶，要留着自己喝，千万别送人。”其实，他们自己也喝不了多少，也分不清哪些值得留下来。时间长了，都积压下来，不少茶叶都过期了。遇到这种问题的人并不在少数。我国茶叶品种众多，茶叶产品琳琅满目，但在众多产品之间，缺少知名的茶叶品牌，消费者很难做出选择，这就是目前我国茶叶面对的“有名茶而无名牌”或者“有品牌而不过硬”的尴尬现实。对于红茶来说，虽然有知名度较高的金骏眉、正山小种、滇红、祁门红茶、英德红茶等，但在茶的品质、标准、文化、推广方面尚有欠缺，说明广大茶人对于茶叶品牌建设的认识还很薄弱。

### （三）茶叶行业“碎片化”现状需要整合

当前，茶叶行业仍然处于一个碎片化的状态，抗风险能力很低。英国《金融时报》2014 年发表的一篇文章说，中国茶产业还不发达主要是因为太分散，全国多数茶农还是家庭作坊似的，大茶园少。我国茶叶从 1984 年放开经营以来，茶叶生产经营分散问题就一直困扰着中国茶叶标准化、机械化、规模化、品牌化进程。茶叶放开经营后，大多数茶园承包给农户，我国茶业原有的国有或者集体管理的生产体制发生了深刻变化，取而代之的是家庭作坊式的生产加工方式。这种分散的生产模式同样传递到茶叶的市场经营上，茶叶市场被七万多家甚至更多的规模不等的企业分割。我国茶叶生产和经营的“碎片化”导致了劳动效率低、组织化程度低、标准化程度低等问题。相比而言，印度、肯尼亚、斯里兰卡等茶叶生产大国，大多以大型农场为主，实行企业化的管理和经营。日本则通过组建茶农合作组织来把分散茶农转变成生产经营的统一体，统一协调其内部成员的生产经营行为，我国台湾也采用这种模式。

### （四）茶业业态需要改变

总体上看，全国茶业的业态还比较陈旧，商业模式比较落后，很少出现新颖的商业模式。茶企、茶馆的重复化比较严重，缺乏个性，企业不太注意市场的细分化研究。部分企业有一些过度的逐利行为，影响了市场的健康与自身的发展。这些都是目前茶行业需要突破的瓶颈。只有新型的业态、新型的现代化经营模式，才能适应时代的需求。虽然中国是茶的发源地，中国人制茶、饮茶、品茶至今已有五千年的历史，但是目前中国只是一个产茶大国，而不是茶业强国，就是因为中国人对茶品牌、茶标准、茶营销和新业态不够重视。

综上所述，提出“红茶联盟”口号之目的就是为创建“中华红”品牌吹进一缕春风。要达此目的，必须兴利除弊，协作共赢。初级目标是将中小型茶企联合起来，搭建一个平台，创建统一的红茶品牌来运营。大家在科学发展观的统领下，大众创业，万众创新，依靠科学技术，提高茶叶品质，注重饮用安全，扩大销售渠道，共同做优、做大、做强“中华红”品牌。比如，中国红茶联盟可以作为一个专业化的联合组织来运作，采用分步实施，逐步完善的方法，在中国茶叶学会和茶叶科技人员的指导下，在互联网 IT 专业人士的协作下，在专业策划、法律、宣传人士的专业服务下，整合产品，建立网站，发展会员单位，注重品牌建设，打造红茶统一战线，为“中华红”品牌红遍全国、红遍全球作出新的贡献。

## 二、“红茶联盟”的运营路径

著名茶学教授刘勤晋先生在2016年《“红茶颂”高峰论坛论文集》前言中写道：“当代茶圣吴觉农先生青年时代从日本留学归国，立志振兴中国茶业，一贯主张利用中国南方茶区资源、品种、气候优势发展出口红茶。”“今天，中国茶产业已进入全面复兴新阶段.无论茶园面积、茶叶产量、茶类花色品种以及中国人饮茶频度均居世界前列。但我国在世界茶叶品牌方面的影响力和话语权仍掌握在消费国手中；国家虽对茶业给予大力支持，但人才短缺、技术落后、知名品牌匮缺仍制约中国茶业发展。我们纪念吴老，最好的礼品就是抓住‘一带一路’的机会，以红茶为突破口，做强做大CHINESE TEA大品牌，让优质安全的中国红茶再次享誉全世界！”

在2016年4月隆重纪念当代茶圣吴觉农先生诞辰119周年及举行“红茶颂”高峰论坛之际，与会的红茶企业欢聚一堂，形成了一个共识，一致同意成立一个“红茶联盟”。福建元泰茶业有限公司、福建武夷山国家级自然保护区正山茶业有限公司、安徽省祁门红茶发展有限公司、安徽国润茶业有限公司、四川醒世茶业有限公司等5家企业自愿作为发起单位。上海红茶林茶业有限公司、重庆金山湖农业公司、重庆江津欧尔农业开发公司、成都帕沙古树茶业有限责任公司·勐海车门茶厂、安徽祁门祥源茶业有限公司、觉农舜毫茶业有限公司、河南潢川县光州茶业有限公司等愿意作为共建单位。这些红茶企业都发表了各自对于成立“红茶联盟”的呼声。

成立“红茶联盟”的指导思想：以吴觉农茶学思想为基础，上承“十三五”规划要求，下接各方地气，与时俱进，紧跟时代，通过开拓创新，转型升级，提质升效，找到新的突破口和增长点。前提是要读懂红茶，读懂红茶市场。红茶是突破茶业发展瓶颈的重点品种，也是满足国内迅速增长需要的强潜力品种。

成立“红茶联盟”的宗旨：团结红茶企业和个人，正确引导我国红茶的发展方向，有效推动红茶健康、协调、可持续发展，为振兴红茶，提升红茶竞争力服务。天下茶人是一家，要一起奋斗，把红茶做优、做大、做强，为实现红茶年出口量回归10万吨历史水平的目标而努力。

成立“红茶联盟”的方式：由国内从事红茶种植、生产、加工、销售的中小型企业或个人自愿组成。通过注册登记，依法成立，使“红茶联盟”正常运转。

为了有利于做优、做大、做强“中华红”品牌，吸引并联合全国各地中小型红茶企业，“红茶联盟”可以体现双重职能，采用双轨制运营模式。

### （一）双轨制运营模式

“红茶联盟”的职能之一是加强对有关茶企的服务工作，淡化盈利性。例如在对外运营、宣传平台上冠以“某某联盟”“某某研究会”等字号，显示其公益性的特点。主要以一批业界专家、教授为金字招牌，设立专家委员会，负责对茶叶标准、质量评估等相关事项进行评定。聘请的专家、教授不参与公司管理，不投资于公司，公司对这些专家、教授采取聘用制。

“红茶联盟”的另一职能是注册一个实体“公司”（或叫“中华红”红茶科技创新发展有限公司），以此作为对内管理、对外运营、合作协调、利益分配的基础和载体，实行两块牌子一套班子运营。

### （二）经营模式

“红茶联盟”可以开展线下实体、品牌加盟、电商模式混合经营。线下实体模式通过体验式加盟，扩大品牌的影响力和知名度。品牌加盟模式借助上海的经济地位及市场优势和人才优势，打造联盟模式的茶叶行业标准及品牌、包装。电商模式借助国家“一带一路”“互联网＋”等倡议，重点打造移动互联网的网上商城。

### （三）经营策略

(1)申请“商标”、商品包装、产品行业标准规范等知识产权保护。

(2)公司通过嫁接专家教授等人才资源以及与相关茶叶产地、相关高校学术机构、行业协会等签署战略文件、合作文件或代理协议，提高自身的科技含量和附加值。该等稀缺资源的落地可以使公司在市场中拥有不可替代性和相对优先性，由此再引进事业投资者，进一步做大做强。

## 三、“红茶联盟”的前景展望

扩大茶叶消费有三条路径：一是扩大消费区域，向全世界推销，增加出口量，这是绝对范围的扩大；二是扩大消费人群，特别是加大对年青群体的影响和渗透。青年人代表着未来，培养他们的饮茶习惯是茶为国饮的保障；三是改变饮茶方法，使烦琐与便捷相结合、悠闲与快捷相结合、静态与动态相结合，传统与时尚相结合，为多元化的人群提供多元化的饮茶方法，促进饮茶的推广和茶业的繁荣。

就国际市场而言，当前世界茶叶出口贸易量近180万吨，红茶占据着八成江山，成为国际茶叶市场蛋糕中最大的一块。早在17世纪，中国红茶已有出口，由此经历了数百年的辉煌。1886年达到顶峰，在全国茶叶总出口量13.4万吨的情况下，红茶出口达到10万吨。1989年，我国再次创造了10万吨红茶出口的记录。遗憾的是，中国作为世界红茶历史最久、品种最多的国家，2004—2013年，红茶出口量不升反降，年均仅近3万吨，只占世界总出口量的很小份额。中国红茶的出路在哪儿？要探索红茶的出路，首先要认清世界红茶市场的分布情况。世界红茶市场大致分为四大板块：第一大板块是以英国为代表的西欧国家，占据了整个红茶出口市场的1/9份额；第二大板块集中在中亚、东南亚、中非、北非等地区，该地区以近40万吨的进口量占据了三分之一的天下；第三大板块涉及独联体国家，对于茶叶的需求有近30万吨，这块市场值得我国开发与关注；第四大板块包括美洲、大洋洲地区，茶叶需求量近20万吨。通过这四大板块的分析，我们看到了国际红茶市场的潜力，相信国内茶人能够不断探索努力，开拓中国红茶出口的新征程。此外，当前的国际环境也为红茶的发展提供了机遇。世界红茶的出口一直在稳步上升，这是红茶出口的有利条件，是我国把茶叶大国打造为茶叶强国的一个突破口。同时，“一带一路”沿线国家多以饮用红茶为主，其市场前景非常广阔。我国可以结合当地的红茶饮用习惯，以销定产，打造适宜的红茶产品，拓宽进入国际市场的门户。

就国内市场而言，中国有13亿人口，如果实现了“茶为国饮”的预期目标，如果按每年人均消费1千克茶叶计算，全国茶叶消费量就达13亿千克，折合130万吨，约占我国茶叶年产量的五分之三，可见茶叶的国内市场具有十分惊人的潜力。仅以上海为例，近十年来上海的城市规模不断扩大，目前已经形成了4千万人的消费体量。主要表现在三个方面：一是以专业茶叶公司为代表的连锁式销售。目前主要还是以小微企业为主。但是近年来，年销售量数千万元和超过亿元的企业已经开始成长。二是茶城，上海现在有30多个茶城。全国各地那么多茶企到上海来，有这么好的销路，有这么好的市场，所以进入上海的茶企就增加了。全国没有哪一个城市会分布那么多的茶城，上海的茶叶市场是全国独一无二的风景线。三是电商。互联网的发展给茶叶营销开辟了广阔的前景，一大批企业开始“触电”“触网”。其中出现了年销售额1000万—4000万元的电商茶企。在这个基础上，通过茶文化的普及，通过宣传茶对健康长寿的作用，以及茶的抗病防病功能，让老百姓认识到饮茶的好处，国内茶叶市场就会扩大，饮茶群体就会增多，茶叶的国内市场发展前景非常乐观。

就改变饮茶方法而言，可以通过市场调查，摸清情况，研究对策，开发新品种，以适合不同人群的需求。为达此目的，必须做到既有适合悠闲人群的茶馆式饮茶，又有适合繁忙人群的便捷式饮茶；既有品尝式饮茶，又有快捷式饮茶；既有享受式饮茶，又有解渴式饮茶；既有静态式饮茶，又有动态式饮茶；既有传统式饮茶，又有时尚式饮茶。例如增加茶食、茶点、茶宴，配以卡拉OK、电子游戏等现代设施，吸引越来越多的年轻人加入饮茶队伍。因为，青年一代的饮茶状况决定我国茶业的未来。饮茶方法的变革中有大量的工作要做，蕴含着无穷无尽的机遇，前景广阔，前途无量。

总之，国际国内的情况和国人的饮茶习惯都为茶业的发展提供了非常有利的条件。“红茶联盟”可以顺势而上，因势利导，借船出海，创新发展，通过整合力量，打造自己的红茶品牌，搞活经营，提高效益，并且在稳固销售平台的同时，通过开展茶艺培训、茶文化讲坛、茶禅合一研讨等文化活动，开展茶的衍生产品服务，引进战略投资，不断壮大力量。

成立“红茶联盟”正逢其时！“红茶联盟”的前景十分迷人！期待你的参与，期待你的关注，期待你的支持。

（原载《上海茶业》2018年第2期）

# “全民饮茶周”与“全民饮茶日”的意义所在

“全民饮茶周”与“全民饮茶日”是近年来在全国和上海普遍开展的茶事活动。每年的4月14日至4月20日，全国各地的茶人和爱茶人都要欢聚一堂，开展饮茶和相关茶事活动，借以唤起全民对茶的关注，借以引起各界对茶的兴趣，借以掀起全国饮茶的热潮，借以普及五彩缤纷的茶文化，使之与时俱进，深入人心，从而促进茶业的发展，促进茶农的富庶，促进茶艺的繁荣，促进民众的健康长寿，促进“茶为国饮”中华习俗的复兴。

难免有人要问，“全民饮茶周”与“全民饮茶日”究竟是怎么回事呢？我们不妨顺着时间脉络，梳理一下此事的进程：

首先，“全民饮茶日”的倡议最早提出于2005年春天。当时在“中国(杭州)西湖国际茶文化博览会”期间，8家从事茶叶科研、教育、文化的专业机构和社会团体提出了《倡导“茶为国饮”，打造“杭为茶都”》倡议书。来自全国各地的茶人、爱茶人以及专家学者在杭州西子湖畔围绕这一专题举行了一轮高级论坛并发表了“杭州宣言”，建议设立“全民饮茶日”，宣传科学饮茶。

经过四年的反复酝酿，2009年，作为杭州西湖国际茶文化博览会活动之一的我国首届“全民饮茶日”活动，于当年4月20日(谷雨日)顺利举行，并取得了预期成效 。“全民饮茶日”启动仪式在涌金广场举行，活动由杭州市委、市政府与中国茶叶学会、中国国际茶文化研究会、中华茶人协会等8家机构联合主办，浙江农林大学茶文化学院承办。专家们呼吁，通过“全民饮茶日”，影响和带动更多的年轻人爱上饮茶，“使饮真正成为国饮”。继杭州设立“全民饮茶日”后，湖州、绍兴等地也在2014年谷雨日设立“全民饮茶日”。

再说“全民饮茶周”的来历。2014年4月14日是当代茶圣吴觉农的诞辰纪念日。吴觉农出生于1897年4月14日，每年的这一天，全国茶人都要集聚在上海百佛园吴觉农纪念馆，共同纪念茶圣吴觉农诞辰。能不能把这一天作为启动日,开展为期一周(4 月 14 日—4 月 20 日)的饮茶活动,让闭幕日与“全民饮茶日”重合?一个“全民饮茶周”的设想由上海市茶叶学会提出并付诸实施了。这是突发奇想,又是顺其自然。由“全民饮茶日”向“全民饮茶周”的转换,使茶圣诞辰日变成了“全民饮茶周”的启动日,把“全民饮茶”与当代茶圣完美结合在一起,不忘初心,怀念茶圣。既符合全国茶人的心愿,又保持了“全民饮茶日”不变,在采茶季节“谷雨日”唤起全民饮茶正当其时。

开展“全民饮茶周”的意义何在?全民饮茶周活动是中华民族茶技艺的传习所,是中华民族茶体验的培训班,是中华民族茶健身的实践课,是中华民族茶文化的又一次进步和飞跃。

其一,将吴觉农诞辰日作为“全民饮茶周”启动日是众望所归。吴觉农先生是当代中国的茶圣,是全国茶界公认的一面旗帜。在他的诞辰日启动“全民饮茶周”,具有浓厚的象征意义,象征着中华民族与生俱来的感恩和敬畏之心,象征着全国茶人对茶圣的景仰和尊重,象征着炎黄子孙人生如茶的浴火重生和永葆青春。有了这一纪念日,只要人们端起茶杯,就会不由自主地想起茶圣,从而想起他所倡导的“爱国、奉献、团结、创新”的茶人精神。

其二,确立“全民饮茶周”是饮茶民族的人心所向。全民的饮茶习惯是逐步形成的,是靠潜移默化铸就的。中国是茶的故乡,也是茶文化的发祥地,中华茶文化源远流长。如今,茶已成为中华民族的举国之饮,成为最大众化、最受欢迎、最有益于身心健康的饮品。毫无疑问,茶和茶文化早已成为中华民族的物质财富和精神财富,是中华民族的瑰宝。把每年一天的饮茶日延长至每年一周的饮茶周,是大势所趋,是一个习惯成自然的过程。这个渐进的过程会增强全民对茶的认识和情感,会造成全民对茶的依赖和信任,最终形成“不可一日无茶”的局面。

其三,确立“全民饮茶周”是绑定茶与健康关系的需要。国人饮茶,由来已久;饮茶健康长寿,有目共睹。强化对“茶是健康饮品、喝茶有益强身”的宣传是非常及时的,也是完全必要的。饮茶历来具有雅俗共赏的群众基础,但是传统的东西只有在新的社会环境中推陈出新,才具有旺盛的生命力。在新时代的历史条件下,通过“全民饮茶周”活动,大力倡导“不抽烟,少饮酒,多喝茶、喝好茶”,使之成为大众的普遍共识,使之固化为全民的风俗习惯,真正做到“茶为国饮”。

其四，确立“全民饮茶周”是传承茶风的需要。一年一度的“全民饮茶周”活动具有群众性、广泛性、针对性、实效性的品质，对于推动“茶为国饮”的普及意义重大。目前，上海每年人均茶叶消费量1000克以上，超过全国人均700克的消费量，但是还不够，还要更多更好。这个活动可以调动全民积极性，挖掘茶叶消费潜力，助力茶产业复兴发展，促进全民饮茶蔚然成风。

其五，确立“全民饮茶周”对于提高茶的物质和精神作用具有造势、借力、助推功能。中华民族几千年来之所以自觉能动地利用和享受茶叶，是因为茶的物质构成对人类极为有用。同时中华民族又通过积极能动地利用茶文化来促进茶的普及和增效，使物质和精神两轮并用，发挥双管齐下的作用。“全民饮茶周”活动既在物质层面促进了茶叶消费，又在精神层面为茶文化造势，达到了全民族参与，全方位借力，多部门、多群体广泛支持和齐心助推，产生了“全民饮茶，健康全民”的效应。

总之，上下五千年的中华茶品牌需要继往开来，丰富多彩的中华茶技艺需要世代相传，营养充足的中华茶元素需要造福人类，日新月异的中华茶文化需要发扬光大。中华茶是民族的瑰宝，也是人类的奇葩，我们全体茶人和爱茶人有义务和责任呵护她，管好她，用好她，回报她。

可以预料，在“全民饮茶周”与“全民饮茶日”的推动和影响下，“茶为国饮”的常态化局面和完全化态势指日可待。不久的将来，中华大地上与茶共生的绿水青山一定是充满希望的金山银山。

（原载《上海茶业》2018年第2期）

# 少儿茶艺锦上添花

## ——浦东进才实验小学“周靓雯少儿茶艺工作室”揭牌成立

5月27日，上海市茶叶学会及少儿茶艺专业委员会在浦东进才实验小学举行“周靓雯少儿茶艺工作室”揭牌成立仪式。工作室由上海市茶叶学会少儿茶艺工作委员会委员、浦东新区进才实验小学茶艺教研组长周靓雯老师领衔，并从浦东新区遴选出一批在少儿茶艺教育教学方面有志向、有水平、有经验的教师组成工作团队，通过名师工作室模式形成成果辐射效应，加速培养上海市少儿茶艺区域性队伍。

“周靓雯少儿茶艺工作室”的成立，对于少儿茶艺老师优质资源的区域辐射有很大的促进作用，可以推动少儿茶艺进一步发展。周老师从事少儿茶艺活动19年了，她是上海市优秀教师，“周靓雯少儿茶艺工作室”将逐步发展为上海市少儿茶艺人才的孵化基地。

上海市茶叶学会组织开展少儿茶艺活动领先于全国，目的是让中华茶文化后继有人。上海少儿茶艺始于1992年8月18日，当时闸北区沪北新村小学成立了第一支苗苗少儿茶艺队。1993年少儿茶艺推向全市、走向全国。苏步青教授观看苗苗少儿茶艺表演后发出“弘扬茶文化也得从娃娃抓起”的提议。1997年1月上海少儿茶艺赴京汇报演出，取得惊人效果，促进了少儿茶艺进学校、进课堂，推动了少儿茶艺健康发展。上海少儿茶艺在全国享有盛誉，是上海市茶叶学会的优质品牌之一。上海少儿茶艺活动通过“少儿茶艺创新实验室”践行新理念，创新少儿茶艺课程，取得建设性成果，梅陇中心小学进行了首发研究。二师附小在“上海市提升课程领导力项目”展示活动中，展示了少儿茶艺升级为“茶＋”综合课程建设的成果，得到市教委教研室和杨浦区教育局负责人的充分肯定。上海市茶叶学会茶科技工委和少儿茶艺工委联手开发课程，发挥了茶科技专家为基层服务的作用。格致中学少儿茶艺团参加了第五届中华茶奥会大赛，获得一金、二银、一铜的佳绩。少工委应邀在由中国茶叶学会主办的第二届全国少儿茶艺教学研讨会作了主题发言,受到热烈反响。开展少儿茶艺活动,既普及了中华传统优秀茶文化,又培养了大批专业人才。

上海市茶叶学会副理事长兼秘书长高胜利、副秘书长兼少儿茶艺专委会主任方茵、吴觉农纪念馆秘书长兼《上海茶业》副主编马力、浦东进才实验小学校长赵国弟、浦东明珠森兰小学副校长秦龑、学会公众平台陈敏敏等人参加了此次活动。方茵主任主持会议。第一项议程介绍参会嘉宾,有来自内蒙古的两位校长、浦东明珠森兰小学秦龚副校长、浦东坦直中学张漪莹老师、浦东实验小学陈燕老师、梅陇小学张萍老师、吴中路小学任佳老师等嘉宾。第二项议程是少儿茶艺表演,有龙井茶艺、安吉白茶茶艺展示;3 位女孩表演泡茶,向贵宾敬献东方红凤凰单枞茶;2 位男孩表演茶艺。第三项议程是浦东进才实验小学赵国弟校长致辞。他说:“热烈欢迎参会的朋友们,感谢上海市茶叶学会为我们搭建了开展少儿茶艺活动的平台。我们从 2010 年开始单列办学,安排了最好的教室开展少儿茶艺活动,陶冶情操,修身养性。近 9 年来我校培养了许多小茶人。如今少儿茶艺已经进入了学校正规教学课程。今天‘周靓雯少儿茶艺工作室’成立,标志着我校少儿茶艺活动进入了一个新的阶段。对此,我表示由衷的祝贺,祝贺周老师的茶艺教学更进一步。”第四项议程是高胜利秘书长、赵国弟校长为工作室揭牌。随后,方茵主任介绍浦东进才实验小学开展少儿茶艺活动的概况。她说:“走在新时代的上海市少儿茶艺明晰‘十三五’教育的根本任务,那就是系统地推进立德树人。作为优秀传统文化之一的中华茶文化教育是一个优质的育人载体。应当要进一步发挥好载体作用,通过优秀的课程设计,科学培育和践行社会主义核心价值观,不断提高学生思想水平、政治觉悟、道德品质、文化素养,让学生成为德才兼备、全面发展的人才。汇聚天下智慧、集各方文化大成,再融入时代创新精神,上海市少儿茶艺将不忘初心砥砺前行与全国少儿茶艺建立共建共享的命运体。”周靓雯老师汇报少儿茶艺活动的工作经验。她说:“2001 年我接触少儿茶艺,开办了茶艺班。得到了上海少儿茶艺创始人倪焕凤老师的亲自指导。我在少儿茶艺活动中感觉越来越幸福,收获越来越大。如今少儿茶艺活动队伍渐渐壮大了,赵校长十分支持,提供了最好的茶艺活动教室。现在三年级二个学期,四年级二个学期学习茶艺知识。开设了城市少年宫茶艺课,先学绿茶,注重基本功练习,从站姿、坐姿开始。进行茶艺展示,与国外学生互相交流,为法国老师展示茶艺。两次参加杭州茶艺大赛,获得十佳家庭称号。两次与汉堡开展文化交流，开展书法和茶艺活动交流，感觉欧洲人喜欢喝调和茶。还接待美国代表团、英国校长来访。在上海艺术比赛中获奖。承办少儿茶艺专场‘给爷爷奶奶敬杯茶’浦东新区公益活动。参加全国饮茶周活动，发放调查问卷200多份。进行茶席设计，开展‘国色天香话单枞’活动。今年5月参加上海国际茶博会。我们的少儿茶艺活动由内而外，厚积薄发。”浦东坦直中学张漪莹老师发言：“一抹茶香润童心”，首先要树立文化自信的信念，要培养生活礼仪，要耐心做事，要有美好情操。我们进行体验式教学，以茶敬孝；开展“坦诚心、真诚茶”“事事如意”“中国茶人之家”活动。开发一门课程，增添一项特色，打造一个节目，播撒一片真情；付出就有收获。秦龚副校长发言，祝贺“周靓雯少儿茶艺工作室”成立，提出要扎扎实实把少儿茶艺活动搞好。陈燕老师发言：“我是边学边教茶艺，找到了队伍，找到了组织。要争取学到更多茶艺知识，教给小朋友。我从零起点开始，成为茶师、成为茶痴、成为茶人。”方茵主任说：“要在师德修养上有所突破，课堂教学出质量，茶艺实践出成果，理论研究出经验，逐步形成少儿茶艺的名优群体。”最后，高胜利秘书长作了总结发言，她说：“一是希望大家要增强老师的情怀、担当和奉献精神；二是对‘周靓雯少儿茶艺工作室’的成立表示热烈祝贺；三是感谢全体老师为少儿茶艺所作出的贡献。”

会议在欢声笑语中圆满结束。我们期盼“周靓雯少儿茶艺工作室”开出绚丽多彩的蓓蕾，结出五彩缤纷的硕果。

（原载《上海茶业》2019年第2期）

# “束氏茶界”圆梦记

12月26日，我作为《上海茶业》副主编，采访了束氏茶界董事长束为女士现将访谈内容实录如下：

**马力**：请介绍一下您的创业历程。

**束为**：我的寻梦之路——第一次创业。我17岁那年，毅然放弃从教的机会进入零售行业，勇闯商海，开启了我创业的艰辛之路。1996年，我27岁，和陈晓先生一起创建永乐家电，大家都认为我疯了，但我依然力排众议，执着地前行。然而，通过10年奋斗，2005年我们成功在香港上市。我时任永乐(香港)董事局副主席，我们造就了10多个亿万级富翁，50多个千万富翁，令人刮目相看。

**马力**：您创立束氏茶界，初心何在？

**束为**：我的追梦之路——第二次创业。2006年，我在永乐家电功成身退后，给自己放了三年长假，开启了一次环球之旅。途经英国之时被英国人常问的一句话所触动，点燃了再次创业的梦想。这句话无处不在，就是——Tea or coffee? Chinese tea or English tea? 茶在全世界近乎是饮品的代名词。然而，令人痛心的是，世界上最大的茶叶品牌以及最受年轻人欢迎的茶品牌都和中国无关。一个问题涌上心头：为什么英国人能把茶生意做得如此顺风顺水，而作为茶叶原产大国的中国为何不能做好本就属于自己的生意呢？带着这个思索，以一个企业家的敏锐感和责任心，我回国后马上深入茶叶市场展开调研。我发现：第一，中国茶业市场巨大，2020年茶消费额将突破万亿；第二，中国人均茶叶消费仅1千克，世界排名第29位，2025年有望达到前三；第三，1.4亿新阶层消费者崛起，数量增长，同时消费进入个性化分级时代，对商品及消费场所的要求更高，传统的茶业发展滞后，无法满足需求；第四，中国茶行业有很多单一品类、区域品牌，但没有一个全品类，亟需提供健康饮茶方式及礼品茶品牌。我认识到：中国茶行业未来的发展，蕴藏着无限的商机。此时很多人又质疑我说，那么多嗜茶如命的人都没把茶做好，你一个喝咖啡的人凭什么做好茶业？我凭着多年零售业的经验和作为一个中国人对这片东方树叶的情怀，深深感到在商业运作中无论做哪一个产品都是为人服务的，都是做消费者满意度，只要诚信就能成功！”

为此，我于2013年4月8日在浦东新区市场监管局登记成立上海束氏茶道有限公司，担任法定代表人。公司初期的经营范围包括预包装食品批发等业务。因为消费分级时代来临，发展滞后的传统茶行业已经满足不了新阶层的饮茶需求，市场巨大，商机无限。经过一番凤凰涅槃之后，在2017年，束氏茶道全面升级为束氏茶界，旨在用打造耕植于中国传统文化的新中式饮茶方式，让全世界人爱上中国茶。在新时代来临之际，我们抓住时机，看准茶业，打造“束氏茶界”智慧茶店，整合优质茶具、茶叶、茶周边商品，为新阶层输出健康饮茶方式和礼品解决方案，成为引领茶叶行业变革升级的先锋队。我计划将束氏茶人精神传遍千家万户，实现“让全世界爱喝中国茶”的美好愿景，真心成为顾客身边健康饮茶的专业顾问。47岁的我又筑就了一个全新的商业梦想。

**马力**：您怎样理解中国茶？您认为如何传承中国茶？

**束为**：中国是茶的故乡，有着五千年悠久辉煌的茶树栽培、制作、利用、发展历史，在夏商朝时期就有了饮茶说。然而，今天世界上最大的茶品牌却是一片茶叶都不产的英国立顿公司。我是要强的人，不甘心这种局面一直存在下去，要通过束氏茶界把中国茶叶品牌带到世界面前。

我家祖辈与茶业有渊源，选中茶业也是一种家族传承。我的祖父曾在上海南汇开了一家传统中式海派茶馆(边饮茶边听评弹)；父亲曾开办健康商务茶饮的会所；我作为第三代接班人，着手经营新零售“智慧茶店”。在很多人看来，选择什么茶如同选择什么生活态度和人格操守，然而我以为茶是一种喜爱，更是事业。茶看上去很清淡，但饮用起来却有非同一般的感受。茶有三大属性：茶是社交属性很强的商品；茶是文化属性很强的商品；茶是健康属性很强的商品。在做茶这件事上，我一直强调要还原茶的本真，不过度包装，不过度溢美，让它作为安全、健康饮品融入千家万户，陪伴人们度过每一天，喝出万千滋味。

中国有绿、红、青、黄、黑、白六大茶类，束氏茶界在此基础上根据用户的需求也进行了产品结构上独有的分类，即原叶原味茶、原叶调味茶、养生花果茶、粉状速溶茶、方便袋泡茶、瓶装即饮茶。束氏茶界主要经营三大生态茶，包括十大名优茶、核心产区茶、高山云雾茶。

束氏茶界要确保茶叶质量，致力于把安全的有机茶产品和健康饮茶生活方式带到顾客身边。要一方面通过互联网平台让顾客随时随地买到束氏产品；另一方面通过线下体验式服务与会员反馈制度，让束氏呈现出新的零售特色。如今全民饮茶的健康生活方式备受推崇，束氏茶界的未来发展势不可当，将在中国茶界开辟一片全新的领域。

**马力**：束氏茶界与传统茶店有何区别？束氏茶界采取什么商业模式？

**束为**：束氏茶界定位于茶文化产业交流、交易的垂直细分平台，专注于“茶产业＋互联网”模式运营与推广，通过线上线下融合零售模式，打通全渠道数字化营销体系，重塑茶业生态结构，全面提升顾客到店率与店铺销量，为新中产人士输出茶健康、茶美学、茶社交的生活方式。束氏茶界是一家新零售、全渠道的智慧茶店。很多合伙人会在选择之初，深受新零售概念吸引。但是在我看来，零售并没有新旧之分。商业的本质是为消费者的需求服务。新零售只是在互联网技术运用的基础上，根据人们的消费习惯而设计出的“新型应用工具”和新渠道的开发。区别在于束氏茶界的新零售模式，重金聘请阿里技术班打造，它的“三网合一、全渠道收益共享”的商业模式，让消费者实现了体验更佳、下单更便捷的服务，让加盟合伙人投资门槛更低，上手更快，抱团取暖获益更多。新零售“智慧茶店”无店面局限、无陈列局限、无门店店员局限、无渠道局限，不局限于单个门店的单打独斗，闭环的订单巡源系统让门店享受总部成熟渠道的红利。

**马力**：请您谈一谈束氏茶界的经营方式和服务理念。

**束为**：在产品上我提出“三轻、三重、三方便”的理念。即轻文化、轻包装、轻冲泡；重视觉、重健康、重体验；方便携带、方便冲泡、方便购买。包装的成本不超过6%，对茶文化的宣传不言过其实，提倡饮茶便捷和体验的融合。

秉持“多元服务”的理念，第一是服务消费者，做消费者的满意度；第二是服务员工，大家拥有一个共同的梦想，投身茶行业，做有价值的事业，共赢未来；第三是服务合伙人和投资人，他们都是束氏茶界的伙伴，每个人都有自己的话语权，都受到足够的尊重。

在品牌客层的定位上，我们提出“6∶3∶1方案”：为60%中端客户服务，做到生活与艺术兼容；为30%高中端客户服务，做到送礼与自用兼容；为10%高端客户服务，做到收藏与使用兼容。

在零售发展上我们提出“一个中心、两个基本点”，即以企业复制能力、店铺数量、规模发展为中心，抓住开发品类、管理能力、延伸辐射；抓住会员裂变、服务能力、私域管理两个基本点，达到合伙企业“共建、共创、共担、共享”目的。

束氏茶界是一家以连锁智慧茶店为核心业务的新零售企业，在上游投资并购了58个原生态优质茶基地，引进了拥有150年历史的瑞典SGS公司对产品进行全面检测监督，超出国际化品质标准，为消费者提供放心的商品保证。束氏茶界以“健康、环保、无污染”为原则，整合优质茶具、茶叶、茶周边商品，为新阶层提供“敢喝、好喝、想喝”的每一份茶品，提供“好用、好看、好玩”的每一件茶器，打造健康送礼与品质社交的一站式解决方案。

束氏茶界倡导“真、雅、怡、和”的茶道精神，做好茶饮品牌，确保产品种类丰富多彩。由于束氏茶界品牌的名气越来越大，加盟连锁店也越开越多。束氏茶界为人们带来难忘的茶饮美味，深受大家的喜爱，是一个颇具实力的品牌。

**马力**：束氏茶界的未来发展，规划如何？

**束为**：我的圆梦之路——第三次创业。建茶伟业是我感到幸福并坚持着的梦想，也是束氏茶界毕生的梦想。在很短的时间里，束氏茶界做到了京东销量第一，实体店家家盈利，累积了近30万优质会员。实践证明，我的选择是正确的。我的第一个五年计划是找好行业，夯实基础；第二个五年计划是进入快车道，抱团经营，抱团上市，实现腾飞。企业家要有远见、有梦想、有责任。新年要有新主题，新年要有新高度。束氏茶界将迎来又一次发展的新机遇——组建束氏集团。

如今，束氏茶界在市场上有很高的人气，赢得不少企业的关注。五年来，有近900个企业与束氏茶界有合作交往。加盟束氏茶界可以得到总部提供的保障和扶持：一是品牌优势，实力雄厚。二是产品优势，拥有高水准研发团队和市场竞争力。三是技术优势，重金引进阿里技术班底独家打造的全网订单巡源系统，打破了平台电商、连锁门店、本地社群之间的相互局限，实现全渠道收益共享，别家无法效仿。四是经营优势，店长直派、店员直管、定期为加盟商培训，实现你投资我经营、你社交我成交的分工合作模式。五是投资优势，加盟商资金投入低，轻松当老板。加盟束氏茶界是一个理想的选择，既满足不同消费者的口感，又为顾客提供贴心的服务。束氏茶界不断推陈出新，即使口味再挑剔的顾客都能找到喜爱的美味。欢迎有意向的企业加盟束氏茶界。

［访谈后记］

束为女士曾获上海市三八红旗手、上海市浦东杰出青年、上海商业十大杰出企业家光荣称号；曾任商业企业管理协会副理事长、中国紫砂文化研究协会理事长；捐资上海外国语大学教育发展基金会，成立上外 MBA 束为经致论坛等。她作为著名企业家、永乐电器联合创始人，现任全国茶业连锁品牌束氏茶界创始人、董事长，仁泽投资创始人、董事长；又是中国实体连锁行业的传奇人物，擅长投资管理、顶层设计、盈利模式重塑、企业文化建设的资深专家，投身于茶业的复兴运动，为中国茶行业增添了一支新生力量。五年来，束氏茶界已经打下了坚实的基础，已经插上了腾飞的翅膀。

我们祝愿束氏茶界早日圆梦！祝愿束氏茶界 2022 年上市目标早日实现！祝愿束氏茶界让全世界享用中国茶的梦想变为现实！

（原载《上海茶业》2019 年第 4 期）

# 芳仔名茶 不同凡响

上海市静安区共和新路1165号帝芙特国际茶文化广场二号楼1221室，有一个“上海芳仔茶业有限公司”，当家人是郑芳仔经理，经营主打产品是福建著名品牌“坦洋工夫”红茶，尤以自产自销的小种野生私房茶见长。

上海芳仔茶业有限公司成立于2011年8月8日。芳仔茶业秉持“做一杯良心茶”的理念，让顾客找到一家店，爱上一杯茶。郑芳仔经理确信，良心是一个品牌，只要求真务实，将心比心，坚持用好茶回报顾客，就能把优质品牌留在顾客心里。芳仔名茶向所有顾客作出的承诺是：“郑芳仔，真、纯、好！Natural，Pure，Good!”

上海芳仔茶业有限公司经营的“坦洋工夫”红茶发源于福建福安。公司总部设在上海，主要经营福建高级红茶正山小种、“坦洋工夫”、铁观音、大红袍、凤凰单枞、各类绿茶、特色奶茶及玻璃器皿和陶瓷茶具等产品，零售批发兼做。多年来，芳仔茶业一直保持“说实话、办实事、求实效”的经营作风，坚持信誉第一，恪守顾客至上，注重产品质量，做到价廉物美，努力为消费者提供一流的产品和完善的服务。

上海芳仔茶业有限公司经营的主要品牌有三类：芳仔小种优质红茶、“坦洋工夫”顶级红茶、秘方精品奶茶。芳仔小种优质红茶采用自然生态环境下野生小种茶树上的春尖头茶制作，不用农药化肥，老法采摘，手工制作，精心加工而成。福建正山小种茶品质优良，历史悠久。闽北武夷山桐木村17世纪开始出产小种茶，是红茶的始祖。此茶耐于冲泡，香气持久，茶味浓爽，汤色红艳，回味醇厚，口感特好，成为众多红茶爱好者的专爱。“坦洋工夫”顶级红茶是闽红工夫茶中的精品。芳仔“坦洋工夫”顶级红茶是采制于福安市北山麓高山区的春尖头茶。叶底红亮匀整，滋味清鲜，甜和爽口，香气醇厚持久，并带有淡淡的桂花香，一直是芳仔茶业常客们的特爱。秘方精品奶茶也曾经是芳仔茶业的热销品种。它用多种高级红茶，以祖传秘方配制而成，完全无添加剂。香味浓郁，滑润均匀，口感特好。多年来芳仔奶茶得到无数茶客的喜爱和赞赏。俄罗斯、乌克兰的几位嘉宾曾经为芳仔精品奶茶做义务宣传员，成为奶茶品牌广告的形象代言人。此外，小种野生茶的鲜叶也可以直接用来做菜吃，用食油煎炸后很香，很脆，味道好极了。郑芳仔经理还发出邀请，欢迎顾客到武夷山芳仔茶园看一看，再到灵峰寺去品尝菜茶美味，特别是尝一尝郑芳仔“生态茶白牡丹”灵峰寺禅茶，每饼 350 克，传统手工，石磨特制。每年限量生产 300 片，可是一饼难求啊！

芳仔小种红茶产于武夷山东面，福安市北方山区海拔 1200 米以上的高山地带。山上有座灵峰寺，寺庙周围是一片茶园，芳仔小种红茶就是生长在这种自然环境下。寺内长老已经 94 岁高龄了，还亲自动手种茶、采茶、制茶；寺内姑姑也已 87 岁，体魄健壮，耳聪目明，确实验证了喝茶长寿的说法。郑芳仔小时候就跟着灵峰寺师傅谢证光方丈学茶、采茶、制茶。谢师傅对茶叶技术精益求精，对每位学员诲人不倦。他要求芳仔对不同海拔高度采摘的茶叶分别尝味，辨别茶叶的不同质量，以提高识茶品茶的能力。在谢证光师傅长期培养和言传身教下，郑芳仔养成了善良的品德、刻苦耐劳的性格和求真务实的作风，茶树栽培和茶叶制作技术也日臻成熟，成为一个地地道道的茶人。谢证光方丈从小生活很苦，6 岁丧母，8 岁丧父，给人放牛度日，12 岁时被迫出家为僧。他对茶叶有深厚的感情，对唐朝著名茶圣陆羽的《茶经》爱不释手，并且亲自种茶、采茶、做茶，掌握了精湛的茶树栽培和制茶技艺以及渊博的茶叶知识，并且把寺庙建成了“灵峰寺禅茶”生产基地。谢证光方丈一生建了三座寺庙，培养了不少徒弟，为了建庙筹集资金，他不仅省吃俭用，而且还不惜借用高利贷。2009 年谢证光方丈积劳成疾，81 岁时圆寂。后来由德慧法师继任寺庙住持，继续开辟、管理茶园，生产制作灵峰寺禅茶。

上海芳仔茶业有限公司纯手工“坦洋工夫”红茶于 2016 年 5 月被上海国际茶文化旅游节组织委员会授予“中国名优茶金奖”；2018 年被上海静安区商家联盟授予“上海芳仔茶业有限公司静安好味道”第三名。芳仔小种红茶 2017 年通过欧盟检测标准检验，480 项指标的符合标准。该公司不仅有许多粉丝和追捧者，而且还得到茶叶专家学者的好评。2017 年上海国际茶文化旅游节期间，中国茶叶学会理事长江用文现场品尝芳仔小种红茶后赞不绝口，连声说：“好茶、好茶!"并与芳仔经理合影留念。俄罗斯作家克里木(曾在复旦大学留学)曾经带领俄罗斯外交官造访芳仔茶业。2018 年 6 月 21 日,俄罗斯、德国、法国等国的朋友专程到上海陆家嘴参加"灵峰寺禅茶"推介活动,为"灵峰寺禅茶"造势助力。俄罗斯等国的客户是芳仔茶业的常客。安徽亳州的客户还专程赶到武夷山实地考察,看野生茶园,定放心好茶。

在采访芳仔经理之前,笔者通过网络了解到,"坦洋工夫"红茶对人体健康具有较好的功效:一是提神消疲,红茶中的咖啡碱能够兴奋神经中枢、提神,使注意力集中、思维反应敏捷,具有增强记忆力、消除疲劳的作用。二是生津清热,红茶中的多酚类、醣类、氨基酸、果胶等与口涎产生化学反应,刺激唾液分泌,导致口腔滋润,产生清凉感,发挥止渴消暑的作用。三是减肥美容,红茶中的咖啡碱能促成身体燃烧脂肪热能而保留肝醋,让人更具持久力,是极佳的运动饮料。四是利尿,在红茶咖啡碱和芳香物质联合作用下,增加肾脏的血流量,提高肾小球过滤率,缓和肾炎造成的水肿。五是消炎杀菌,红茶中的多酚类化合物具有消炎作用,缓解细菌性痢疾及食物中毒危害。六是解毒,红茶中的茶多碱能吸附重金属和生物碱并沉淀分解,起到解毒作用。

"坦洋工夫"红茶是福建省三大工夫红茶之一,相传由福建省福安市坦洋村人胡福田(又名胡进四)于 1851 年清代咸丰年间创制而成,迄今已有 160 余年历史。"坦洋功夫"红茶曾远销荷兰、法国、日本、东南亚等二十多个国家和地区,更为荷兰、英国等国家贵族所青睐。民国四年(1915 年),"坦洋功夫"红茶与国酒茅台一起在万国博览会上赢得金奖,跻身国际名茶品牌之列,留下"闽红精品天下高,坦洋功夫列榜首"的赞誉。据载,清光绪七年至民国二十二年(1881—1936 年)的 50 余年,坦洋工夫第每年出口近千吨,其中光绪七年出口量达到 2100 多吨,为历史上出口茶叶最多的年份,当时知名茶行有万兴隆、丰泰隆、宜记、祥记等 36 家,雇工 3000 多人。有歌谣唱道:"茶季到,千家闹,茶袋铺路当床倒。街灯十里透天光,戏班连台唱通宵。上街过下街,新衣断线头。白银用斗量,船泊清风桥。"有民谚为证:"国家大兴,茶换黄金。船泊龙凤桥,白银用斗量。"可见那时我国福建省出口红茶盛况空前,"坦洋功夫"早已名扬海外。2006 年以来,福建政府强力打造"坦洋工夫"品牌,坦洋工夫集团生产的"坦洋工夫"被列为"中华名人特供茶",并获得国家地理标志保护产品,"坦洋工夫"商标注册已被国家工商总局受理,并制定了相关标准,进一步规范坦洋工夫红茶生产加工。2013年新坦洋牌“坦洋工夫”再次荣获“巴拿马国际博览会金奖”,进一步证明了“坦洋工夫”在世界茶市的地位和影响力。

关于“坦洋功夫”,有两个民间传说。

其一:相传在坦洋有位姓胡的茶商运茶出海去卖,不巧遇到狂风暴雨,船上的伙计全都刮进海里,只有他死死地拖住船板,死里逃生。在海上飘呀飘,不知飘了多少时间,被一位广东船商救上了岸,并与他结为兄弟。广东商人对胡兄说:你们坦洋出的桂香茶主要供国人享用,现在来广东做生意的番仔哥爱喝红茶,那就赚大钱了。接着广东商人就拿出红茶的茶样给他看,还送给他一套做红茶的书。坦洋人胡兄回家后经过反复试验,不断改进工艺,终于研制出自己的红茶。因为此茶是坦洋人历经大难,几乎是用命换来的,而且制作过程十分辛苦,制茶工艺也十分复杂,所以人们就给这个茶取名为“坦洋工夫”。此茶上市后一下子成为番仔们的抢手货,渐渐名扬四海了。

其二:相传在坦洋有位姓胡的茶商外出做买卖,在客栈里遇见一位客商患痢疾,上吐下泻折腾得死去活来。他就用随身所带的坦洋桂香茶,加上几片生姜和糖,冲泡成药汤让病人喝了。不一会儿,腹泻止住了,病也好了。后来,这位来自崇安的建宁客商就与胡姓茶商结拜兄弟。建宁客商对他说:“你们坦洋出的桂香茶好是好,但主要是供国人喝的,销路不广,如果能做成工夫红茶,销到国外去,那就赚大钱了。”胡姓茶商说:“我们不懂做工夫红茶。”建宁客商就自告奋勇来到坦洋,把制作工夫红茶的工艺方法全盘传授给坦洋茶人。从此,“坦洋功夫”红茶就在福建省福安市坦洋村推广开来。

我们在芳仔茶庄饮茶,聆听郑芳仔经理的介绍。泡的是芳仔茶庄的拿手好茶——小种野生私房茶。室内茶香缭绕,热气腾腾,杯中茶汤鲜爽,回味无穷。我们边饮边聊,仿佛看见他们在高山间开垦茶园,在荆棘丛中战天斗地,用他们勤劳的双手培育出郁郁葱葱的茶树,在春季谷雨前后采摘最嫩的茶芽,通过揉捻、发酵、烘干等工序的精心制作,为我们奉献了一杯可口的香茶。他们用辛勤的汗水,传承了古老的技艺,造福于广大茶人,是值得尊敬的人。

祝愿上海芳仔茶业有限公司经营的福建著名品牌“坦洋工夫”红茶和自产自销的小种野生私房茶在新的一年里品质更好,生意更好,信誉更好,服务更好。

(原载《上海茶业》2018年第4期)

# 不平凡的“茶可凡”

3月11日，《上海茶业》编辑部两位副主编采访了茶可凡会馆吴妙珍经理。下午，吴经理热情接待了来访者，我们边饮茶，边叙谈，感受颇深，受益匪浅。聆听着茶可凡会馆的发展经历，分享着茶文化的饕餮大餐，品尝着新春的浙江乌牛早龙井茶，别有一番滋味。

茶可凡会馆属于上海怡茗茶业的下属企业。吴妙珍和周先生夫妇还同时经营着上海茗湲荟文化传播有限公司和上海阅茗实业有限公司。其经营特色是：“以浙江省浦江县乌儿山生态茶基地为依托，集品茗、茶艺培训、养生、雅集为一体，并善于专业茶事活动策划及茶品销售。”茶可凡会馆是中国茶叶学会、上海市茶叶学会团体会员。茶可凡会馆环境优美，典雅幽静，与著名影视基地比邻而居，是开展文化交流、茶艺表演、饮茶品茗、茶与养生、音乐古琴、各类讲座、商务会场等活动的好去处。这里的名茶茗湲红、银芽玉露、空谷幽兰、宫廷散普、乌儿山高山茶及各种茶点都很有特色，都很吸引人。

吴妙珍经理是国家高级茶艺技师、国家茶艺裁判员、茶艺培训师、高级茶道养生师、茶可凡文化艺术中心联合创始人。2018年6月，茶可凡会馆被上海国际茶文化旅游节组织委员会授予“大隐于视·特色茶馆”称号。

吴经理20年来伴茶左右，孜孜以求，学茶做人，茶人合一。她访名师，寻名茶，习日本茶道、学韩国茶礼，为众多茶文化爱好者推广饮茶与健康，以传播茶文化为己任。她坚信有信心的人能爱人、能帮人、能尊敬人，而利他恰恰是她助人为乐的善心本能。用茶的清香、用水的柔美、用侍茶者的虔诚以利他人，弘扬茶人精神。她经常给学生上茶艺课，给家乡父老讲解茶科技，给新加坡国立大学学生宣传茶文化，在陆家嘴金融大厦办茶文化讲座，去日本交流茶文化……，她是一位乐此不疲的爱茶人。

吴经理说，小时候，她在家乡采茶。浦江县乌儿山海拔900多米，凌晨3点多起床，要走30里地，到山上天蒙蒙亮了，开始采茶。开始时只吃一小碗饭，过了七天要吃一大盒饭了，可见采茶是很艰苦的。在乌儿山深处有一片鸠坑种老茶树，据说要砍掉，让我们去考察一下。后来我们觉得可惜，就接收下来，经过加强栽培管理，现在可以制作有机茶，而且品质超群。这些野生茶，质地好，香气高，内含物丰富，耐泡，味浓，深受顾客欢迎。

吴经理讲了她学茶的经历：20多年前，也是机缘巧合，他们夫妇从浙江来到上海，找到一家茶叶市场，订了几间门面，开始经营茶业。由于她不懂茶叶，有一次把茶叶误卖给顾客，价格卖高了，结果丈夫回来后责备了她。从此，她下决心学习茶叶知识。先是在天山路上海市茶叶学会职业培训班学习，获得高级茶艺师证书。以后又到中茶院、浙农大等院校学习茶知识，跑了全国各茶山实地考察，越学越觉得茶叶学问太深了。她开始时以为茶叶很简单，可是慢慢学来感到只是学了皮毛，五千年茶文化真是博大精深。通过学茶，以茶为师，懂得茶中有平等性、宽容性、智慧性。要泡好一杯茶，不仅要有技艺，而且最终还是一颗心。泡同一款茶，用不同的心去泡，能泡出不同的性情。吴经理感到自己在不断地被茶业教育着，是茶叶教育自己成长。

吴经理讲了一个故事：茶能改变人。有一次一位客人来喝茶，坐在那里脱下鞋子，跷着脚，很不礼貌。但是喝着喝着，闻着茶香，尝着茶味，看到别人彬彬有礼，也就慢慢改变过来。饮茶可以改变人生和心态。茶文化区别于别的文化，在茶的内涵中，物质和精神并存，既能养身，亦能养心。茶的好处太多太多了，希望朋友们都来喝茶，都能成为茶人。

吴经理还讲了她与西湖龙井茶的一个故事。吴经理是浙江人，自认为很懂龙井茶。有一次吃饭时，大家推选她唱越剧唱段，被评为一等奖，奖品是3泡狮峰龙井茶，每泡2.5克，但那时她对龙井茶并无太深感触，不以为然。一天，她在家休息，随手拿出一泡龙井茶，还是漫不经心的。突然飘过一阵幽香，是兰花香；她很随意地往杯中注入沸水，发出阵阵香气。这时她才明白这阵阵香气是从那泡龙井茶中出来的。一刹那，满眼热泪就流了下来，心中的傲慢情绪顿时消散了，内心十分羞愧。原来这是狮峰龙井中的绝品茶，价值5万元/斤。她由此想到，一个人要有感恩、敬畏之心，要认识自然界的伟大，要保护好环境。如果能善待一片树叶，就更能善待万物之灵的人类。茶在你心中是什么地位，它就给你什么地位。平凡是一种最高的境界，开悟的人才能有平凡之心。

吴经理说，泡茶也是修行。生活中时时刻刻都可以做到。这么多人来喝茶，你可能没时间去修行。但是在泡茶时，也是一种修行。如果你想到别人是来买茶，这心眼就小了。如果希望朋友喝了茶健康喜悦，为别人着想，这就是修行。儒释道三家是相通的，茶禅一味。因为，与人为善，吾日三省吾身，小处可以见大，都是做人的根本道理。

当问及“茶可凡”名称的由来时，吴经理娓娓道出了其中缘由：“茶性本不凡，却乐于平凡，此谓可凡。可凡既是一种境界，也是一种生活态度，是放下执念之后内心的一种宁静。”在柴、米、油、盐、酱、醋、茶的物质层面中，茶，可凡；但是在琴、棋、书、画、诗、曲、茶的精神层面中，茶，却非凡。茶禅本一味，善在为人；苦在自心！人生如茶，既能追求不凡，又能享受平凡。茶可凡，‘静心’‘净心’‘敬心’也！总之，“茶可凡”的寓意是外表可凡，内心不凡。

吴妙珍经理认为，茶文化的熏陶可以改变人的个性和行为，朋友相聚，放点轻音乐，边饮茶边交流，轻松自如，静能生慧。我们在“茶可凡”采访，与其说是采访，不如说是学习。但愿上海能有更多这样“品茗、养生、雅集”三位一体的会馆为市民服务。

（原载《上海茶业》2019年第1期）

# 采访“荷风细雨”

## ——沪上茶馆与餐厅的完美结合

9月2日，我采访了上海荷风细雨餐饮管理有限公司何宇晴董事长。“荷风细雨”人文餐厅是一家以茶文化为主轴的文化创意餐厅。

上海荷风细雨餐饮管理有限公司经营业务范围是餐饮企业管理、市场营销策划、企业形象策划、企业管理服务，法人代表何雨。“荷风细雨”自开业以来，一贯追求消费者自身的心灵愉悦，以符合人们对于物质文明和精神文明的需要。无论是美馔、香茗、器具、花木、水石、书画、室庐，一件一物的设置都带有独特的清静雅趣，让人分享世间美好事物，传播中国优秀传统文化的雅致生活方式。特别是它把茶馆与餐厅完美结合在一起，可以边饮茶边用餐，一举两得，让顾客有耳目一新之感。

“荷风细雨”的品牌具有独特的含义。“和风细雨”出自南朝·陈·张正见《陪衡阳游耆阇诗》：“清风吹麦垄，细雨濯梅林。”“和风细雨”原意是温和的风、细小的雨；比喻生活方式温和而不粗暴、温暖而不冷淡。“和风细雨”用在人文餐厅的优雅环境里十分贴切。其中改动一字，把“和风细雨”改为“荷风细雨”，内涵更深一层。其一，诗云：“接天莲叶无穷碧，映日荷花别样红。”荷花是被子植物中起源最早的植物之一，被称为“活化石”。它“出淤泥而不染，濯清涟而不妖”，具有洁身自爱的品质。其二，荷花历史悠久，部首结构为草字头，与茶叶如出一辙。“荷”“茶”相映成趣具有别样的内涵。其三，公司何宇晴董事长的“何”姓与“荷”谐音，“宇”字与“雨”谐音，加上蕴含“东边日出西边雨，道是无晴却有晴”的意境，使荷风细雨人文餐厅情义满满、温馨宜人。

“荷风细雨”当家人何宇晴董事长来自云南，毕业于云南农业学院茶学系，师承肖石英、张木兰教授。张木兰教授早年曾参与培育茶树新品种“云抗10号、14号”，对茶学颇有造诣。何宇晴董事长是高级茶艺师、国家一级评茶师。2008年从云南来到上海创业，当时在天山茶城租了一间12平方米的茶叶店，每月租金 1200 元，和同学一起经营。表哥在云南普洱有一个茶叶初制厂，自产自销，做散买散卖生意。后来遇到了贵人，茶叶销售状况有了改观。人们常说："每一个人，一生总会遇见几个贵人。"何董也不例外，因为有贵人相助，她结识了大客户，开始做茶礼定制。"三年不开张，开张吃三年。"由于坚持"信誉第一，诚实经营"，企业逐步得到发展。后来又到肇嘉滨路开茶馆，做私房菜，既积累了资金，又积累了经验。历经艰难跋涉，何总的企业不断发展。如今的"荷风细雨"品牌是由上海市书法家协会副主席、中国书法家协会会员、上海中国书画研修学院院长刘小晴先生题写的。目前已有 70 多位书画名家为"荷风细雨"品牌题词，包括刘小晴、陈佩秋、张瑞根、陈志宏等书画大师的题词，何宇晴董事长还准备编辑"百人题写品牌"画册出版。"荷风细雨"十分重视员工的基本素质，好多员工都具有茶艺师和评茶师资格。为了做好茶文化事业，公司经常开展茶艺专业知识培训，举办讲座，请名人上课，宣传茶文化。在围绕茶文化运作的过程中，员工的一招一式温文尔雅，行为举止彬彬有礼，符合茶道茶艺的规范要求，让顾客充分感受到"荷风细雨"人文餐厅茶艺的专业度和茶文化的高度。何宇晴董事长是一个事业为先、锐意进取的人。她在微博中的一段话很精彩："拼命工作的背后隐藏着快乐和欢喜。正像漫漫长夜结束后，曙光就会到来一样。欢乐和幸福总会从辛苦的彼岸露出它优美的身姿，这就是劳动人生的美好。""荷风细雨"就是何董和她的团队艰苦创业的缩影。

"荷风细雨"非常注重"好食，好器，好味道"的经营风格。中医理论认为，人存在于天地之间，与日月相应。人的脏腑气血的运行，和自然界的气候变化密切相关。据《内经》记载，养生的基本原则是顺应自然，协调阴阳，积精全神，疏通经络，饮食更要注重应时、应景、应季、应地。所谓"不时不食"就是吃东西要适应时令，按季节而行，到什么时候吃什么东西，即遵循自然之道。古人表述的"应节律而食"，指的就是不吃不合时令的东西，吃食物要符合时令节气规律。如"冬鲫夏鲤，秋鲈霜蟹"，自有它的道理。孔子曰："食不厌精，脍不厌细，食饐而餲，鱼馁而肉败不食。色恶不食，臭恶不食。失饪不食，不时不食。割不正不食，不得其酱不食。"意思是说：饭不要因为精致而饱食，菜不要因为烹调过于细致而吃得太多。饭摆久了变了味道，鱼烂了，肉腐败了，都不要吃。颜色变坏了不吃，味道变臭了不吃，煮的不熟或太烂不吃。不合时令的东西不吃，割肉方法不正规不吃，放的调味品不适合不吃。说明孔子是非常讲究食品卫生和饮食保健的。

荷风细雨是一家以茶入菜的餐厅，装修风格呈江南婉约风，楼层很别致，挑高的空间给人的感觉很好。冷菜“桃胶桂花芋艿”跟甜品一样，甜度适中，红色的桃胶带有桂花的清香，底部有一颗芋艿，很糯。“酱油江鳗蛋黄卷”造型很好，蛋黄夹在江鳗中，整齐排列，鲜香弥漫。“和风脆皮鸡”倒有点粤菜的意思，脆皮鸡确实皮脆肉嫩，沾一点甜味的蘸料更佳。“功夫带鱼卷”的带鱼很吃功夫，去骨和刺，卷起来外面包裹了酱汁，鲜甜。“马兰头石榴包”讲究不时不食，里面包了调过味的马兰头，清香扑鼻。“荷风四味”颇具中式风韵，里面有油爆虾，有各种蔬菜、花生等小食，实为开胃佳品。热菜几乎都是硬菜。“金牌普洱红烧肉”中，普洱茶的融入更加增添了意境，红烧肉方方正正，浓油赤酱的，每一块都很入味，五花肉肥瘦相间，还搭配了鹌鹑蛋。“XO 酱元贝炒芦笋”是很清爽的一道菜，元贝个大新鲜，芦笋也很解腻。“薄荷烧汁肋眼皇”，肋眼牛排超级嫩，薄荷叶混合一起吃很清新。“二龙戏珠”是台好戏，龙井香茶搭配小青龙，用芝士焗的小青龙弹牙得很！

“不时不食”是荷风细雨的精髓所在。“荷风细雨”人文餐厅精心挑选上好的食物供顾客享用，精心加工色、香、味、美的佳肴供嘉宾品尝，不论是春樱还是夏绿、秋枫还是冬雪，每个季节的食材都体现出时令特性。从器具的选用，到食材搭配、摆盘装饰、调味色彩，都精心设计、面面俱到。尤其是六大茶类的选用，满足不同人群的需要，受到顾客的欢迎。“荷风细雨”正是以好食配好器为出发点，精心挑选多样化的茶具，让每一款好食都能找到一款与之相配的好器，彰显好食独特的气质，用自己的方式诠释了爱食之人独特的一面。在坚持为每一位喜好美食之人提供优质服务之时，“荷风细雨”始终追求为嘉宾提供舒适的用餐体验，不仅使嘉宾在味觉上享受到上等食材，视觉上欣赏到精美器皿，而且在享受美馔的同时，体会了雅集印象、茶艺空间和人文韵味的不同凡响。从来佳茗似佳人，以茶入馔香自来。

“不时不食”不仅是对事物的尊重，更是对人们的尊重。在此饮食，顾客可以切实感受到内心信息的传递和文化知识的交流。“荷风细雨”旨在传承中华优秀文化，不仅是感受唐诗宋词婉约豪放的魅力，更是对传统文化的继承和升华。古法烹饪加上新鲜食材和细致刀工，更能让食物呈现独特的美感和韵味，让饮食者充分享受传统与现代的结合。古法烹饪借鉴《随园食单》《清稗类钞》

《扬州画舫录》，让饮食者切身体会到东方的生活方式和古人的审美情趣，产生时空倒转的感觉。目前，“荷风细雨”人文餐厅的下午茶客座率已经达到80%以上，深受顾客青睐。

有顾客评说：“荷风细雨人文餐厅以茶文化为背景，属于新式创意型融合菜系。每一道食材制作都特别精致，从容器到摆盘都融合了不少西餐的摆盘方式。其中又将浓浓的东方古典浪漫化为荷风细雨茶宴。菜的味道好极了，当然价格也很漂亮。”还有顾客评说：“在吃的方面，总体来说食材质量都是精挑细选的，非常上乘，做工也非常细腻。‘酱油江鳗蛋黄卷’，江鳗现在应该是时令货，做得已经看不出是鳗鱼的样子了，入口醇厚的酱香味感觉挺不错的，第一次吃到这种口感，还是有点新奇和惊喜的。‘脆皮鸡’也是个人比较喜欢的一道菜，要趁热吃，外脆里嫩，令人欲罢不能。‘二龙戏珠’是一道菜哦，摆盘非常好看，小青龙这条龙比较容易理解；另外一条龙是啥呢？其实就是一杯茶，叫小白龙。‘江阴蒸鲥鱼’，蒸鲥鱼是江苏地区的传统名菜，肥嫩鲜美，爽口而不腻。最后还有一道点心‘百香果布丁’，容器有点创新之意，味道非常不错。服务方面也没啥可挑剔的。满足，太满足了！”顾客们慕名而来，满意而去。在这里既欣赏到厨师的创意杰作，又享受到大自然的美味佳肴，恋恋不舍，流连忘返，真是别有一番滋味在心头。有诗为证：“千里芙蓉绿映红，荷风细雨自含情。仙姑亦叹香风暖，醉沐池边不起程。”

“荷风细雨”人文餐厅具有自身的管理特色，主要表现在四个方面。一是店面设计多样化。不仅具有田园风光，休闲自然，返璞归真，而且时尚潮流，新颖别致，富有个性，特别能够抓住消费者的眼球。二是营销模式多元化。采取双线营销方式，堂吃外卖相结合，同时利用网络营销进行推广宣传，扩大企业影响力，增加客源，人气飙升。三是定期上线新产品。各个季节推出主打产品，新鲜时令，结构合理，丰富多彩，提高了核心竞争力，选择空间大，符合顾客喜好，人气爆棚。四是店员服务态度好。由于坚持顾客第一，服务周到原则，让消费者感到宾至如归、温暖如春。满意率高，评价度高，回头客多，生意兴隆。

“荷风细雨”还经常举行茶文化活动。2019年3月19日英国伦敦金融城市长彼得·埃斯特林在陆家嘴金融城参加绿色环保活动。荷风细雨人文餐厅参与了此次外宾接待活动。伦敦市长首先参观了中国传统茶文化展示，通过茶艺师冲泡中国古树名茶和茶艺表演，感受到大雪山野生古树红茶的独特口感和魅力。每到新年佳节，店里都要举行员工联欢活动。这里是“月圆映当空，皆聚四海同”荷风细雨中秋晚宴现场，全体员工欢聚一堂，有节目表演，有幸运抽奖，大家载歌载舞，举杯畅饮，感恩相遇，加深友谊。2019 年第四届全国茶艺职业技能竞赛上海赛区选拔赛，上海市茶叶学会决定冠名“荷风细雨”杯，既展示了上海荷风细雨餐饮管理有限公司的风采和影响，又体现了上海市茶叶学会对于推动茶企、茶馆、茶餐饮业健康发展的高度重视。可以毫不夸张地说，“荷风细雨”是继“秋萍茶宴”之后沪上茶餐饮业完美结合的又一张华丽名片。

“荷风细雨沏新茶，番番秋雨送微凉。”伴随着茶文化的秋风送爽，秋收冬藏的季节一定是果实累累枝头挂，丰收捷报纷纷来的大好年景。祝愿“荷风细雨”再创新的业绩、更上一个台阶。

（原载《上海茶业》2019 年第 3 期）

# 记海派茶宴馆

## ——秋萍茶宴

秋萍茶宴馆是沪上第一家茶宴馆，创立至今已有二十年整，原名天天旺茶宴馆。秋萍茶宴管理有限公司董事长刘秋萍女士是茶宴馆创始人、高级评茶师、中国茶道专业委员会常务理事、上海茶馆专业委员会主任、上海市茶叶学会常务理事兼副秘书长。

近日，中国国际品牌协会、中国新闻传播中心、中国轻工企业投资发展协会联名向刘秋萍女士颁发了“中国茶品牌金芽奖”品牌荣誉证书。经评审，刘秋萍女士被评为2013年度“陆羽奖”国际十大杰出贡献茶人。

饮茶吃饭是一件极其平常的事，但把它办成时兴的“茶宴馆”，刘秋萍乃沪上第一人。走进秋萍茶宴馆，给人耳目一新的感觉。

秋萍茶宴馆具有三大特色。

### 一、茶字当头的秋萍茶宴馆

其一，秋萍茶宴馆以“茶”当头是很有远见的。“茶宴馆”以茶的形象丰富了饮食的内涵，以茶的营养补充了饮食的不足，以茶的清淡调剂了饮食的口味，以茶的文化提升了饮食的意境。茶的解渴防暑作用、茶的去腻消食作用、茶的提神解倦作用、茶的减肥解毒作用、茶的健康长寿作用、茶的抗癌防病作用等，使茶当之无愧地成为世界范围内的健康饮料。秋萍茶宴馆的兴起正是抓住了“茶为国饮”的契机，锐意创新，融入了茶的元素，开辟了一方天地。

其二，秋萍茶宴馆以“茶宴”冠名是很有创意的。“茶”与“宴”是一种绝妙的搭配，从而开创了一种别开生面的产业——“茶宴”。中华民族有一句传统老话，叫“民以食为天”。可见我们的祖先是把民生问题作为第一要务来对待的。由此衍生出“柴米油盐酱醋茶”的传统饮食文化。秋萍茶宴馆别具匠心地用“茶宴”二字囊括了七字要诀的核心内容。“茶宴”也就是“饮食”。“茶宴馆”以茶搭台，以宴演戏，既有饮茶的畅快，又有宴请的场面，茶宴配合，取长补短，使茶与宴相辅相成，相得益彰。在这里，“茶宴”把平民百姓饮茶吃饭的普通之事提升了层次，产生了意境，变成了享受。“茶宴”的推出，传递了一种理念，就是吃出健康、吃出文化、吃出品味。

其三，秋萍茶宴馆茶菜合一、独创茶宴，是别具特色的。秋萍茶宴馆著名的“西湖十景宴”“古诗意境宴”“经典本帮宴”，以及新近推出的“黑茶宴”“佛门宴”等系列，最大的特色都离不开一个“茶”字。秋萍茶宴中，不管是红茶、绿茶，或是白茶、黄茶，或是青茶、黑茶，悉数皆备。馆藏茶叶珍品多达数十吨，以供顾客选用。秋萍茶宴中，无论是冷盘、热菜、汤菜，还是点心，道道菜中无不有茶。由于菜中含茶，菜和茶中的各种营养成分可以补充人体所需营养，有利于促进人体健康。名茶的介入使得普通菜肴身价提高，茶叶嫩芽的入菜更使“吃茶”变成了现实。中国六大茶类的绿茶、红茶、青茶、黄茶、白茶、黑茶的巧妙应用使茶宴五彩缤纷，各种菜肴所呈现出的五颜六色来自自然的茶叶本色。茶之色、茶之香、茶之味、茶之形、茶之韵、茶之性、茶之魂的七彩斑斓、千姿百态，转化出一道道精美绝伦的艺术菜肴。品尝秋萍茶宴，让人们把饮食变成一种享受生活的过程，让人们有了畅所欲言的话题，让人们轻松自如地沉浸在幸福快乐之中。有时茶宴馆还安排文艺演出，宴前的茶道茶艺表演，为满座宾朋增添了饮食的情趣。正如《秋萍茶语》所说：“茶宴馆没有酒家的喧哗，只有茶在传递人间的温情。”“茶宴让您吃出一份健康，吃出一份精神，更重要的是吃出一份好心情。”

## 二、不同凡响的秋萍茶宴馆

秋萍茶宴馆的不同凡响之处表现在哪里呢？

首先，是把茶馆与宴会厅两个不同类型的企业结合得天衣无缝，让顾客收到一举两得之便。秋萍茶宴馆是一个享誉中外的独特品牌企业。多年来连续被中国茶叶协会、中国茶道专业委员会评为全国百家茶馆和特色茶馆；2005、2006、2007 年连续被 *Shanghai Tatler* 杂志读者选为上海最佳餐厅；2012 年荣获“全国十佳茶馆”殊荣，在茶馆业和餐饮业威名远扬，这是秋萍茶宴馆实至名归的必然结果。一位顾客在网上说：“该餐厅是地道的‘茶’餐厅，有十几年的历史啦。所有菜都和茶相关，不同的菜与不同的茶进行烹饪，使人吃后感到不油腻。另一方面，餐厅可以根据用餐人数，定制菜肴的量，达到点餐量的恰到好处。此外，所有的菜的菜名都取自杭州西湖的景色或者唐诗词句，因此，使菜式具有了色、香、味的风格。”汤卉偲网友说：“口味真的是很好，吃过了绝对会来第二次。”

其次，是把茶宴馆做得有声有色、两全其美，让企业和来宾坐享双赢之利。秋萍茶宴馆于1994年首创了“西湖十景”经典茶宴，备受海内外人士的青睐。中央电视台1995年拍摄的52集《话说中国茶文化》栏目中将它列为“中国一绝”。以后相继有《新民晚报》《新闻报》《中国商报》《解放日报》《文汇报》等多家报纸报道了具有中国饮食文化特色的秋萍茶宴馆，高度评价“茶宴”为“可以吃的文化”，使秋萍茶宴馆声名大振。1998年同济大学出版社专为刘秋萍女士出版《中国茶宴》一书，进行了广泛介绍。2002年日本朝日电视台跟踪秋萍茶宴馆，作了为期一周的直播报道，将“茶宴馆”推向世界。接着，德国电视台、韩国电视台、日本NHK等国外知名电视台都纷纷作了报道，使秋萍茶宴馆的知名度不胫而走。秋萍茶宴馆的服务质量是有口皆碑的。请看网上的食家评语：“这家店很有中国特色，从它的店名就不难看出，应该都是跟茶有关系的吧，菜的特色相对属于偏轻淡的，太极碧螺羹蛮有特色的，虽然我也吃不出好坏来，不过上来就闻到有股淡淡的香味儿，口感也不错，龙井虾仁这道菜摆盘做得很漂亮，虾仁很大，肉质坚实，平时吃重口味的多了，偶尔尝下清淡的味道也不错。”另一位顾客在网上说：“秋萍茶宴馆这家店真的很具可吃性和常吃性。”“服务员的服务态度那是好得没话说啊，素质真的很高。”

最后，是融入了茶宴文化的真谛，把普通饮食从物质享受的层面上升到精神享受的层面。茶宴馆随处可见的字画、瓷器、古董、奇石，凸显出茶宴馆特有的文化品位，未品香茗已有几分醉意。馆内的阳光中庭可容纳60～80人；大包房三个（黄金溪、美丽道、百年殿），中包房五个（观音堂、绿雪芽、黄茶院、祁红轩、狮峰岭）。在这里用餐，只敬茶不敬酒。通过品尝香茗，会友交友，畅叙情怀，增进友谊，使人心旷神怡。“品茶不言茶，成宴不喧哗；茶味于菜中，茶魂于礼中，君子之交，谦和温婉，轻言细语，灵犀会意。山不在高，水不在深，以茶为媒，以宴结缘，这就是秋萍茶宴文化的待客之道。”王微微网友评论道：“看了东方网的报道，慕名而去。菜的式样特别精致，造型像艺术品，每款菜吃下去都有些淡淡的茶香。太极羹味道很好。小姐会站在旁边跟你讲述每款菜的原料和特色,感觉很好。他们老板精通茶道,还听他们老板讲了半个小时的茶道,既吃到美味又增长了见识,感觉很超值!”因为这里的老板懂茶通茶爱茶,所以茶宴馆茶意盎然;因为光顾这里很超值,所以回头客很多;因为这里服务周到,性价比很高,所以来的人自然络绎不绝了。

## 三、文化熏陶的秋萍茶宴馆

“茶宴”二字久负盛名,历史悠久。秋萍茶宴馆从命名到内涵都传承了“茶宴”的历史渊源和文化品位,因而展现出迷人的文学色彩,散发出浓郁的文化气息。

追根溯源,早在三国时期(公元220—280年),就已经有了“密赐茶以当酒”之说,即以茶待客,这大概就是茶宴的前身吧。“茶宴”顾名思义就是以茶代酒宴请宾客。“茶宴”一词最早出现于南北朝山谦之的《吴兴记》一书:“每岁吴兴、毗陵二郡太守采茶宴会于此。”到了唐代,茶宴逐渐正式化。唐代“大历十才子”之一的钱起作了一首诗《与赵莒茶宴》,反映了茶宴的礼仪场面。据北宋朱彧的《萍洲可谈》记载,当时“太学生每有茶会,轮日于讲堂集茶”。茶宴的出现,刺激了茶食的发展。以后,茶食传入民间,在北京、上海、南京、广州、成都等地的茶馆里,茶食不仅品种多而精美,而且各地自有特色。除茶馆外,茶食在民间习俗中也有一定的地位。可见茶宴始于南北朝,兴于唐代,盛于宋代,在我国具有悠久的历史,有着深厚的文化底蕴。

走进秋萍茶宴馆,使人感受到一种强烈的文化氛围。

“文学菜名”是秋萍茶宴馆的亮丽风景线之一。秋萍茶宴馆所推出的茶菜,道道都有优雅的名称,富含文学色彩,每道菜的色香味和茶的特质搭配都很讲究,吃一顿茶宴,不仅享受到色香味的美感,而且领略到中国优秀传统文化的深厚内涵。一位网友说:“‘碧螺春太极羹’这道菜的样子非常特别,碧绿与乳白色的汤汁混成了太极的形状,里面加了货真价实的碧螺春,既美味又可降火、降脂。而且每桌的VIP(贵宾)可以享受在小碗里也形成太极图的待遇;‘茶农春运’,一个个锦囊状的烧麦非常精美,皮薄而软糯,里面包着香菇、松子等,有着素食的鲜香。土鸡汤号称熬了48小时,非常鲜美。”可以说,秋萍茶宴是中国传统文化与饮食文化的巧妙融合，人们在饮食补充营养的同时，提升了文学艺术的品格修养。

“西湖十景宴”是秋萍茶宴馆的亮丽风景线之二。1994年秋萍茶宴馆首创了“西湖十景”系列茶宴，诸如三潭印月、花港观鱼、柳浪闻莺等，深受顾客欢迎，逐渐成为最经典的菜肴。一位顾客在网上说：“这是一家以茶道和诗词文化为卖点的店。最喜欢的菜是柳浪闻莺，就是冷菜拼盘，有猪耳、虾、白片肉、鹌鹑蛋、苦瓜、香干，都是用茶汁腌制的。尤其喜欢里面的茶汁虾！”顾客一边品尝着美滋美味的各式菜肴，一边领略到美轮美奂的名胜古迹，就像在祖国的大花园里遨游，平添了情趣，打开了话匣，增加了食欲，其趣浓浓，其乐融融，其味无穷。

“古诗意境宴”是秋萍茶宴馆的亮丽风景线之三。2004年秋萍茶宴馆又隆重推出文化色彩更浓的“古诗意境宴”。著名诗人李白、杜甫、苏东坡、张继等人的千年古诗化作了美味佳肴，优秀的传统文化让普通饮食真正变成一种美味艺术。网友“嘴上狂欢”作了如此描述：“比如经典古诗宴‘姑苏城外寒山寺’‘飞流直下三千尺’‘好竹连山觉笋香’‘夜半钟声到客船’。你看‘窗含西岭千秋雪’先用茶汁把鲜贝的腥味去除，将蛋清打匀，倾倒入未开的水中氽成片状，再加入鲜贝、茶汁与高汤煨，吊出鲜味，盛于盘中代表‘千秋雪’，再将鳝丝用茶汁、盐等浆好，拍上生粉放入油锅炸，再浸入麦芽糖与醋调的汁中，捞出即成‘西岭’。将胡萝卜雕成‘窗’，配上脆鳝即成。满盘的雪景真是美不胜收，脆鳝口感甜中带酸，配合鲜贝蛋清的清鲜，可谓意、味两相投。”中华民族的文化与菜肴的珠联璧合尤其让许多外国友人赞叹不已，《大公报》、东方网、“上海星期三”等媒体对“古诗意境宴”的创意给予很高的评价，使中国茶宴的热潮一浪更比一浪高。2004年，秋萍茶宴馆荣获“上海首届餐饮博览会”金奖。

“经典本帮宴”是秋萍茶宴馆的亮丽风景线之四。此席本帮宴八冷九热一汤菜，两道点心茶表演，既包含了茶的成分，又包括了上海本帮菜部分经典名菜。经过多年精心研发烹制，特别是加入茶叶元素后，在保持本帮菜“浓油赤酱”的色面和别具特色的“上海味道”的基础上，使本帮菜更加精致爽口、有益健康。例如黄茶油爆虾、祁门红烧肉、三鲜功夫汤、铁观音酱鸭、普洱门腔等菜谱，以茶元素与本帮菜的融合为切入点，突出了“经典本帮菜茶宴”的特点。正如网友“嘴上狂欢”在《好人干净　好茶单纯》中所说：“好的茶菜是这样的，它利用茶来对菜进行扬长避短的修饰。比如，以茶叶做调料去腥，去膻，去臊。举一个例子来说，秋萍茶宴馆的招牌之一便是祁门红烧肉。本帮的浓油赤酱既是优点也是缺点。这时候就需要茶来扬长避短，用红茶替代酱油，少油、少糖、少味精绝不等于无味。之所以我们还常念 20 年前吃到的那口红烧肉是因为当时的酱油没有那么多的添加剂，最简单也最好味。用红茶来去除肉的腥膻味，还以肉的本味，味蕾开始变得清晰，层次分明，那股纯粹的肉香味带领你的记忆开始穿越。等到吃完肉之后，回味那种不觉油腻的感觉才是茶味。”网友的评论充满了真情实感，把茶宴本帮菜的特色描绘得淋漓尽致。

“国茶研习院”是秋萍茶宴馆的亮丽风景线之五。创办国茶研习院是茶宴馆档次的又一次提升，旨在打造茶艺资质师的培训平台，让学员们达到“识茶性、顺茶性、驭茶性”的境界，弘扬中国茶文化。“国茶研习院”目前开设“九五至尊大师班”“茶企特邀班”等课程，以满足不同层次人士的需求，不论是已经具备一定茶艺技能的学员还是零基础的学员，通过课程的学习都能让自己的技能和认识得到较大提升。院内陈列着刘秋萍女士几十年来的茶叶珍藏，摆放着她自创的数款茶席。有数百种中国名茶，有 100 多年的清代茶膏、60 年的普洱、带有凤凰标志的米茶砖、几十种国内罕见的绝版茶，学员们可以在橱窗里观赏难得一见的茶叶珍品，领略中国茶文化的精髓。国茶研习院可容纳 50 人，致力于中国上千个茶叶品种的研究传播，为茶艺师培训、茶企研究，茶友深入学习搭建平台，以专业知识和技术传播中国博大精深的茶文化，让更多人喝到好茶、会喝好茶，感受到好茶带来的好处。

社交活动是秋萍茶宴馆的亮丽风景线之六。在这里可以开展丰富多彩的社交活动，有艺术交流、摄影、评弹交流、旗袍秀、减肥健美等。在秋萍茶宴 20 周年庆典之际，举行了“九五至尊大师茶——高峰论坛”和“大师面对面之六大茶类品尝专场”等系列活动。刘秋萍女士和国家非物质文化遗产“湖南千两茶制作技艺”传人肖益平以及湖南省茶业有限公司副总经理吴浩人出席了此次会议，并与茶友进行现场互动，解读茶叶各种的常识和内涵，增进了人们的友谊，促进了茶文化的普及。一片茶叶，蕴含五千年文化，是中华民族的瑰宝。

《秋萍茶语》是秋萍茶宴馆的亮丽风景线之七。《秋萍茶语》饱含哲理，意味深长，耐人寻味，发人深省。请君不妨看一看、想一想：“泡茶讲温度，亲情讲深度，友情讲广度，爱情讲纯度。玩茶是潇洒，玩人是痛苦。中国人烟、酒、茶不分家，但最终陪伴您走完人生的肯定是茶。”“茶是淡淡的君子，它陪伴在您的周围，若即若离，但却不喧宾夺主。茶像一把熨斗，可以熨平您心中的烦恼。”“一杯香茗写尽五千年的春秋。人生与茶相随，恬淡宁静保太平。心中欲火中烧，可用茶做良药。脚底生风活百岁，草中之英日日随。人生何处不相逢，一世情缘系茗心。”“人追求生命中的辉煌，茶也有瞬间的辉煌，茶瞬间的辉煌带给人的是一种完美的视觉上的冲击和感官上最舒适的享受。一泡好茶应该是清香、甘甜、滑爽，饮后齿颊留香，回味无穷。”《秋萍茶语》是作者领会茶的真谛后的人生感悟，相信对读者也会有深深的启迪。茶如人生，人生如茶。从这个意义上说，人们在秋萍茶宴馆的每一次经历，不就是人生旅途的又一次修炼吗？

我在秋萍茶宴馆小憩一日，真切感受到了茶宴的氛围、茶宴的滋味、茶宴的韵味、茶宴的回味。于是乎，我流连忘返。

衷心祝愿具有海派特色的秋萍茶宴馆一天天兴旺起来，一月月红火起来，一年年腾达起来！

（原载《上海茶业》2013 年第 4 期）

# 上海古峰茶业有限公司的发展之路

2018年9月16日，安徽省茶业学会、上海市茶叶学会等单位主办的“第十五届长三角科技论坛茶产业专题分论坛”会议在安徽舒城县召开。正值毛主席视察舒茶60周年纪念日，全国政协常委、安徽省政协副主席、安徽省茶业学会名誉理事长夏涛讲话；舒茶镇党委书记褚进宏作纪念活动主旨报告。安徽省茶业学会副理事长丁以寿赠送著名茶学家王镇恒教授、八九茶人题词：“舒茶精神永放光彩。”上海古峰茶业有限公司赵定宝有幸参加了这次会议，并作为上海市茶叶学会的代表做了交流发言。

赵定宝是安徽人，又是新上海人，是上海古峰茶业有限公司的董事长、总经理，26年来他走出了一条成功之路。

## 一、上海古峰茶业有限公司的可喜成绩

### （一）只身闯荡上海站稳脚跟

1993年9月，赵定宝28岁，自筹和外借资金5000元，打起背包，只身来到上海闯荡江湖。如今，这个来自皖南山区的新上海人，买了房子，有了上海户口，生活稳定，企业发展，事业红火，安居乐业。初到上海嘉定时，他找了一间10平方米的小店，开始了茶叶经营。那时可真苦啊！父亲所在的安徽国营麻姑山茶场为他提供了价值1万多元的茶叶，可以销售以后再付货款，这对于他来说是多么可贵的“第一桶金”啊。嘉定区人员密集，小茶馆多，居民有饮茶习惯，所以他选择在这里经营。开始时，单一销售宣城叶家湾麻姑山茶场产品，如翠魁、翠芽、炒青、毛峰等，以经营绿茶为主，以后逐步发展到做龙井茶、黄山毛峰、祁门红茶等，销售的茶叶种类越来越多，品种齐全，名目繁多，琳琅满目。经

过白手起家，站稳脚跟，企业改制，及时转轨，稳扎稳打，转变经营机制，历经千辛万苦，终于走上了适应市场经济规律、保障企业稳定发展的良性循环之路。

### （二）企业从小到大从弱到强

从初到上海时既要生活又要经营的一间10平方米小店面做起，年复一年，发展壮大，到现在有了自己的厂房和茶叶机械设备，集加工、质检、冷藏、配送与办公在一起的2000余平方米的总部；从开始的一个小茶铺，到如今30多家门店的连锁店；从最初的几名员工，到目前近百名员工；从只销安徽茶到经营全国茶，赵定宝实现了“做天下最好茶人”的梦想。

### （三）专心致志做上海市场特色茶

为满足天下茶道中人，古峰茶业始终坚持选择优质茶源，与各地著名茶企建立长期稳定的合作关系，有效地确保了古峰茶业的优良品质和纯正口感。古峰茶业主要经营黄山毛峰、太平猴魁、六安瓜片、西湖龙井、洞庭碧螺春、安溪铁观音、云南普洱茶、武夷山大红袍等名优茶，在业界享有“中国优质名茶精选商”的称号。由古峰茶业在安徽宣城溪口镇的基地生产的历史名茶“宣州云雾”，2008年以来连续被上海市茶叶行业协会评为“上海市场特色茶”。多年来上海古峰茶业有限公司获得了多项殊荣，如“价格诚信示范单位”“嘉定区放心店单位”“上海市安徽商会副会长单位”“上海市茶叶行业协会理事单位”“上海市茶叶学会会员单位”“上海市茶业行业优秀品牌企业”等，在上海市广大消费者中享有一定声誉。

26年来，古峰茶业之所以发生翻天覆地的变化，就是坚持“以质量求生存、以品牌谋发展”的宗旨，使企业在激烈的市场竞争中赢得了一席之地；就是坚持“永远满足天下茶人”的服务理念，使企业从无到有、从小到大、从弱到强，实现了从家族企业到有限公司的发展“裂变”。

## 二、上海古峰茶业有限公司的主要经验

### （一）以差异化竞争为导向

要在竞争异常激烈的上海茶市立于不败之地，必须摆脱同质化竞争，而以

差异化竞争为导向。上海古峰茶业力求做到“人无我有，人有我优，人优我精”，努力打造出“上海人自己的茶品牌”，形成自己独特的企业品牌效应。为此，他们不惜投入大量人力、物力和财力，终于成功地研制出“海派茶道”系列。此茶为适应“上海人的口味”，从六大茶类中各精选出一款，如“梅家坞龙井”“溪口兰香”等，均冠以“海派茶道”之名，分“天字号”“地字号”“良字号”三个不同档次，无论是外包装还是内在质量都注入了“上海元素”。因此“海派茶道”系列投放到市场后，很快便受到本地及国外茶客的热捧，每年销量都在2万份以上。

### （二）以商品质量优势取胜

古峰茶业由于品质保证，价格实在，恪守信誉，顾客至上，得到了广大客户的认可，许多客户情愿往返走路，也要到古峰茶业公司购买茶叶。上海茶市近几年虽然低迷，但在公司总部的运筹帷幄之下，古峰茶业采取多项有效措施，在发展自己品牌的同时，销售品种由原来的900多个增至1500多个；与国内各大茶企合作签订经销代理协议，例如与黄山谢裕大、昆明七彩云南、湖南白沙溪、福建正山堂茶业、大沁白茶、安徽黄魁茶业及恒福茶具、希诺杯业、汉唐茶文化等一大批企业合作，让消费者增加了产品的选择范围，同时也带动了营业额的增长，并取得了良好的经营业绩。

### （三）以市场经济规律引导

在商场如战场的新形势下，茶叶企业要生存壮大，必须遵循经济规律，树立正确理念，才能战而胜之。

1. 坚持“专心、专一、专业”经营理念

专心就是一辈子只做茶业，一心一意从事茶叶事业。赵定宝认为，企业不在于做多大，只在于做多久。上海古峰茶业志在打造百年老店，坚持在26年的基础上继续做下去。坚信最简单的事情只要做到极致就是别人没有的绝招。

专一就是在业务上不做其他产品，只是专做茶叶。一辈子能把茶叶这一件事做好就很不容易了，还要不断学习、不断实践，增长知识，增长才干。

专业就是在本行业中突出自身的职业个性。要加强自身的领导能力、团队能力、业务能力、管理能力、科技能力等，适应本职业的发展需要。人的精力是有限的，到处都要伸手，精力就分散了，什么事情都做不好。所以，他们建立了专业的采购团队、加工团队、经营团队，由高级品茶师把好质量关。他们肩负着自身企业的发展重任和近百名员工的希望，承担着应有的社会责任，只有竭尽全力把茶叶专业做好，才能在市场竞争中稳步前进。

2. 坚持制度“管人、管事、管物”机制方法

公司建立健全各项规章制度，通过严格纪律、严格要求、严格管理，实现了靠制度管人、管事、管物，使企业有了保障机制。

他们坚持每年召开年会，汇报分析经营情况，总结产销经验教训，激励先进，弘扬正能量。坚持每两个月对每个门店进行一次检查。通过制订计划目标，实行考核奖惩，激励员工的工作热情和工作效率。公司还决定到安徽宣城溪口镇茶叶生产基地召开现场会，对生产经营活动进行沟通交流，通过抓制度、抓管理，促进企业的发展进步。

3. 坚持“七个统一标准”规范行为

古峰茶业严格按照“七个统一标准”规范生产经营和员工行为，坚持一抓制度，二抓管理，保证了企业的健康发展。“七个统一标准”是：统一采购进货，统一审评加工，统一商品质量，统一明码标价，统一装修风格，统一门店管理，统一员工服装。他们在“七个统一标准”基础上，将通过不断创新，促进企业标准化管理，扎根申城谋求新的更大发展。

## 三、上海古峰茶业有限公司的合理化建议

### （一）茶叶内在品质亟待提高

在计划经济向市场经济的过渡初期，个体企业兴起，有的人目光短浅，急功近利，粗制滥造，给茶叶质量造成了不好的影响。2005 年起，以谢裕大、王光熙为代表的徽茶大企业，以其产品特色和高质量，扩大了徽茶的影响力。但是徽茶的采摘时间偏晚，例如，猴魁谷雨开采，宣州云雾茶清明后开采等，造成嫩度不如别的名茶，外形松散，不便于贮藏、拼配、运输，损耗大。条茶的外形偏长偏大，没有揉制形的茶叶香高、味浓、好喝。这些都必须根据市场需求加以改进和提高。

## （二）徽茶市场竞争力亟待增强

上世纪末，在上海茶叶市场，安徽宣郎广的茶叶销售量约占50%，涌入上海的茶商有几千户。2000年，黄山、大别山、峨桥的茶商大量涌入上海。后来市场作了调整，大浪淘沙，涌现出福建安溪、武夷山茶商，浙江金华、杭州一带茶商，云南普洱、西双版纳地区茶商，竞争十分激烈。安徽茶叶销量下降，竞争力减弱。浙江龙井茶地位稳固，普洱茶、安吉白茶、正山小种等也是必卖茶品，尚有一些老店还在卖徽茶。当下，徽茶的市场占有量约20%。一是由于徽茶品牌杂、品种多、小而散，形成不了影响力。二是由于安徽大型茶博会少，宣传力度不够，没有把全国各地的茶商吸引过来，扩大自己的影响。有人说"安徽茶出不了省，出了省销不好"，这话值得思考。为此，要促进安徽茶业的发展，必须想方设法提高徽茶在上海市场的占有率，增强徽茶的市场竞争力。

## （三）优质老茶树品种亟待保护

近来许多地方在改造茶树品种，一哄而起，把一些优质老茶树也挖掉了。老茶树品种有传统优势，有质量优势，有市场优势，做出来的茶叶受到顾客的青睐，不能失传，要保持下去。宣城溪口"高山茶"是老祖宗留下来的，是用老茶树品种做出来的优质茶，在新一代手里要延续下去。优质老茶树品种一定要保护好，不能断根。

总之，在未来的发展征途中，赵定宝团队将继续遵循"诚信经营，品质领先，取众之长，稳健发展"的原则，紧紧依靠各界同仁的鼎力相助，开拓创新，锐意进取，努力实现公司发展的新跨越。赵定宝的朋友给他写了一副对联贴在大堂："定须妙造登高境，珍重丹诚现宝光。"但愿借朋友的吉言，上海古峰茶业有限公司的"定宝茶叶"能百尺竿头，更进一步。

（原载《上海茶业》2018年第4期）

# 记“臣信茶业”

“臣信茶业”位于大宁国际茶城三楼。经理人诸葛少峰女士是上海市茶叶学会早期创业班自主培养的十名学员之一。

“臣信茶业”经营项目分为两大类：一类是茶具，另一类是器皿、工艺品和茶叶（包括绿茶、红茶、白茶、青茶等）。其经营模式是店中店，其经营风格是多种经营。店中店“臣信茶业”原来有十个经营模块，主要有茶叶、茶具、茶文化用品、书籍、器皿和工艺品等。目前，经营范围已经整合为四个模块。其最引人注目的特点和形式表现为茶叶学会创业班学员学以致用、学用结合、自主经营的大胆尝试。创业班学员目标明确，服务为民，自力更生，自主创业的精神是十分感人的，也是值得提倡的。经理人诸葛少峰女士对工作满腔热忱，精益求精。她把在创业班培训时学到的知识灵活运用到工作实践中去，把茶叶营销与茶具营销有机地结合起来。她坚守顾客第一、信誉第一的信条，搞活了经营，提高了效益。

在人山人海、熙熙攘攘的茶城中经营茶具，可以说是一种相得益彰之举。在五千年中华名茶的浓浓氛围中，加上两千年中国瑰丽陶瓷的点缀衬托，使名茶和茶具同舟共济，互相辉映。好茶配好壶，茶具更耀眼，名茶更生辉。茶具要泡好茶，饮茶不离茶具。“臣信茶业”经销的茶具来自景德镇。主要有四个品牌：玉春堂、九段、三原色和敬畏堂。其经营的产品以玉春堂、九段、三原色等品牌为主，而以敬畏堂品牌为辅。其经营的茶具种类有茶罐、茶壶、茶杯、盖碗等；瓷器品种有玲珑瓷、粉彩瓷、斗彩瓷、青花瓷、釉里红等系列。茶具是经过拉坯吹釉，采用手绘图案，并在1380度的高温下烧制而成，做工细腻，质量上乘。茶具质量优良，品种多样，丰富多彩，价廉物美，尤其是骨彩隐青瓷茶具更受顾客青睐。

景德镇瓷器既是日用品又是艺术品，既非常实用又极其美观。五彩缤纷的彩绘，典雅秀丽的青花，玲珑剔透的薄胎，斑斓瑰丽的色釉，巧夺天工的雕塑，无一不是中华文化艺术的瑰宝。这些绮丽多彩的名贵瓷器，长期以来通过各种渠道，沿着陆上“丝绸之路”、海上“陶瓷之路”，“行于九域，施及外洋”，为传播中华文化艺术，与外邦经贸交往，发挥了积极的推动作用，对于世界文化的丰富和发展，作出了重大贡献。

莹莹白玉瓷，漫漫芳菲路。中国瓷器历史悠久，源远流长。我国是瓷器的故乡，号称“瓷器之国”。英语 CHINA，既称中国，又指瓷器。瓷器是“泥琢火烧”的艺术，是人类智慧的结晶，是全世界共有的财富。中国的瓷器在国人和世人的心目中有着崇高地位，有着良好的实用价值、美妙的观赏价值、升值的交换价值和永恒流传的收藏价值。景德镇是“瓷都”的代表和象征，制瓷历史悠久，瓷器精美绝伦，闻名于世。景德镇在唐代就烧制出洁白如玉的白瓷，有“假玉器”之称。在宋代，宋真宗皇帝以自己的年号景德赐予景德镇，在御赐殊荣之后，景德镇陶瓷驰名天下。尔后，历经元、明、清三代，成为“天下窑器所聚”的全国制瓷中心。景德镇瓷业发展到元代，工艺上出现了划时代的变革，继宋代创制青白瓷后，又创烧成功具有高铝氧成分的白瓷、青花瓷、釉里红、青花釉里红等新品种，结束了我国瓷器以单色釉为主的局面，把瓷器装饰推进到釉下彩的新时代，形成了鲜明的中国瓷器特色。明代是景德镇陶瓷的鼎盛阶段之始，陶瓷艺术集历代瓷艺精华，取得了更高的发展。时至清康、雍、乾三朝，陶瓷的发展跃为历史之巅。景德镇陶瓷以其“造型优美，品种繁多，装饰丰富，风格多姿”而著称，名声远扬，久盛不衰。两千多年的制瓷历史，丰富的陶瓷资源，绚丽的陶瓷艺术，加上陶瓷文化和技艺的深厚积淀，为景德镇奠定了举世公认的“瓷都”地位。

陶瓷是景德镇的立市之本、称都之源。由于景德镇具有古老的制瓷传统，广大瓷工身怀绝技，在极其艰难困苦的情况下，奋力发展以手工技艺为特色的仿古瓷、美术瓷生产，坚持与外国机器制造的日用瓷抗衡。景德镇瓷器行业人才济济，不仅有陶瓷学院、陶瓷工艺美院，而且有着众多的瓷器世家和专业技术人才。景德镇瓷器保持了中国瓷器在国际上的声誉，显示出强大的生命力。郭沫若在景德镇考察时曾经写下了“中华向号瓷之国，瓷业高峰是此都”的名句，称颂景德镇瓷业所作出的巨大贡献。

在深入改革开放的新形势下，景德镇制瓷工艺传承了自身优秀的传统，吸收了国内瓷艺的精华，借鉴了国外瓷艺的技法，使瓷器制作达到了一个新的高度。景德镇艺人学习他人之长，提高制瓷技艺，发展和创造了很多新工艺、新技术和当代绝技。景德镇品牌在传统的基础上创新发展，已经打造成为全国最大的瓷器商品集散地和瓷器会展中心。景德镇以项目建设为重点，以日用瓷器为主体，以艺术瓷器为重点，以创意瓷器为特色，将“发展低碳陶瓷，打造绿色瓷都”作为战略抓手，以高新技术陶瓷为核心竞争力，改革开放，转型发展，做好品牌，做大总量，提高创新能力，加强节能减排，推动了我国陶瓷业的可持续发展。

目前景德镇陶瓷的生产格局是做大生活用瓷和陈设用瓷的总量，促进陶瓷业的快速发展。景德镇陶瓷素有“白如玉，明如镜，薄如纸，声如磬”之称，其造型轻巧，外观秀丽；装饰多样、巧夺天工；瓷质优良，品种齐全，曾经达到三千多种。景德镇陶瓷在装饰方面有青花、釉里红、古彩、粉彩、斗彩、新彩、釉下五彩、青花玲珑等，其中尤以青花、粉彩产品为大宗，颜色釉为名牌。釉色品种繁多，有青、蓝、红、黄、黑等种类。仅红釉系统，即有钧红、郎窑红、霁红和玫瑰紫等，均用“还原焰”烧成。我国古代陶瓷在釉色方面素有崇尚青色传统，以青为贵。有一种青白瓷在坯体上大面积刻有暗花纹，薄剔而成为透明飞凤的花纹，内外均可映见，釉而隐现青色，被称为影青瓷或隐青瓷。

“臣信茶业”的茶具是产地直销的，流通成本很低；有些产品是定制加工的，客户满意度很高。景德镇瓷器茶具不仅特别适合泡茶使用，而且非常美观大方，使人赏心悦目，并且极具收藏价值和升值空间，也是礼尚往来的最佳赠品。这里的茶具款式新颖，品种繁多，很受顾客欢迎，回头客较多。由于“臣信茶业”的茶具接地气、有人气，所以常常顾客盈门、供不应求。作为景德镇瓷器直销店，“臣信茶业”的茶具质量第一，品种齐全，式样新颖，价格公道，深受顾客赞誉。

（原载《上海茶业》2014 年第 4 期）

# 清风人家 风清宜人

上海"清风人家"是一家专业化的中式茶馆。清风人家茶馆自2000年创办以来,以其特有的风格深受市民的欢迎和认可。之后,在法人代表兼董事长曹四平和总经理彭钢的带领下,公司不断开拓创新,迅速占领了上海中式茶馆市场,一步步成长为全国知名的连锁管理企业。公司于2006年、2008年和2010年连续三次被中国茶叶流通协会授予"全国百佳茶馆"称号,并被评为"上海市十佳茶馆",于2010年荣获上海茶叶学会授予的"中国世博十大名茶指定茶馆"。清风人家茶馆以古典时尚的装修风格与现代自助式茶食文化相结合,在中式茶馆行业中开辟了一条全新的产业化道路。经过十多年的发展,清风人家在上海和江浙地区已拥有27家门店,成为上海乃至全国著名的中式茶馆品牌,而且规模还在不断扩大。

"清风人家"具有独到的经营理念:它把传承和发扬中国传统文化作为公司的经营理念和宗旨。体现"茶文化+自助美食+商务空间+休闲天地"的四位一体风格,打造宾至如归的尊崇享受空间。它以古朴典雅的环境装饰,历史悠久的古董家具,精致古典的品茗茶具,浓香飘逸的中国茶饮,以及本土特色的小吃美食为特色,汇集中国传统的六大茶类,同时集养身茶、保健茶、欧式红茶、西式咖啡于一体,且免费无限量供应近百种干果、煲汤、冷菜、中式广式点心、时令水果等,在中式茶馆行业中独树一帜,被誉为家庭、公司之外的古典第三空间。

"清风人家"具有独到的文化特色:大力倡导"茶为国饮"的健康长寿之道,以精湛的茶艺和深邃的茶文化陶冶顾客情操,以古典第三空间陶醉顾客心扉,以体贴入微的个性化服务让顾客陶然于"清风"之中。"清风人家"的品牌形象已经深入人心,成为消费者会客、宴会、小酌、商务谈判的第一选择。

"清风人家"具有独到的管理团队:该公司由美国哈佛商学院MBA、美国哈佛商学院上海校友会主席彭刚先生担任总经理,并汇集了国内餐饮行业的一批精英和高级商务职业经理人，共同组成了公司中高层的精英管理团队，同时汇集了大量拥有多年茶馆管理经验的门店管理人员。

“清风人家”具有独到的先进技术：该公司的技术团队由毕业于美国加州大学的CTO领导，曾在美国最大的网络服务提供商之一 Earthlink 公司担任 start.earthlink.net 系统架构师和项目总负责人。公司技术团队具有丰富的企业业务系统及数据库研发经验，精通网络系统的设计与开发，并自主研发、独创了符合中式茶馆营运需要和餐饮功能的管理模式。

“清风人家”拥有超大面积的仓储空间、强大的配送体系，以及专业的仓储、物流管理人员，保证门店货物即申即送，并拥有近百家长期合作供应商及采购网络，负责门店货物、日常用品的供应，使公司可以随时根据季节变化进行食品的更换和调整。

“清风人家”茶馆始建于明末清初的南汇。2005 年 1 月 5 日，由当地政府委托清风人家投资管理有限公司投资改造，经过若干年的整合，形成了今天的“清风人家茶馆”体系。百年的历史传承，现代的管理理念，造就了“清风人家”茶馆的四大文化精髓——古、雅、真、趣。

所谓古，就是延续了我国传统的明清式装修格局，采用传统的手工艺木门、花窗，以百年老店为样板，融合了部分现代艺术元素，将江南人家的特色，水乡的风情，苏杭的风月，千年的中国文化，浓缩在茶馆之中。

所谓雅，就是幽深的长廊，变幻的窗格，随处可见的书画古董，当代名家的紫砂作品，艺术大师的作品等精神物质珍品，传递着中国文化的优雅和品位。

所谓真，就是真品，真迹，真味，真情。真品，茶馆内的陈设全部由明末清初时的真品组成。真迹，名家作品展示，都是名家亲工，来历明晰，并有名家亲笔签名证书。真味，茶馆聘请各地茶艺和厨艺高手，亲临指导，使店内的中式点心、广东点心、冷菜拼盘、香粥甜汤等食品取各路菜系之长，深得美厨真味。真情，秉承以人为本理念，优化培训体系，造就一支训练有素的服务团队，把清风人家的真情，通过优质服务传递到顾客心中。

所谓趣，就是置身在“清风人家”茶馆之中，顾客不难发现，茶馆的布置装潢是一种整体化的造景风格，由无数个独立的局部景致融汇成浑然一体的完整结构，让顾客感受到江南园林的温馨和趣味，从而乐在其中，其乐融融。

这就是著名的“清风人家”，这里有一百年来的历史传承，这里有十多年来的辉煌业绩。

人们不禁要问：为什么“清风人家”具有如此魅力呢？因为，在全面建设小康社会的新形势下，人民向往更加美好的幸福生活；在社会主义和谐社会的大背景下，人民需要更加快乐的生活环境；在以人为本的指导思想下，人民追求更加优越的生活质量；在努力实现中国梦的新一轮社会经济大发展中，人民渴望自由自在的原生态的生活。“清风人家”的“茶文化＋自助美食＋商务空间＋休闲天地”的四位一体风格，正是适应了大众的愿望和需求。人们从茶文化中看到了“精行俭德”的茶道精神，从饮茶中得到了延年益寿的切身体会，从茶馆中享受到以茶交友的人生乐趣。人们从自助美食中摄取了各类营养成分，满足了各种口感体验，也符合自助饮食的卫生要求。人们从商务空间里达成了合作经商的相互配合，在快乐中工作，在快乐中生活，达到了共赢的效果。人们从休闲天地里获得了焦虑情绪的调节、紧张肌肉的缓解、过劳思维的放松、相互关系的协调。一旦进入“清风人家”，顺利的事情接踵而来，麻烦的事情相继而去，何乐而不为呢？因为人们的浮躁心态需要清风清醒头脑，人们的内心焦虑需要清风改善情绪，人们的激烈竞争需要清风降低温度，人们的过度劳累需要清风减轻疲劳，这就是大势所趋、众望所归。由于“清风人家”提供了一种风清宜人的舒适环境，自然而然地成为众人之家。这真是：

清风人家，风清宜人。以茶会友，友谊长存。

品尝香茶，赛过神仙。淡泊名利，宁静致远。

悠然自得，心清气爽。聚会休闲，相得益彰。

（原载《上海茶业》2013 年第 2 期）

# “上海一润”名扬上海

6月1日，第25届上海国际茶文化旅游节在上海展览馆拉开帷幕。翌日，主办方举行了一场“来凤藤茶推介会”。湖北省来凤县杜建斌副县长、来凤县农业局邱克柱局长、上海一润茶业有限公司周东香董事长分别介绍了来凤藤茶的情况，使人耳目一新。

来凤藤茶产于湖北省恩施土家族苗族自治州来凤县，又名山甜茶、龙须茶，系葡萄科蛇葡萄属植物显齿蛇葡萄的茎叶。藤茶为传统的药茶，在传统古籍和现代文献中有诸多报道。藤茶最早为瑶族所用，在土家族、拉祜族、侗族、基诺族等少数民族及客家地区也有广泛应用，多作民俗茶饮。在广西和贵州某些地区，除作甜茶使用外，还可作药用，可治疗感冒发热、咽喉肿痛等症。现代研究表明，藤茶含有丰富的黄酮类、多糖类和多酚类化合物，具有抗肿瘤、抗氧化、抗炎、调血脂、降血糖、保肝等多种药理作用。经中国药科大学等科研单位对其水提物及有效成分进行研究，其有效成分为蛇葡萄素及双氢杨梅素等黄酮类化合物。北纬30度独特的地理环境，造就了来凤藤茶在“植物总黄酮含量”“硒元素含量”“营养成分的全面性”三个方面的保健优势。来凤县内土壤有机质含量丰富，气候条件十分适宜藤茶生长，是藤茶生长的优势地区，野生藤茶资源十分丰富，现已调查的可制作藤茶的蛇葡萄属植物的显齿、浅齿、三叶蛇葡萄等几种野生资源极为丰富，为开发藤茶产业提供了十分优越的基础条件。2013年，“来凤藤茶”被评为“国家地理标志保护产品”。作为已有数百年应用历史的“别样茶”，藤茶安全性好，疗效确切。藤茶为药、茶两用植物，其价值的进一步研究和开发具有广泛的应用前景。

来凤县杜建斌副县长介绍说，他刚从北京去来凤县时，嗓子发炎，喝了20多天来凤藤茶，喉咙就不痛了，咽喉炎也好了。

来凤县农业局局长邱克柱介绍说：“来凤藤茶是500年前土家族饮用的茶，

似茶非茶，似药非药，入口微苦，转而甘甜。来凤藤茶具有防治咽炎，防治口腔溃疡，防治口臭的作用，对于高血压、高血脂、高血糖具有一定疗效，被誉为'土家神茶'。近年来，来凤县政府把发展藤茶作为扶贫工程的重点产业，现已种植藤茶6万亩，年产值6亿元。县政府制订了4、1、2、2目标，着力把来凤县打造成'全国藤茶第一县'，即到2020年，用4年时间发展藤茶10万亩，达到产值20亿元，带动2亿贫困户脱贫致富。"

上海一润周东香董事长介绍说："目前，上海一润茶业有限公司正在积极落实湖北恩施国家扶贫工程项目，以响应党的十九大号召，为真脱贫、脱真贫尽到自己的一份力。已经成功注册'湖北一润藤茶有限公司'，与4975户茶农签订了收购合同，以实际行动帮助来凤农民脱贫致富。湖北省来凤县的藤茶面积大约占全国藤茶面积的二分之一，发展藤茶产业的潜力很大，上海一润已经把扩大藤茶生产作为扶贫的突破口，开始在湖北来凤县投入藤茶生产线，在发展藤茶经济中实施扶贫。来凤藤茶是原汁、原味、原生态的好茶，清香扑鼻，回味无穷，能起到养身、养心、养神、养颜的作用。"

话还得从六年前说起。2012年5月，福建一润茶业有限公司在上海设立了一家全资子公司——上海一润茶业有限公司。作为福建一润的营销中心，上海一润有近2000平方米的产品展销中心和茶会所。同时，为了普及茶文化，推广"茶为国饮"活动，上海一润还与上海市茶叶学会、共和新茶艺推广中心等机构合作，创建了会员制的"上海一润白茶养生俱乐部"，目前企业会员单位已扩展为三百余家。

周东香董事长曾经表达这样的理念：上海一润茶业有限公司旨在以现代健康茶饮产品的生产和经营为核心，构建全产业链的现代化经营模式，秉持万物之精华，凝聚江河之滋润，以茶渡人，为人类健康生活作出贡献的经营理念，致力于将国饮以一种现代、时尚、便捷的方式呈现给大众，为21世纪的快节奏生活提供多一种的健康选择。

上海一润茶业有限公司把自己所生产经营的产品概括为一句话"茶，非茶，非常茶"。用周东香董事长的话来说：所谓"茶"，是指企业或公司的经营性质属于茶行业；所谓"非茶"，是指经营的主打商品并非传统意义上的茶，即在分类上不同于六大茶类的某一类茶；所谓"非常茶"，是指此类茶充满科技含量，是一种适应新时代发展要求的创新茶，而非常态之茶。上海一润茶业现有"江河一润"

“Grand frère”两大品牌。其产品被命名为“原液茶”，亦即源于茶、优于茶。“江河一润”品牌寓意江河万古流，一润日月长。寄希望于广大顾客通过饮茶，保持健康体魄，使生命如江河，健康愈茶寿。

上海一润的产品丰富多彩，名目繁多，具有各种茶类和不同茶品。例如“商务茶”系列就有：绿茶（黄山毛峰）、红茶（滇红）、黑茶（普洱）；“花果茶”系列有：红枣茶、桂花茶、玫瑰花茶、罗汉果茶、菊花茶等。其中“一润老白茶”已获国家发明专利授权，另有多个国家发明专利在申请中。一润老白茶对于口腔溃疡、咽喉炎疗效显著。一润早茶，配有生姜，可暖胃驱寒。美人乐饮品，配有红参，可以帮助女性补气养颜，美容润肤。“江河一润”品牌下的“有用茶”系列，例如“醉有用”“烟友用”等，着重解决困扰现代人的亚健康问题，对于去除或者缓解人体健康中的各种“痛点”有一定效果，同时具有醒酒、解酒、戒烟、提神、养肝的辅助作用，深受顾客欢迎。

上海一润茶业的两大品牌系列小包装产品方便保存，方便携带，方便冲泡，顾客在品尝该饮品时各取所需，十分方便，每次只需取一包 0.4 克固体颗粒，倒入杯中，依据个人口味，用 200 至 300 毫升热水或温水冲泡即可品饮，而且对于冲泡的水温没有特别要求，营养物质丰富，健康功效明显，特别受到喜欢快节奏的年轻消费群体的青睐。该饮品醇香独特，口感润滑纯正，回甘快且绵长，喝了还想喝。

食品安全是第一位的，上海一润始终把产品质量放在第一位。一润老白茶是福建一润的纯天然固体饮品，是采用福建福鼎老白茶和福建三明野白茶为原料，经科学组方和数字化深度萃取工艺加工提炼而成。该产品的主要成分黄酮类化合物含量很高。野白茶，是葡萄科蛇葡萄属的一种野生木质藤本植物，其中主要活性成分为黄酮类化合物，具有清除自由基、抗氧化、抗血栓、抗肿瘤、消炎等多种奇特功效；而二氢杨梅素是较为特殊的一种黄酮类化合物，除具有黄酮类化合物的一般特性外，还具有解除醇中毒、预防酒精肝、脂肪肝、抑制肝细胞恶化、降低肝癌的发病率等作用，是保肝护肝、解酒醒酒的良品。

湖南农业大学的一位教授曾说：“茶叶已经从传统农业，通过现代技术提取成分和组分扩展到现在大健康产业，包括人类的健康、动物的健康和植物的保护以及环境的生态保护。”一润茶业的产品属于标准化产品，可以规模化生产，确保产品质量稳定一致，避免了传统茶叶每个批次间的差异，在网上即可销售。

一润老白茶的配方具有发明专利，其中有 10 多个品种的发明专利有待逐步推出。上海一润茶业有限公司在安徽黄山的生产基地由于规范生产流程，注重产品质量，已经成为安徽农业大学毕业生的实习基地。

一润茶业董事长周东香女士深知，产品质量关系到消费者健康和市场声誉，故把抓好质量安全作为产品的头等大事和首要关口。公司与 SGS 通标标准技术服务有限公司和中国农业科学院茶叶研究所合作，对产品的质量进行三道工序的检验，包括生产前的原料检测、制作后的产品质检以及进入市场的成品的随机抽检，确保消费者喝得放心、喝得健康。目前，这种新型的“原液茶”正在通过网络微信等途径，逐步拓展市场，全国各地来公司洽谈业务的商家络绎不绝。公司由此获得了国家知识产权局颁发的发明专利证书，并荣获了 2015 年度中国地理标志产业“科技创新优秀企业奖”和 2015 年度中国特产业、地理标志产业“模范单位”称号。

上海一润注重“品质、服务、责任、共享”的八字方针，江河所至，一润有为，厚德载物，润物无声，快乐相伴，健康永在。上海一润奉行科学、文化、美味、健康的产品理念，把古代文明和现代文明结合起来，把东方文化和西方文化交融起来，创新出自己的特有产品。2016 年 5 月，在上海国际茶文化旅游节上，上海一润的精粹茶固体饮品“醉有用”荣获旅游节组织委员会颁发的 2016 年“中国名优茶”金奖。2017 年 4 月，在第九届中国茶人之家评选活动中，上海一润被中国茶叶博物馆授予最佳“茶人之家”称号。

记得 2018 年 1 月 15 日，在帝芙特国际茶城的上海一润营销中心，胡建华副总经理热情接待了笔者。虽然寒冬腊月，北风凛冽，但是茶业人家，春意融融。笔者一边品尝一润老白茶和来凤藤茶，一边聆听上海一润的经营发展情况介绍。口中一分回味，心中十分敬佩。如今，六年的时光转瞬即逝，上海一润早已今非昔比。祝愿上海一润开拓创新，兴旺发达，“梦圆沪上”“梦圆来凤”。

（原载《上海茶业》2018 年第 2 期）

# 献给上海滩一杯干净的贵州茶

在热闹的丰庄茶城有一个雅静的遵义馆。2017 年 12 月 26 日开始试营业。2018 年 4 月 26 日遵义馆正式开门迎客。遵义馆开馆后，于 26 日至 30 日举办了遵义春茶品鉴周活动，并通过茶艺表演、茶叶现场制作、产品推介品鉴等形式全方位展示遵义茶的生态品质和独特魅力，向上海市民表演了一出“开门见山”秀。

8 月 15 日，我来到遵义馆，聆听罗斌总经理讲课。他风度翩翩，侃侃而谈，不愧为上海交通大学的客座教授。宾主一起饮茶，王永超、周道平、吴海琼等老师接待陪同，细细品尝贵州“老树茶”、“遵义红”红茶、“知其然”白茶等三种名茶，滋味各不相同，茶韵沁人心脾。

罗斌总经理给笔者传递了几个理念：

其一，“贵州八山、一水、一分田，是全国唯一没有平原支撑的省份。高山出好茶，自然品质优。”贵州遵义是革命老区，也是历史悠久的老茶树区，有着独特的生态茶文化、多彩的民族文化，具有自己的传统特色。遵义是一座历史与现实结合、文化与生态交融、自然与人文相连的红绿辉映之城。今天的遵义城，青山藏不住，红绿正芬芳。茶园主要分布在东部与北部 6 个县，茶树种植在海拔 1200 米以上的丘陵和山地缓坡地带，与森林共生，土壤富含锌、硒、锶等对人体健康有益的微量元素。目前，遵义不论是茶园面积还是茶叶产量、企业总量均居全国产茶市（州）第一位。茶园总面积 206 万亩，投产茶园面积 160 万亩，总产量 12.5 万吨，总产值 100.5 亿元，茶业综合产值达到 213 亿元。遵义茶在上海已有十五年的发展历史，原先在凯旋路、中山西路附近开店。最初品牌是“百年贵茶”，以茅台带黔茶出山。由于遵义茶始终把顾客放在第一位，注重产品质量，提高服务水平，受到顾客的好评，为后来的发展奠定了良好基础。遵义茶一来到上海就以国酒茅台开路，茶酒紧密相连。茶有茶文化，酒有酒文化。酒与茶一样有着深厚的文化积淀和悠久的历史传承。所以遵义馆在做好茶业的同时,积极谋求与酒业和服装业的联合发展。

其二,"献给上海滩一杯干净的贵州茶。"2017 年 5 月,贵州茶在美国纽约时代广场亮出招牌:"让天下人喝到干净茶。"我国农业农村部 2012—2018 年连续六年对贵州茶叶质量安全例行监测结果全部合格,合格率达到 100%。遵义馆落户丰庄茶城,给上海市民带来了很大方便,足不出"沪"就能在第一时间品尝到绿水青山孕育的一杯干净的贵州茶。这是顾客至上的表现、产品自信的表现、优质服务的表现。早在此前,"遵义红"等名茶就被列入上海党政机关用茶,并作为 2017 年上海市长咨询会专用茶。丰庄遵义馆是"沪遵扶贫协作"和对口帮扶的成果,也是"黔货出山"和"遵茶入沪"的市场化营销平台。馆内主要销售遵义红、遵义绿、湄潭翠芽、正安白茶、凤冈锌硒茶、余庆小叶苦丁茶等品种,兼销遵义酒和绿色生态产品等。上海和遵义的情缘源远流长,两地的市民情感相通。早在 20 世纪 60 年代初,大批以装备制造为主的上海工业企业内迁遵义,帮助遵义建立了机电、化工、冶金、电力、建材及国防工业为主的工业体系,5 万名上海人在遵义奉献青春;上山下乡年代,遵义接纳 2000 名上海知青"插队落户",与上海建立了深厚的友谊。"遵茶入沪"是两地人民的再一次联手,有着广泛的发展前景。

其三,茶叶消费群体有三个层次。第一层次是柴米油盐酱醋茶,为大众茶消费群体,一般饮用中低档茶叶;第二层次是烟酒茶,为大消费群体,是重点对象,一般饮用中高档茶叶;第三层次是琴棋书画诗酒茶,为有选择性消费群体,一般为"发烧友",饮茶档次视其消费兴趣而定。不同的消费层次,决定了不同的茶叶消费档次。所以,经营茶叶要考虑不同层次消费者的不同要求,努力做好服务工作。

遵义馆位于丰庄茶城一楼,具备商品展示销售、承办招商会议、举办品鉴活动等功能。该馆是按照遵义市政府和上海市合作交流办的要求,在遵义市外协办、遵义市农委的支持下,由遵义市驻沪办按照"政府支持、市场运作、企业参与"的原则组织推动,由上海岩上茶业有限公司投资建设和运营管理的"遵品入沪"窗口,对提升遵义茶、酒和特色农产品在上海和长三角地区的知名度和销售量起到了促进作用。按照"沪遵扶贫协作"第七次联席会议达成的共识,上海还将进一步扩大对遵义茶产业的帮扶力度,推动遵义茶在上海的宣传推广和市场销售，助力遵义脱贫攻坚和同步小康。

上海是中国共产党的诞生地，而遵义会议是中国共产党走向胜利的转折点。诞生地，转折点，两地情，一线牵。如今的“遵茶入沪”，就像一条纽带，把上海和遵义紧密连接在一起。“遵茶入沪”是沪遵扶贫协作和对口帮扶的成果，也是遵义市在上海市建设的一家专门从事遵义茶及特色产品推广销售的市场化运营平台，对提升遵义茶、酒和特色农产品在上海和长三角地区的知名度和销售量起到了积极助推作用。在沪遵两地扶贫协作第六次联席会议之后，遵义市商务局立即会同市外协办、市农委、市政府驻沪办、湄潭县、凤冈县等单位主动加强与上海市的工作对接，使工作有序推进并取得初步成效。遵义市商务局和上海市商务委共同制定了《关于“遵茶入沪”拓渠道扩销售工作方案》，为顺利实施“遵茶入沪”提供了路线图。同时提出了“一年探路子、两年强基础、三年市场化”的工作步骤，以带动遵义“以茶兴业、以茶惠农”，两地携手打赢脱贫攻坚战。目前已经初步开拓了一批遵茶销售市场和渠道。

8 月初，上海遵义馆战略合作联络站举行揭牌仪式，遵义馆与贵州茶酒、闽商群体实行强强联合。这是上海遵义馆跨界合作战略发展的又一举措。一瓶茅台酒，一杯干净茶；相宜更相随，酒茶不分家。上海遵义馆还计划举行一个“百桌千人”联谊会，造势借力，跨界合作，做大蛋糕，共享成果。众所周知，茶发源于云贵、兴起于江浙、昌盛于闽粤。贵州茶集生态文化与茶文化于一体，在上海遵义馆文化中形成了自己的特色。上海遵义馆战略合作联络站，是贵州茶酒文化和福建经济文化的结合体，是一次美妙的跨界组合。服饰文化讲究静、柔、动相结合，品茶养身追求静、雅、品相结合。这是一次闽商与黔茶的邂逅，是一次服饰与茶的碰撞。物质文明和精神文明建设的不断发展，给茶文化和服装文化注入了新的内涵与活力。品茶是茶人心的回归、心的歇息和心的享受，服饰文化是视觉传达的唯美享受。因此，品茶要有一个最佳的环境，才能真正体会品茶的真谛，获得精神的享受。服饰结合饮茶，从品位上给人一种深厚的历史韵味，感受浓浓的文化气息，形成浑然天成的和谐统一。贵州茶在广邀四海来宾的同时，积极传承闽商和贵州文化的精髓，以茶会友，以茶交友，陶冶情操，修炼身心，达到养身和养心相结合的境界。我们预祝上海遵义馆不断提升知名度和影响力，跨界合作圆满成功。

（原载《上海茶业》2018 年第 4 期）

# “中国文化名茶”天湖云螺获奖始末

## ——回忆上海市军天湖茶叶总厂往事及其他

“天湖云螺”名茶是由上海市军天湖茶叶总厂创制的。它在1991年4月24—30日举行的首届中国杭州国际茶文化节上获得“中国文化名茶”殊荣。奖状和奖杯由中华人民共和国国家旅游局、浙江省人民政府联合主办的1991年中国杭州国际茶文化节组委会颁发。首届国际茶文化节的举办，是把中国茶文化推向世界的创举。其目的是弘扬中国古老而灿烂的茶文化，进一步把中国的茶叶介绍给世界人民，促进我国旅游与经贸的发展。军天湖茶叶总厂的新创名茶能在首届国际茶文化节上一举成名，实属不易。这是军天湖农场的骄傲，是上海市劳改局(现上海市监狱管理局)的骄傲，也是上海茶人的骄傲。回忆这段往事，不禁使人产生一股难以言状的甜、酸、苦、辣之情。

军天湖农场自1964年冬和1965年春相继开辟茶园5000亩，以后逐步扩大到6000余亩。1980年开始通过对部分老茶园进行台刈，更新复壮，提高了茶叶产量和质量水平，“茶树高产稳产栽培技术”课题获得了上海市重大科研成果二等奖。党的十一届三中全会以前，茶叶产量徘徊不前，茶叶质量提升缓慢。在改革的春风吹拂下，贯彻了改革、开放、搞活方针，发展出口茶叶生产，以质取胜，适销对路，经济效益日益提高。在全体茶厂干警职工的共同努力下，经过20多年的精心研制，创造了“天湖凤片”“天湖云螺”“天湖银针”等名、特、优、新品种。其中“天湖凤片”被编入全国著名茶学教授陈椽先生主编的《中国名茶选》一书。“天湖云螺”于1991年在杭州国际茶文化节名茶评比中一举夺得“中国文化名茶”奖状和奖杯。这可以说是一种甜的荣耀。

1968年11月，我作为“老三届”的一员，在军天湖农场参加了工作。后被分配到马村茶厂，有缘接触茶树，以种茶、制茶为业。我立志要像茶树那样，牢牢扎根在哺育我成长的农场这片热土中，根深叶茂，本固枝荣。为了做好茶叶工作，我参加了安徽农学院滁县分院沙河集的茶叶培训班，参加了全国农业广播学校农学班，参加了电视大学英语班，参加了浙江农业大学茶叶系函授班。我在茶叶岗位上工作了25个春秋。作为茶叶技术员，每到制茶季节就在车间奔忙，整天离不开茶叶。从贮青室把鲜叶运去杀青、揉捻、烘焙、炒干，直到成为干毛茶。茶叶技术员的工作不仅要动口进行指导，而且要动手实际操作。一天下来，双手都沾满了茶汁。我们还炒制手工茶，如天湖凤片、天湖云螺、银针、毛峰之类，虽然手上起了水泡，但看到纯真的香茶出于自己的双手，有一种说不出来的高兴。就这样日复一日、年复一年，渐渐地与茶建立了真情实感。通过组织的培养和工作实践的锻炼，我学会了制茶和评茶的本领。我从担任马村茶厂技术员做起，在工作中遇到不少艰难曲折，养成了吃苦耐劳的精神，在实践中不断成长起来。炒青绿茶是军天湖生产的大宗茶类，此外还生产少量高档手工茶。除了机器制茶以外，我学会了手工炒制龙井茶、云螺茶和天湖凤片等名茶，也能熟练地运用自己的感官对茶叶进行审评检验，识别茶叶外形和内质的优劣以及导致茶叶质量问题的原因。我还与其他同行合作在安徽《茶业通报》杂志上发表了一些文章，如《天湖凤片简介》《炒青绿茶常见病及其成因分析》《论红碎茶外形的乌润活和内质的浓强鲜》《论采茶》等，得到了一些专家学者的好评。这可以说是一种又酸又甜的经历。

要生产质量上乘的名优茶，首先要有适宜茶树生长的良好自然条件。宣城境内素产珍茗，自东晋以来，见于古籍者有“贡茗”“瑞草魁”“敬亭绿雪”等珍品享誉全国。宣城茶区土层深厚，土壤酸碱度适宜，气候温和，雨量充沛，是茶树生长的优越自然环境。为了使古老而又闻名的皖南宣城老茶区增添异彩，为了提高茶叶的经济效益，上海市军天湖茶厂的广大茶叶工作者于1975年开始积极试制名优茶，定点在钱村茶厂研制“天湖云螺”茶，并受到安徽农学院陈椽教授的亲自指导。茶厂的技术人员和工人们日以继夜，辛勤劳动，展示了自己的聪明才智，取得了可喜的成绩。“天湖云螺”产于皖南宣城军天湖畔的帽子山、将军山、高岭铺一带。经过不懈努力，产品于1978年定型，成为军天湖茶厂的又一后起之秀。

“天湖云螺”因其条索紧细，卷曲成螺，白毫显露，翠绿匀齐，犹如天上朵朵白云，故而得名。“天湖云螺”叶底嫩绿完整，汤色清彻明亮，香气文雅清新，滋味甘醇鲜爽，实是茶中珍品。品尝天湖云螺，舌底生津，回味甘甜，使人有清新悦目、心旷神怡之感。

“天湖云螺”的采摘要求是:早采鲜嫩,拣剔干净;细炒慢焙,工夫考究。抢在清明前后两三天开采,坚持三个要求:要求一芽一叶初展;要求芽叶长一厘米;要求采短不采长,粗细均匀。坚持三个注意:一是轻手轻放;二是及时摊薄;三是当天鲜叶当天炒制。并坚持五不采:雨水叶不采,紫芽叶不采,虫斑叶不采,焦边叶和损伤叶不采,品种不同者不采。

“天湖云螺”的制作过程是:高温杀青、热揉成形、搓团显毫、文火烘干。各道工序紧密衔接,适时过渡。要根据锅温高低、叶质变化,变换手法,灵活掌握。

“天湖云螺”于 1980 年起在上海、常州、南京等地销售,受到消费者的普遍赞誉和好评。1988 年后通过改进工艺,提高品质,“天湖云螺”再上台阶、再铸辉煌,终于摘取了“中国文化名茶”的桂冠,给予军天湖茶人一种甜上加甜的感觉。

1988 年 2 月,为适应茶叶生产经营发展的需要,上海市军天湖茶叶总厂成立,在四个茶叶分厂合并的基础上,再建一个精制茶厂。由我任厂长,万紫娟、周文元任副厂长。军天湖茶叶总厂的成立,实现了茶叶的一条龙生产,大大提高了茶叶的经济效益,使茶叶成为农场的一大经济支柱。而且通过茶叶出口,换回了大量外汇,支援了国家建设。当时,茶叶年产量达到 733.5 吨,单产干茶 150 公斤/亩。出口绿茶 320 吨、红碎茶 10 吨。军天湖茶叶总厂大胆试行联产承包经营责任制,当年的利润就超过了承包利润指标,按照国家得大头、集体得中头、个人得小头的原则,超额利润按七三分成,全体职工获得了较高的奖金收入。做到了四个满意:完成任务,上级满意;增收增税,国家满意;超额计划,承包者满意;增加收入,职工满意。

军天湖茶叶总厂的具体做法有三方面。一是改革创新,开拓前进,解放思想,大胆承包。通过用合同形式明确承包者的责、权、利和义务,为全年茶叶生产优质、高产、低耗、多效开辟了广阔的前景。承包者对茶厂的各个组室班子进行了精简,加强生产计划、质量检验和经济核算等环节,结合企业整顿,健全各项规章制度,制订 18 本台账、148 条措施,整顿纪律,改变茶厂风貌,从而保证了生产经营工作的顺利进行。二是更新观念,不拘一格,选聘队长,民主管理。为了发扬职工的主人翁精神,发挥其在生产经营中的才能,茶林队实行民主管理,聘任队长,按照工作实绩发放职务津贴。他们既是经营者,又是劳动者,业务熟、情况明,安排生产及时,管理措施得当,保质保量地完成了生产任务。茶厂通过聘任车间主任、工段长、质量检验员,改变了过去单一由干部管理的局面。他们主动与临时工签订合同、全面考核，奖罚分明，对不合格的随时辞退，生产效率大大提高，生产秩序井井有条。三是全面考核，定额管理，责任到人，奖罚分明。茶林队和制茶车间全面实行定额管理，分为纵向定额管理和横向定额管理。在纵的方面，将茶林队和车间分别考核，分别核定茶林队费用、初制车间、精制车间费用。在横的方面，各个部门之间又有具体的定额指标，如板箱、煤、电、油、木炭、工资等都有具体费用指标。把各项费用指标与干部职工工资直接挂钩，促进经济核算，压缩各项开支。茶林队的干部职工面临着茶园面积大，采工难招、成本涨价、天气反常等不利因素，但是大家齐心协力，克服困难，加强田管，分批采摘，保质保量，为制茶车间提供了充足的原料，为实现全厂的生产计划打下了坚实的基础。初制车间大刀阔斧地改革不合理的管理方式，对各道工序指派专人把关，岗位责任到人，职责分明，使毛茶条索紧结，色泽墨绿，香气清鲜，滋味醇厚，无烟焦味，为成品茶上等级提供了先决条件。同时建立了车间核算制度，提高效率，降低成本。定额管理对精制车间同样起到了良好作用。他们建立台账，处处精打细算，坚持每天核算，为提高经营管理水平，提高产品质量，增加经济效益而努力。其中饱含着创业的艰苦和辛酸。

回顾上海市军天湖茶叶总厂四年的历程，军天湖茶人发扬了“爱国、奉献、团结、创新”的茶人精神，克服了茶叶出口任务重、质量要求高的困难，克服了农场周边少数人员哄抢茶叶的困难；克服了指标加码负担过重的压力，为农场的经济发展作出了贡献。由于茶园面积大而分散，难以看管，给茶叶总厂增添了极大的压力。在苦苦支撑了四年之后，1991 年 12 月，上海市军天湖茶叶总厂实行改制，四个茶叶分厂又回归于原来的四个农业分场管辖。军天湖茶叶总厂的艰苦创业史，既有成功的喜悦和甘甜，也有挫折的苦恼和辛酸。在这段艰难困苦的奋斗史中，全体茶人风雨同舟，同甘共苦，苦中作乐，乐在其中。这四年里最难能可贵的精神，就是留在军天湖茶人心目中的美好记忆。这可以说是一种又甜又酸又苦又辣的经历。

往事如烟，历史的痕迹早已在斗转星移中烟消云散；往事并非如烟，“天湖云螺”获得“中国文化名茶”的殊荣，留下了抹不去的记忆。

（原载《上海茶业》2017 年第 1 期）

# 一百岁湖心亭 五千年茶文化

## ——2014 上海豫园国际茶文化艺术节侧记

2014 上海豫园国际茶文化艺术节于 4 月 18 日在豫园商城隆重开幕，截至 4 月 30 日闭幕。艺术节由中国国际茶文化研究会、上海市黄浦区旅游局、上海市茶叶学会、上海市茶叶行业协会和上海豫园旅游商城股份有限公司联合主办，浙江省嵊州市人民政府、湖南省安化县人民政府协办，豫园文化传播有限公司承办，上海复旦申花净化技术股份有限公司给予了大力支持。在这春暖花开的时节，我们迎来了继往开来的又一个盛会。真正是“名茶汇聚豫园内，香飘申城二十载。络绎不绝人攒动，不知客从何处来?”

豫园国际茶文化艺术节于 4 月 18 日上午举行开幕式，下午举行浙江嵊州“越乡龙井”品牌推介会、湖南安化黑茶品牌推荐会。4 月 19 日东方 CJ 走进豫园“两大品牌强强联手，感恩回馈共贺周年”现场直播。4 月 20 日上午举行全民饮茶日——好茶好水好艺秀活动，下午举行“十方香舍”香道及复旦申花水管家推广活动。随后十天还有各种丰富多彩的文化艺术活动。

上海茶人选择豫园商城举行国际茶文化艺术节是别具匠心的。一是它的地理位置十分独特，二是它的人文标志十分明显，三是它的人气指数十分惊人。上海豫园商城地处上海市黄浦区的豫园地区，从元、明、清到民国初年一直是上海的政治、经济、文化中心，被称为“上海的根”，是上海特有的人文标志和文化名片。其中方圆 5.3 公顷的豫园商城，起源于 140 多年前清同治年间的老城隍庙市场，集邑庙、园林、建筑、商铺、美食、旅游等为一体，从而成为上海城市文明的形象大使和上海 700 年历史文脉的物化展示。豫园商城拥有商业设施近 13 万平方米，全年客流超过 3700 万人次，是一家集黄金珠宝、餐饮、医药、工艺品、百货、食品、旅游、房地产、金融和进出口贸易等产业为一体，多元化发展的国内一流的综合性商业集团和上市公司。豫园商城旗下有 2 个中国驰名商标、14 个上海市著名商标以及众多中华老字号和百年老店等为核心的产业品牌资源，经营业绩连续十年名列全国大型零售企业(单体)第一位,跻身中国500最具价值品牌。在豫园商城举行国际茶文化艺术节是民心所向,也是众望所归。

上海茶人精选湖心亭作为茶文化艺术的表演舞台是意味深长的。清雅秀美的湖心亭已有100多年历史,海派茶文化在这里生长、发育、传播、延续,随着上海豫园国际茶文化艺术节活动的开展,中华民族历史悠久的茶文化与别致的湖心亭结合得天衣无缝,已经成为湖心亭一道亮丽的风景线。茶文化是土生土长的中国文化,与中华民族的历史有着不可分割的渊源关系。如果把中华民族的历史比作黄河长江,那么海派茶文化就是一条苏州河。如今的湖心亭已被公认为普及茶为国饮的园地,宣传茶人精神的平台,也是海派茶文化的缩影。多少年来,湖心亭引得英、法、德、日、意、西班牙、加拿大等近二十个国家的总统、首相、总理及各界名人纷至沓来。这就是湖心亭的魅力!1986年10月15日,英女王伊丽莎白二世访华来沪期间,在江泽民陪同下步上湖心亭茶楼二楼品茗;1987年3月28日,西哈努克亲王携夫人第二次登上湖心亭茶楼饮茶;1999年11月3日,德国总理施罗德来到上海豫园参观游览时看到湖心亭茶楼频频点头。他们的来访,让湖心亭名声大振、锦上添花。如今的湖心亭被誉为"城市客厅",当之无愧地成为"海上第一茶楼"。在这里饮茶品茗,碧水中央,九曲相连,鱼影可鉴,雅趣天成,交友会友,别具风味。正如不少海外游客所说:"喝湖心亭的茶就是对东方茶文化、民间艺术的享受。"

上海茶人海纳百川的情怀是做大、做强、做好、做赢中华茶业的明智之举。在首日的"越乡龙井"品牌推介会上,浙江省嵊州市人民政府副市长俞忠毅致辞,上海市茶叶学会副理事长、上海市茶叶行业协会会长黄政讲话,国家一级评茶师沈红讲话,豫园文化传播有限公司高级顾问高建华讲话。"听故乡越剧,品越乡龙井"的文艺表演吸引了众多来客。以此宣传茶文化,普及茶知识,推广茶饮料,弘扬茶精神。"越乡龙井"早在2011年国际茶文化艺术节期间就被评为"中国最具影响力茶品牌"之一。浙江嵊州特殊的气候条件和优越的自然环境造就了嵊州茶叶香高、味醇、耐泡的特有品质。"越乡龙井"以嵊州独特的地域文化"越剧之乡"命名,选用高山优质茶树嫩芽精制而成,具有外形扁平光滑、色泽翠绿嫩黄、香气馥郁、滋味醇厚、经久耐泡的特点,先后获得浙江省著名商标、浙江省十大名茶等众多荣誉,30多次获国内国际名茶评比金奖,2010年入驻上海世博会。近年来,在打造"越乡龙井"品牌的基础上,越乡龙井迎来了新的发展机遇,受到了上海市民的热烈追捧。

上海茶人互利共赢的品格是“爱国、奉献、团结、创新”茶人精神的具体体现。在湖南安化黑茶品牌推荐会上,安化县人民政府王县长向上海豫园旅游商城股份有限公司总裁梅红健赠送了珍品“千两茶”;梅红健总裁回赠了豫园商城成立20周年纪念精致瓷盘。上海市茶叶学会秘书长周星娣、顾问刘启贵,上海市茶叶行业协会陈子法秘书长等领导讲话。“安化黑茶,香飘申城”卷起了一阵黑茶旋风。正如上海市茶叶学会顾问刘启贵先生所言:“安化黑茶一是历史悠久,二是工艺特殊,三是具有保健功能。安化黑茶是好茶,希望上海爱茶人都喜欢它。”湖南安化连续五年跻身全国重点产茶县十强,茶叶产量在全国重点产茶县中排名第三,黑茶产量位于领先地位。安化黑茶在一定的陈化期内,其品质随存放时间的延长而日趋完美,且价值更高。安化黑茶能补充膳食营养,得到了越来越多消费者的认可和喜爱,这是黑茶的消费基础。而不断推出的各种方便饮用的名优黑茶、黑茶饮料及深加工产品,使安化黑茶可以满足不同市场、不同类型消费者的需求。目前,安化黑茶正从传统的边销市场逐步转向国内外市场,在珠三角、长三角地区的沿海城市形成消费热潮。

上海茶人选择4月20日农历谷雨这天作为全民饮茶日是很有意义的。出席全民饮茶日的贵宾有:中国农业科学院茶叶研究所原所长、中国茶叶学会原理事长程启坤先生,中国国际茶文化研究会副秘书长、浙江农林大学茶文化学院副院长姚国坤先生,杭州市人民政府原副秘书长王祖文先生等。这一天在豫园九曲桥开展少儿茶艺表演,广州市少儿茶艺队表演了谷雨儿童茶礼“坐,请坐,请上坐;茶,上茶,上好茶”;上海市少儿茶艺队表演了《春晓》《端午乐》等节目。徐汇区旗袍表演队奉献了一场精彩的“旗袍与茶的对话”,让人大开眼界。徐汇区旗袍表演队画家当场作画,用蓝、黑、绿三种颜色,花一刻钟完成了《旗袍》画作,使人赞不绝口。上海复旦申花净化技术股份有限公司李华总经理为程先生、姚先生、王先生三位专家颁发了聘书。这些活动大力倡导了中华茶文化,激发了好茶好水好艺的理念,让更多市民及游客有机会接触名茶,品鉴名茶,从而爱上饮茶,共享健康生活。

在豫园国际茶文化艺术节活动期间,斯里兰卡领馆推荐的正宗锡兰红茶为红茶爱好者送来了福音。福建福鼎“一润”白茶,安吉“吟妙可”白茶,开化“开门红”红茶等中国名茶也都前来捧场。活动中展示的个性订制茶具,均出自璟通艺坊旗下国内知名陶瓷艺术家及当代学院派等大师之手，现场同时有优惠订购。“十方香舍”的十方香是一个鲜为人知的领域，可以点香用，也可以泡着喝。据说它“以纯天然草本药用植物为基础制作而成”，具有“安神、舒心、防流感、抑菌、防霉、驱虫六大功效”，能够“分解二手烟，净化室内空气，缓解痛经、妇女更年期综合征、鼻炎等”。活动特邀上海复旦申花水管家经中国国际茶文化研究会唯一指定推荐的净水机为整场茶文化活动提供优质泡茶用水并免费向消费者开设专场，介绍“水”在日常生活中对人们健康的重要性。人们游览豫园，尽享名茶风味，领略民俗风情，一日游园胜似游览全国。

在整个豫园国际茶文化艺术节活动中，我们不能忘记承办方豫园文化传播有限公司总经理丁文莉女士。她是幕后英雄，自始至终是活动的策划、指挥和操作者之一，为活动的顺利开展付出了许多心血，体现了茶人的奉献精神。二十年国际茶文化艺术节，一年一个主题，一年一个目标，一年一个新意。从1995年首届上海豫园国际茶文化艺术节开办至今，湖心亭一直在孜孜不倦地实现着一份梦想，铸造一张中国茶文化名片，为全国各地知名茶企、茶商搭建平台、扩大品牌影响力。2010年宣传“中国世博十大名茶”，奏响“豫园茶香，韵添世博”的前奏曲；2011年评出浙江嵊州越乡龙井、福建福鼎白茶、安徽皖云六安瓜片、云南澜沧古茶等“中国最具影响力茶品牌”；2012年宣布了“长三角城市群茶香文化体验之旅最受欢迎的21个示范点和10个礼茶品牌”；2013年“茶享生活”，更趋“亲民”和“大众化”。由此可见，“小而精致，独树一帜”的豫园国际茶文化艺术节以其文化挖掘的深度和广度在林林总总的文化节中别开生面。

我们相信，在上海市茶叶学会和全体茶人的共同努力下，依托上海豫园国际茶文化艺术节的平台，海派茶文化的旋律将唱得更响。

（原载《上海茶业》2014年第2期）

# 纪念毛泽东主席视察舒茶60周年

1958年9月16日，我们敬爱的领袖毛泽东主席视察舒茶时作了重要讲话。他说："人民公社好，人民公社好。以后山坡上要多多开辟茶园。"

2018年9月16日是毛泽东主席视察舒茶60周年。就在这一天，安徽省茶业学会联合长三角"三省一市"茶叶学会在安徽舒城共同主办"第十五届长三角科技论坛茶产业专题分论坛暨毛泽东主席视察舒茶60周年纪念活动"，邀请国内相关专家、学者围绕主题进行研讨，并安排代表作经验交流。著名茶学教授、安徽农业大学原党委书记、八九茶人王镇恒先生欣然题词——"舒茶精神，永放光彩"，激励全国茶人"牢记伟人号召，努力茶乡振兴"。

## 一、毛主席重视茶业

1958年9月16日，毛主席视察了安徽省舒城县舒茶人民公社。当时，安徽省委曾希圣、黄岩等同志陪同毛主席来到舒茶。首先，他们一行来到茶厂的俱乐部小憩。毛主席待人和蔼可亲，当服务员潘忠惠送上毛巾时，他面带笑容地说："谢谢你，小同志。"洗过脸后，毛主席环视四周，室内墙上张贴着社员劳动竞赛进度表和各种奖旗、奖状，西墙中央有一幅"把鲜花献给劳动模范"的宣传画，他见到后连连点头说："这很好，这很好。"接着，毛主席又兴致勃勃地参观了展览室和茶厂车间。在展览室，毛主席和讲解员葛富良亲切握手。面对沙盘模型上显示的水库、电站、拖拉机站等规划项目，他问得十分详细。他还关切地问到乡镇村庄建设有没有规划、什么时候实现园林化等与群众生产生活密切相关的问题。当他看到展览室摆放着由农民自己发明创造的打稻机、收割机、筛土机等20多种新式农机具时，非常满意。在茶厂车间，毛主席饶有兴趣地参观了杀青、揉捻、炒坯等绿茶初制加工工艺。他还不时地和曾希圣同志幽默几句，引起阵阵笑声。当毛主席参观结束,走出茶厂时,他远眺后山,略有所思,饱含深情地对大家说:"啊,那就是茶树。以后山坡上要多多开辟茶园。"

## 二、毛主席平易近人

毛主席生活十分简朴。那时候物质条件很差,合肥的江淮旅社和稻香楼宾馆没有一处适用的平房。为了接待毛主席,省委书记曾希圣同志特别交待在稻香楼建一幢普通砖瓦结构、简单实用的小平房,取名"西苑房"。1958 年 9 月 16 日下午 7 点多钟,毛主席从安庆乘汽车经舒茶公社到达合肥,就下榻在这座平房。室内陈设简单整洁,办公桌上放着歙砚、宣纸、徽墨、毛笔。床铺是硬板床,床头上摆放一些史籍和安徽、合肥方志。毛主席吃的饭菜也很简单,一般是三菜一汤或四菜一汤,有辣椒和红烧肉就行。吃完饭后,他总是用茶水荡荡饭碗,哪怕是碗里的几粒饭,也连同茶水一起吃进去。1958 年 9 月 16 日,随同毛主席来安徽视察的张治中先生提出:"主席,我们家乡的人都想见见您。"毛主席欣然答应。对这样一个出乎意料的决定,大家都很兴奋,立即进行了周密的安排,既要满足广大群众看望主席的愿望,又要保证万无一失。9 月 19 日下午,本来下着雨,2 点 15 分的时候,忽然雨止天晴,阳光透过薄云洒向大地。毛主席接见省直机关处级以上干部后,由曾希圣陪同乘着一辆绿色苏式敞篷汽车,从稻香楼出发,沿着金寨路、长江路、胜利路前往合肥火车站。沿途 20 多万群众幸福地见到了毛主席,很多人激动得热泪盈眶。毛主席慈祥地向欢呼雀跃的人群频频招手。公安部长罗瑞卿陪同张治中乘另一辆敞篷汽车随后,合肥市委书记刘征田、公安厅长邢浩等同志乘另一辆吉普车为前导。5 公里的路程,车行半个多小时才到火车站。毛主席摘下帽子,面对站前广场上潮涌般的欢呼群众一再挥手致意。这一幕感人的画面,成了以后省城群众津津乐道的焦点话题。毛泽东主席视察安徽期间,深入基层,所到之处与人民群众保持密切联系,工作作风平易近人。许多当年受到接见的同志,以及被视察单位的负责同志,回忆起当年的情景时,仍然万分感动。

## 三、毛主席很有茶缘

毛泽东主席对中华民族的瑰宝茶叶是情有独钟的。毛泽东生长在湖南湘潭韶山产茶之乡，对喝茶有自己的爱好和选择。1921年，毛泽东、何叔衡创办湖南自修大学。喝的是汨罗特产姜盐芝麻豆子茶，这种茶咸甜香辣、去湿解乏、舒胃提神，毛泽东很喜欢，一次能喝五六碗。毛泽东曾风趣地说："汨罗的姜盐茶可以治伤风感冒。"建国初期，毛主席使用的是江西景德镇生产的"建国瓷"茶杯。1965年，中央办公厅在景德镇设计了一套餐具和茶具，茶杯上设计了单株兰花和双株兰花两种。毛主席对这种茶杯格外垂青，选择单株兰花杯自用，用双株兰花杯待客。随着生活条件的改善和生活环境的安定，毛主席每天起床洗漱完毕后，就和衣斜倚在床栏上一边喝龙井茶，一边看每日要闻、参考和报纸。主席喝过茶，读过报，才去吃饭。然后开始一天的工作。主席工作时，工作人员隔一段时间续一次茶水。毛主席爱喝浓浓的绿茶。绿茶泡开后，半杯水半杯茶叶。泡过的茶叶，他总是用手指头伸入杯子，把茶叶抠出来，放进嘴里，嚼一嚼吃下去。因此，每杯茶都要再次放入茶叶。一个月喝掉四五斤茶叶是很正常的事。毛主席喜欢喝龙井茶，但觉得浓度不够。以后又喝过毛峰、铁观音、碧螺春、云川沱茶、汉阳峰、毛尖等品种。毛主席外出开会视察都是自带茶叶、茶杯。每次回湖南，喝的第一杯茶都是家乡产的"君山毛尖"，但平时很少喝这种茶。他喝地方上提供的茶叶，一般都会付钱。当时中央有规定，参加公务活动，即使是在人民大会堂、怀仁堂、钓鱼台等地，也是一毛钱一杯茶，每月结算一次。全国各地人民送的茶叶，毛主席都要求工作人员寄去茶叶款。

## 四、我们感恩毛主席

斗转星移，日月变迁。如今的舒茶镇面貌焕然一新，早已成为旅游客青睐的AAA级旅游景区。当年毛主席视察舒茶后，极大地鼓舞和调动了舒茶人民的生产积极性，促进了舒茶的发展，使之成为江北最大的茶叶生产销售基地。真可谓"万岭千岗茶树绿，千家万户制名茶"。一座"毛主席视察舒茶纪念馆"完整地保存着毛主席当年视察舒茶时的接待场所、参观过的历史文物和大量珍贵的照片资料，真实地再现了一代伟人毛泽东主席视察舒茶的历史风貌。青岗云梯"九一六"茶园的石坝梯田巍峨壮观；古代曹操屯兵拒吴的天子寨、北峡关古战场也是舒茶镇的景观之一。游客来此参观浏览之余，还可以与茶农一起采茶、制茶，品尝刚出炉的新茶，倾听茶女唱茶歌，观看采茶舞表演。想到此，人们不禁饮水思源，感恩毛主席，感恩共产党。

## 五、我们怀念毛主席

新中国成立后，毛泽东主席曾先后五次到安徽视察，江淮大地的山山水水留下了他的足迹。1953年2月，毛泽东巡视长江，夜宿安庆，考察长江防洪、南水北调、北煤南运问题，了解群众的生产生活情况。1958年9月，毛泽东主席亲临安徽，到学校，下工厂，去农村，进城镇，访兵营，进行为期5天的考察。每到一处都留下了他的矫健身影和音容笑貌。特别是毛泽东主席视察舒茶，是给我们茶业战线的强劲春风和极大推动，是对全国茶农的亲切关怀和精神支持。今天我们重温那一幕幕往事，仍能领略到领袖的超凡魅力，感受到伟人的博大情怀。我们十分怀念毛主席。

（原载《上海茶业》2018年第3期）

# 茶由心悟

# 缅怀我的父亲

父亲离开我们而去了——2002年3月22日下午5时05分，他于上海龙华医院6楼15病区8床与世长辞。

在缅怀父亲之余，我常常在思索一个问题：究竟是什么在左右父亲的人生？我试图解开这个谜。

父亲姓马名义字岩聪，1925年2月16日（阴历正月初四）出生于浙江省永嘉县林洋乡安乐溪村。父亲天赋过人、智商极高，他的记忆力和承受力都远远超过了我们子女。凭着他的聪明才智，他完全可以走出一条全新的道路，起码他可以活得更潇洒一些，更超脱一些，更快乐一些，但是他没能做到。他背着沉重的包袱在艰难地跋涉前行。

小时候，爷爷唤他岩聪，是希望他像岩石那样坚硬、像神童那样聪慧。然而他所处的家庭环境和社会变迁却把他向另一个方向塑造。他的父亲，即我的爷爷马叶青，是一个典型的守财奴。爷爷生活勤俭，待人刻薄，靠着祖上到国外打工赚来的钱，加上辛勤耕作农田和加工土纸（卫生纸），把资产逐渐积累起来。据母亲说，爷爷平时省吃俭用、爱钱如命，“三个田螺咽下一餐饭，番薯干杈充半年粮”。这是对爷爷的真实写照。故乡是一个离城镇八九十里的偏僻小山村，一条弯弯曲曲、绵延狭长的山间小路只可勉强供人行走。山里的人出门爬山，交通极其不便，买点物品也要翻越四五十里山路到小集镇上去。为了赚钱，爷爷每日挑着加工出来的土纸，翻山越岭步行几十里路到城里去销售，饿了就吃些干粮，渴了就喝些冷水。春去冬来，年复一年，走不完的山路，卖不完的土纸，崎岖的羊肠小道有多难走，这是可想而知的。特别是雨天路滑、拖泥带水，行人苦不堪言。到了严冬，大雪封山，滴水成冰，更是增添了许多艰难。爷爷就是这样一步一步走下来的。他把拼命赚来的钱用于买地，在他看来农民最要紧的是土地，自古以来土地就是农民的命，因为永嘉山区人多地少，没有地只能空手挨饿，有劲使不上；有了地才有立足之本，有了地就可以种庄稼养家糊口，所以他一辈子的目标就是买地。经过几十年艰苦奋斗，1945 年左右，爷爷实现了平生的夙愿，在永嘉县林洋乡购田 20 亩，在平阳县郊外购田 50 亩，并且在平阳市中心街 78 号建造楼房 3 间，完成了家庭生活由山村向城镇的转变，成为一个小地主。然而，没过多久，战争的炮火摧毁了他的黄粱美梦，他梦寐以求的土地房产在烽火硝烟和社会变革中荡然无存，成了一个彻底的无产者。爷爷的祖先曾经以乞讨为生，上无片瓦下无立锥之地，是一个赤贫人家。折腾一番之后，从哪里来又回到了哪里。

生长在这种家庭环境中，父亲幼小的心灵里植下了胆怯无助的种子。他七八岁时就跟着大人们放牛或到田里拔草，上初中的时候，一有闲暇就上山割草砍柴、耕田割稻或锄草喂牛，这些都是常做的事。读初中的时候，一场重病困扰了他，右手中指生疮溃烂被迫休学。对于父亲的病，爷爷熟视无睹，顺其自然，舍不得花钱求医，可见他的吝啬。1942 年下半年，父亲病愈后转学至平阳县立初中三年级求学，由于长期缺课的缘故，在报考高中时落榜了，只能自谋出路。他起初在永嘉县一所私立庙后学校任教员，而后于 1944 年 8 月任永嘉县林洋乡第 8 保国民学校校长，任期 2 年，当时才 20 虚岁。另一件事发生在 1943 年 4 月，当时奶奶林氏患了重病，爷爷也是让其久拖不治，终于日重一日地亡故了，又见他的吝啬之至。父亲的姐姐斌妹 19 岁时患了一场大病(肺病)，爷爷视而不见，让其拖延了一年，但未能逃出“鬼门关”，终于命丧九泉，再见他的吝啬之不可理喻。父亲的同胞手足四男三女，存活的只有伯父、父亲和姑母三人，其余四人都先后夭亡了。在医治子女的疾病和对子女生活的关心上，爷爷做得怎样，在生命和钱财的天平上谁重谁轻，不是十分清楚了吗？爷爷的搪塞之语就是“真病无真药”和“药吃不起”，实际上他是舍不得花钱买药。爷爷的这句话，在父亲的脑海中留下了深刻的印象，成为他难以磨灭的记忆，以至于在他临终之前还反复唠叨着“真病无真药”这句古训。父亲对于我们子女花钱给他买“中华灵芝宝”等中药保健品耿耿于怀，他每日服用 2 包“中华灵芝宝”，重 2 克，约 300 元，每吃一包药总要说一句“这比黄金还要贵啊！”他不忍心花这样的钱，责怪我们给他买药是无济于事的，是浪费钱，是在做蠢事。这不能不说是一种历史的重演，是爷爷的幽灵在父亲身上的再现。说句公平话，爷爷并不是专门待人苛刻，他待己也是十分苛刻的。他一生中只知道两个字——“赚钱”或者“买地”。结果千辛万苦一辈子买下的地终于成了他的葬身之地。抗日战争时期,他曾经因地契被别人廉价赎回,丢失了土地,而导致精神失常。1963年,他在贫病交加、孤苦伶仃、忧心忡忡之下自缢而亡,终年80岁。他为了土地辛劳一生,终极之时差点落得死无葬身之地！可悲可怜可叹可恼！

父亲深深懂得,生长在这样的家庭中只有靠自己的努力才能安身立命,选择自食其力是唯一的人生道路。1946年10月初,他只身来到上海,在十里洋场闯荡谋生。初到上海之时,人生地不熟,他到处打听,寻找工作,也毫无着落。情急之下,他通过伯父马仁(字任远)的关系,报考了上海保安警察队,成为一名警士。好不容易找到的一份工作也没给他带来多少欢乐,每月菲薄的收入只能勉强维持生活。1946年12月20日,父亲结婚了。母亲从浙江平阳来到上海后因为没有房屋居住,父母亲曾经在公共厕所里蜷居数日,有时晚上还会受到警察的干扰,天亮之前就得卷铺盖走人。由于无处居住,经济拮据,我的大姐海平(寓意上海连着平阳)于1949年出生后,只得在平阳老家由外婆抚养,7岁时才到上海,全家终于团圆。

社会的变迁有时是翻天覆地的。1949年5月25日,上海解放了。当时年仅24岁的父亲,面临着国家政权更替、社会巨变、脱胎换骨的考验,心灵深处开始了第二次剧烈的震荡。考虑着家庭的前途,考虑着自己的出路,考虑着新一轮人生的挑战。对新中国的陌生,对新政府的不了解,对自己的反思,使他陷入了一片茫然,久久的、深深的、无尽的茫然。社会的变迁在他年轻的、无助的心灵中再一次种下了胆怯的种子。早年在家庭和社会环境中孕育的种子,萌发出来细小的、瘦弱的细苗,在社会变迁的狂风暴雨中挣扎着成长起来了,直到长成大树,依然觉得那样的无助、孤立。这棵大树的心是由胆怯的木质部所组成的,其外表被胆怯的韧皮部所包围,生长在贫瘠的土壤中,呼吸着稀薄的空气。生长在这种环境中,胆怯是自然而然的,所以父亲生性胆小乃环境使然。

父亲的一言一行、一举一动以至他的一生都深深地打上了胆小的烙印。他把自己的任何一种举动都和政治联系在一起,都要反思其合理性如何,把与自己有关的一切事情或者一个很远的社会关系,哪怕是亲朋好友或者是同窗共事的人,都作为必须交代的内容,写在纸上交给单位组织,最后被杂乱无章地塞入他本人的档案材料。他按照要求把内容写得清清楚楚、明明白白,没有半点遗漏和丝毫隐瞒,其中有些人和事虽然是道听途说来的,他也煞有介事似地一一道来,生怕会对组织不忠。他唯恐没有把自己的一切一五一十地和盘托出,恨不得把五脏六腑全都亮出来,以换取一点点信任。但是事与愿违,越是想说个清道个明,越是道不明说不清,内中的隐患在日后的“文革”中显现出来,在怀疑一切的流毒影响下,诚实的父亲把绳索套在了自己身上,把绳索的一头交给了别人,一辈子小心谨慎地生活,一辈子勤勤恳恳地工作,像老黄牛那样鼻子被穿上缰绳受人颐指气使。他的细心的、逐一不漏的对自己人生经历的描写,对自己听到的事情的叙述,结果都成了人们向他算账的依据。“文革”中,他自然被关进了“牛棚”,1969 年 4 月 20 日至 1972 年 1 月,他被强制隔离审查,被迫劳动将近 3 年,罪名是“国民党特务分子”,哪来的事实根据?简直是天方夜谭。那些恶意的人捕风捉影、偷梁换柱、无限上纲、无中生有、攻其一点不及其余,把问题引向极端。但是,即便在含冤被批斗的日子里,他也依然老老实实,通过劳动自我救赎,在深山里挖掘树根,捆扎好挑回驻地,百余斤的重担沉甸甸地压在他的肩上,每天往返数十里他也不吭一声,以体现出劳动悔改的态度。别人身上的偷懒应付意识,在他身上一丝一毫也看不见,每天挑回的树根常常是别人的两倍。风雨过去了,人民胜利了,父亲胜利了,这个莫须有的罪名理所当然地被人民否定了!但是父亲却为此付出了代价——沉重的代价、惊人的代价。这个代价殃及了我的母亲——一个无辜的善良的人。在那些岁月里,母亲因为父亲的被审查而遭到的连累、受到的精神折磨、遭到的生活困难是不言而喻的。那时父亲除了每月能领到 15 元生活费以外,工资的其余部分都被冻结了。父亲的心理状态是希望通过自己的诚实换取别人的谅解,把许多似是而非的问题都加在自己身上,以为这样可以表示自己的坦白忠诚,但是他错了,别人不这样看问题。

父亲的生性是胆小的。父亲时常为自己在旧社会的经历后悔自责,但是他恰恰忘了,新社会也是从旧社会中发展而来的,从旧社会过来的老百姓无须为自己的经历承担一切责任,首先应该承担责任的是当时的社会、当时的政府。在任何社会中,老百姓为了生活而谋职是无可非议的,只要对得起良心就行了。把过失归咎于个人是不公正的,是无理的。

父亲生性胆小是他人生旅途的一条主线。他一辈子克己奉公、兢兢业业、任劳任怨、逆来顺受。但他万万没有想到,“善恶报应论”也有不灵的时候。“害人之心不可有,防人之心不可无”这句名言中的后半句在他的人生字典中遗漏了。他没有防止小人恶人,教训是深刻的。他虽然挨了整,但他不怪别人;越是挨整,越是责怪自己。他默默地承受着,承受了一生。他把别人都看作和自己一样善良,最后挨了别有用心之人的暗枪,却全然不知。他太善良了!

父亲生性胆小是他一生的特征。他把复杂的事情简单化了,在那种“唯成分论”的高压环境下,他忘记了自己的出身成分,还把那些鸡毛蒜皮、微不足道的事情都作了自我坦白,白纸黑字、真真切切,记录在案。在时代的风暴面前,个人的力量是多么渺小,多么无奈。接二连三的运动,诸如“镇反”“肃反”“三反五反”“文化大革命”,每一个人都接受着“运动”的考验。父亲正是在这种政治背景下,承受了过重的精神压力,加上期待安居乐业、靠拢组织的心情,使他选择了试图以推心置腹、坦诚相待来得到社会和人们的承认,结果陷入了一个怪圈,社会并不理解他,人们并不同情他,他的生活哲学被无情地打得粉碎。

父亲的一生留给我们子孙后代的宝贵财富不是钱物。他不像爷爷那样吝啬,不需要去做买田置地的美梦。他的一生为我们树立了良好的榜样。上海的解放,使父亲的职业发生了质的变化。他从一个为旧社会服务的警察,变成了一个为新社会服务的警察,成为上海市公安局黄浦分局的一名人民警察。他在交通警、户籍警等岗位工作了十年,后又辗转上海闽北农场艰苦创业,再到皖南军天湖农场二度创业,一直工作到1985年退休。他在闽北干过林业,干过农业;在皖南种过水稻,开辟过茶园,凡是他工作过的岗位,他都是身体力行,亲力亲为,他的“老黄牛精神”是人所共知的。无论在农场生产科还是在分场生产组,或是在生产队当中队长,他都是起早摸黑,身临田头,日晒雨露,披星戴月,他为农场的生产建设献出了青春和精力,他为监狱的改造事业洒尽了热血和汗水。他不愧是为人民服务的勤务员。他的一生给了我们最好的启示,那就是反向思维、敢作敢为。当我们选择去做某事之前,一定要小心谨慎,充分考虑后果;当我们深思熟虑后决定去做某事的时候,一定要坚决果断,义无反顾,千万不要害怕!因为世界上从无后悔之药,所以为后果担忧是毫无用处的。过去的就让它过去,千万不要为过去背上沉重的包袱,更不要为过去而责备自己。人非圣贤,孰能无过?聪明的人要知错就改,绝非与自己算老账。抓住自己的辫子不放是愚蠢的,让人家抓住自己的辫子任意摆布是最愚蠢的。

父亲在遗嘱中谆谆告诫我们:“自家历来以勤俭持家成风,望子孙们继承好的家风,振作精神,自强不息,诚信待人,不图虚名,只求实效,做一个堂堂正正的人。”让我们发扬好的传统，争取更大光荣。

逝去的已经逝去。漫长的历史翻过了短暂的一页。但愿新的时代续写新的篇章，但愿新生的一代更聪明、更勇敢、更自由。前车之覆，后车之鉴，前事不忘，后事之师。

安息吧，已故的前辈！

奋起吧，后来的一代！

（写于 2012 年 3 月 22 日）

# 母亲逝世二十年祭

1992 年 2 月 21 日，母亲走了。她走得那样突然、那样坦然、那样自然，以致竟来不及给儿孙们说几句嘱托、吩咐和寄语。她含笑、慈祥、安然地永远闭上了双眼，离开了她熟悉的家庭，同时也离开了这个世界。

孔子曰："祭如在，祭神如神在。"今天我以祭祀神灵一样的心情来纪念我的母亲。"树欲静而风不止，子欲养而亲不待。"痛失慈母的悲哀和与日俱增的思念，教我一而再、再而三地祭祀母亲大人，牢记母亲的恩德，寄托我的哀思。

作为儿子，我纪念亲爱的母亲，感激慈母的养育之恩，缅怀她几十年来的坎坷岁月，滴泪追悼她的平凡业绩。我牢记她的英名，祈祷她安息九泉、超度人生。

母亲的一生是平凡的一生，她匆匆而来，亦匆匆而去。1929 年 10 月 18 日，她出生于浙江省平阳县市心街 18 号一个普通市民的家中。我的外祖父王云山给她取名王娟娟，小名桃妹。她有三个哥哥，还有三个妹妹。母亲的文化程度不高，只念过初小，但是她的韧性、勇气和胆量令人佩服。为了生活，她对待职业从不挑剔，无论什么工作都能认真去做。她做过代销店的营业员、电话间的接线员、信用社的代办员，工作中一丝不苟，没有差错，还受到了单位的奖励。她也做过食堂炊事员、茶厂工人，别人不愿干的苦力活她都以惊人的毅力接受下来，并努力完成任务，直至年老退休。母亲的优良品质是一座高山，但愿这座高山年年松柏常青、岁岁青竹吐翠；她的善良美德是一条江河，但愿这条江河细水长流、永无止境。

我的母亲是一位伟大的母亲。她的伟大，不在于她成就了什么惊人的事业，也不在于她矗立起什么显赫的丰碑，更不在于她流芳百世、名垂青史。也许正因为默默无闻，她才更显得伟大丰满，令人肃然起敬。

我的母亲是一位和蔼可亲的母亲。她的和蔼，可以与伟人宋庆龄媲美；她的可亲，赛过世界上最可赞美的母爱。也许因为如此，她的音容笑貌才时时浮现在我的脑海，永远铭记在我的心中，她的形象必然与我的生命同在，也必然与我儿孙的生命同在，以致永远永远。

我的母亲称得上一位杰出的母亲。她的杰出在于她任劳任怨，怀着一片耿耿丹心，在极其困难的环境中，节衣缩食，把年幼的孩子抚养成人，而自己却骨瘦如柴，在所不惜。她把自己视为抚育别人的摇篮、灌溉幼苗的甘泉，把自己的一生当作为别人而生存的过程。所以，当她完成了自己的使命，可以安心享乐一番的时候，她无声无息，悄然离去，就像什么也没发生过一样。因为她确实活得太累了，她是多么需要安然长眠啊。她的用意十分清楚明白，像是告诫晚辈：不要为她的离别而过多伤心感怀，不要为她的逝去而操办悼念。就像大河逝去的流水、外出旅游的亲人。

我的母亲是一位普普通通的中国妇女。她把中华民族优秀的传统美德作为自己做人的准则，一辈子遵守不懈。她是一个贤妻良母的典型，她为了丈夫的事业、为了子女的未来，献出了自己的一切，甚至于最宝贵的生命。她的命运本来是可以充满希望的，然而她选择了崎岖不平的曲折小道，选择了常人难以选择的道路。那时父母每月的工资不足80元，除了给孩子交纳学费和书杂费，剩下的就是饭钱。衣食住行哪一样离得开钱？她在经济穷困中，靠着自己的聪明才智和一双灵巧的手，为子女缝衣做鞋，常常熬干了灯油，也熬干了泪水。为了把五个孩子培养成人，宁苦自己不苦孩子，把一个家庭操持得有条有理。这是一种什么信念？一种什么毅力？在浩劫发生的“文革”岁月中，她诚惶诚恐地将父亲在旧社会遗留下来的一件警察呢子大衣拆开染黑，缝制成一件棉袄，为她的孩子抵御寒冷，带来温暖。她懂得在“文革”高压政治的环境下，这样做会担多大的风险，然而，她是准备好了豁出去的，因为那年寒冬，我身上只穿了一件旧绒线衣。

母亲的为人是众所周知的。她热情好客，平易近人。在路上遇见熟人，她总是邀请到家里坐坐谈谈。她深信多做善事，神灵会保佑的。所以她的一生总是在一点一滴地积德。每逢乞讨者，她会毫不吝啬，乐意解囊，认为这是在做好事。她可怜处境比她艰难的人们，她从自己的切身体会中深知贫困者是多么需要别人帮助。她在去世前曾经请算命先生算过命，算命先生说她“前半辈子很苦，后半辈子很幸福，而且可以活到七八十岁”。她深信不疑。她常与我说起，现在的日子真好，被子盖得这么暖和，生活过得这么安定。尤其对总场家属区103号住房十分满意，非常知足。她说："这么好的房子哪里去找？"她常在屋前屋后种些蔬菜、豆类作物，借以活动肢体、舒松筋骨。她是一个永远闲不住的人。一息尚存，她终将奋斗。

在母亲逝世二十周年的日子里，总觉得有件事令我遗憾。作为儿子，我对母亲所尽的孝道实在太少太少。试问，在母亲患脑溢血突然离世的问题上，我难道不该自责吗？对于母亲的关心照顾实在是没有回报于万一。为此，我常常感到难过，感到不安和内疚，请母亲大人原谅我。母亲的逝世，给我留下的是一块无法弥补的真空地带。这是我心中永久无法愈合的创伤。

当纪念母亲的时候，我不能不想起1978年11月7日的往事。这一天正是苏联十月革命胜利61周年纪念日。黎明时分，我的儿子诞生了。孙子呱呱坠地，为母亲增添了无限的欢乐，给我们全家带来了无限的希望。特别是母亲，当上奶奶的喜悦劲可就别提了。此后，她一直把长孙视为掌上明珠，倍加关心爱护，体贴入微。可惜，她没能看到长孙14周岁的生日。她过早地离开了我们，离开了她心爱的长孙。然而，我的儿子不愧为奶奶的好孙子，没有辜负奶奶的期望。他从皖南山区的农场学校考入上海交大附中，又考取上海交通大学，并被选送到法国留学，回国后报效祖国和人民。我的儿子是幸运的，他所处的时代给了他施展才华的机遇，可以自由自在地学习上进、工作奋斗。但愿新生的一代，如日东升，蒸蒸日上。

我想起一位作家的名言："人从一片混沌中哭叫着来到世间，正是为着寻求不再哭泣或较少哭泣的人生。因此，人生在世，无论迎面而来的笑脸多于哭脸，还是哭脸多于笑脸，顺境多于逆境，还是逆境多于顺境，都不应该让忧愁主宰，而应该微笑着走向生活，并为他人多招来一些欢欣。当谢世时，不仅不该哭泣，还该哼着动人心弦的歌——把该抒发的情感诉完，以彻底完成生命与世界的信息交换，完成人生的庄严！"我亲爱的母亲，在您面向另一个世界的时候，您留下了永久的光明，留下了明天新生的朝阳。

今天是2月21日，是一个值得纪念的日子。

可亲可敬的母亲大人，我的身上流淌着您的热血。您将在我的身上以及您后代子孙的身上永生！

我虔诚地为已故母亲烧上一柱香火，燃起一叠纸钱，献上一簇鲜花。在母亲的坟头上叩上三个响头，为母亲敬上我的赤子之心，寄托我永远的思念！

此为祭。

（写于 2012 年 2 月 21 日）

# 牢记家训家风

父母亲对我的教诲，可以归结为一句话，就是“堂堂正正做人，认认真真做事”。

我的父亲马义是建设上海市军天湖监狱前身——上海闽北农场第一代人中的一个，来自上海黄浦公安分局。我家原来就住在靠近外滩的广东路上，上海人都叫“五马路”。我记得父亲是先于我们在 1958 年 6 月去福建闽北农场的。没过多久，母亲王娟娟带着我们全家也从大上海随迁到了那里。我们兄弟姐妹共五人，姐姐马海平、哥哥马当、我是老三，大妹马海连、小妹马海明。当时，小妹还抱在母亲的怀中；我也只有 6 岁。这样，闽北农场自然而然成了我的第二故乡。其实所有的故乡原本不都是异乡吗？所谓故乡不过是我们祖先漂泊旅程中落脚的最后一站罢了。

我家的家训家风可以概括为四个牢记：

## 一、牢记身教重于言教的方法

母亲对我的教诲，也可以归结为一句话，就是身教重于言教。

我的母亲是一位普普通通的中国妇女，她把祖国优秀的传统美德作为做人的准则，一辈子遵守不懈。她是一个典型的贤妻良母，为了丈夫的事业和子女的未来，献出了自己的一切。她在经济穷困中靠着聪明才智和灵巧的手，为子女缝衣做鞋，常常熬干了灯油也熬干了泪水。她的劳动人民的本色是留给子孙后代最宝贵的精神财富。初到福建闽北，只见崇山峻岭，荒草一片。房屋是用竹片搭起来的，墙面上抹着泥巴挡风，屋顶上盖着茅草防雨。房屋倚靠在溪流边上，出门尽是崎岖不平的山路。生活设施更是十分匮乏，就连生活必需的马桶也没有，大小便只能用大粪桶将就。那时候几家人合住在一起，设施又差，生活的艰难程度可想而知。有一次，我在楼梯下玩，拾到一只金戒指，母亲得知邻居阿姨正巧丢了一只，立即让我还给了她；还有一次，母亲在河边洗衣，我顺着水流方向在河边玩耍，发现一支钢笔漂在河边，我就随手拾了起来。后来打听到这支钢笔是农场医院葛天膺医生的，母亲又叫我还给了他。这两件事虽小，我却始终难忘，让我懂得了拾金不昧的道理。

母亲的为人是众所周知的。她热情好客，平易近人，每逢遇见熟人，总是邀请来家坐坐谈谈。她常说“人要多做善事，要多积一点德”。听到哪里遭了水灾，哪里发生地震，哪里需要帮助，她会积极响应。尽管她拿不出像样的衣服，但拿些旧棉袄、旧被絮捐出去或许还能给无家可归的人抵御风寒，给衣不遮体的人添些温暖。每逢乞讨者，她会毫不吝惜，乐意解囊，虽然她拿不出多少钱来。她认为这是做善事，她从自己的亲身体验中深知贫困中的人是多么需要别人的帮助。她用行动无声地告诉我，乐于助人是一种美德。

这么多年，“身教重于言教”也贯穿在我对孩子的教育中，你想让孩子成为什么样的人，你就先要成为那样的人。

## 二、牢记刻苦耐劳的精神

父亲在农场生产科工作，他每次前往分场都要走着去。两地相距 80 多华里，需要翻越四五座山，沿途坡陡路窄、沟壑纵横、芦茅棘手、苔滑难行，稍不留意就有坠入山谷的危险。饿了，啃几口干粮；渴了，喝几口溪水；衣服湿透了，拧掉汗水再穿上；脚板起泡了，用针刺破继续走。闽北山区林深草高，常有毒蛇游动、虎豹出没。他随手带一把红油纸伞，持一根小小竹棒，一来遮风挡雨，二来吓唬野兽。由于山高林密，交通不便，开会和联系工作都要靠两条腿步行前往，这种工作条件是何等艰难啊！父亲的同事刘延增伯伯，是遇大难而又大幸的一个。他在一次带领劳教人员砍伐毛竹的时候，来不及躲闪，被从滑道中飞速而下的毛竹刺中腹部，险些丧了性命，幸亏抢救及时，才幸免于难。这些毛竹被放入河流之中，扎成竹排，然后顺水而下，漂流到下游的顺昌火车站旁边，再装车运到上海，用作闵行一条街房屋工程的脚手架。几年来累计砍运毛竹 166 万余根，运送上海接近 107 万根，有力地支援了上海城市的经济建设。我相信，生活在大上海的人们是不会忘记他们的。我从中领悟出了一个道理：“伟大出自平凡，为人民利益的付出是值得的。”

那时，每到星期天，父亲就到山下开荒种地，种些蔬菜、山芋之类，以补充食物的不足。我总是跟在他的后面，拾草根、捡石头、玩耍。从那时开始，我对农活产生了兴趣。我也常常跟着大人到不远的溪滩开荒种地。溪边流水潺潺，滩上杂草丛生，真是一片未开垦的处女地。梁元宏长我10岁，我称他大哥。他身高力大，挥着四齿耙翻地，我则跟在后面捡茅草根。荒地开垦之后，用来种花生。为了防止田鼠偷吃种子，先用火油浸种，然后播种。苗出得很齐，经过施肥、锄草，精心栽培，秋后果然是一个丰收年。我家的屋后是一座山岩，我在山岩下种了几棵南瓜苗。由于附近的食堂常把泔水倒在那里，所以土地特别肥沃。瓜藤又粗又壮，瓜叶翠绿油润，黄花开了以后，雌蕊上就结出了果实。在阳光雨露下，3个南瓜渐渐长大，望着沉甸甸的果实，心里不知有多高兴。这是自己的劳动果实啊！我以劳动为荣的理念和对农业的感情，大概是在这时形成的。这导致了我日后长达25年(1968—1993年)的茶树栽培和制作的大农业生涯。

## 三、牢记克己奉公的品质

克己奉公是父母的一贯品质。父亲公用的自行车是决不让子女骑的；他写私信时，即使公家的一张报告纸、一滴墨水也是不用的。因为这样做他问心无愧，吃得下饭，睡得着觉。为了改善生活，当时农场开始在附近的水塘里养鱼。有一次雷暴雨过后，大水冲向池塘，成群的鲤鱼顺水窜上沟渠，我费了好大劲抓住一条大鱼。我兴高采烈地把鱼拿回家中，父亲见状，立即让我把鱼放回池塘。他说：“公家的东西，我们不能要。”从这件小事中我懂得了公私分明的道理。

1962年到了安徽宣城军天湖农场以后，父亲在马村生产组工作，后来到一队担任中队长。他对农业生产倾注了全部心血，每天早出晚归，在水稻田里巡逻观察，检查水稻的长势、病虫害的防治，还要安排生产劳动任务。他对工作一丝不苟的认真态度给我留下了深刻的印象。特别是父亲严谨细致的工作作风，对我也是一种潜移默化的教育。

## 四、牢记“道德、自觉、刻苦”的家风

我家的家训家风可以归纳为“道德、自觉、刻苦”的“六字教育”。后来，我对

孩子的教育也是“六字教育”。如今，儿子对孙子的教育还是“六字教育”。

从我会说话的时候开始，父母就向我灌输“道德、自觉、刻苦”这六个字。尽管听了似懂非懂，父母还是不厌其烦地一遍一遍地说。后来，只要一说到“六字教育”，我就会立刻说出“道德、自觉、刻苦”。

“道德、自觉、刻苦”这六个字的内涵是非常丰富的，意义是极其深刻的。道德是灵魂，培养孩子从小学做好人，这是做人的根本。让孩子懂得只有做好人，才能做好事。自觉是习惯，让孩子从小养成善于把握住自己的好习惯，学会认真去做自己该做的每一件事。认清这是必须自己完成的事情而不是父母或别人的事情。这种习惯将决定孩子将来的命运。刻苦是方法，锻炼孩子从小养成不怕吃苦的毅力，懂得“成人不自在，自在不成人”的涵义，明白“世上无难事，只怕有心人”的道理。如果孩子能够经常想一想这六个字，并且多多少少做到了其中的一点就是很大的进步。因为这不是强迫孩子去做的，而是孩子自己要做的，这比起苦口婆心的说教，效果要好得多。

我的父母是农场建设者中的第一代人。他们都是普普通通的人，过着平平淡淡的生活，做着平平常常的事。他们给我们子孙后代留下的虽然没有惊天动地的事迹，但涵盖着做人做事最基本的道理。

以上四条，就是我家的家训家风。

（原载学林出版社《不可失传的家风》，原作题为《堂堂正正做人，认认真真做事》，有少量删改）

# 命运之争

这是我16年前的一篇日记（写于1996年7月29日），在今天或者还值得一读。

记不清什么时候，奶奶说过，“孩子太聪明了会要破相的”。也许这是对对立统一规律的一种最朴素的见解。如今，这条不成文的哲理似乎快要或者已经落到了我的孩子身上。我不忍心这样去想，但是既成的事实残酷地、活生生地、不容置疑地将这个法则在孩子身上灵验了。

孩子叫马接力，1978年11月7日出生。当时，爷爷借用叶剑英元帅诗词《八十抒怀》中“八十毋劳论废兴，长征接力有来人”的诗句，给他取名“接力”。因为我叫马力，所以，同伴们都说他接我的力。

孩子是聪明的。1994年5月16日，他奇迹般地考入了上海交通大学附属中学首届理科班九七届八班，这一往事至今还浮现在眼前，如昨日事。那一年，我在报纸上看到了一则招生通知，大意是上海复旦附中、交大附中、上海中学、华师大附中等四所中学招收首届理科班学员，每校招收40名。要求是应届初中毕业生，条件是在上海市数、理、化各科竞赛中的前三名获奖者。看到通知后，我抱着试试看的心情，匆匆忙忙赶到交大附中，找到了教务处主任潘志强。因为孩子在皖南军天湖农场初中读书，没有上海市数、理、化各科竞赛经历，是不具备报名条件的。经过一番好说歹说，在我的诚意感动之下，他终于同意试试看。我给孩子报了名。考试一改7月正常举行的惯例，5月1日考试，5月16日入取，提前开学上课。开考当天，在家长的陪同下，有300多名优秀学员准时在交大附中参考。那一天，我们忐忑不安地等到孩子考试完毕，然后更加忐忑不安地离开学校。一则担心孩子考不好，二则担心即使孩子考好了也没有用。7天以后，意想不到的事情发生了，我接到了潘志强主任的电话，他说“孩子被录取了”。喜从天降，孩子是被破格录取的。我打电话给军天湖农场初中的郝裕华校长，告诉她这个消息，她竟然愕然了！这是根本不可能的事！这是孩子的骄傲，也是军天湖农场初中的骄傲。一个远在偏僻山区的小天地里成长起来的孩子，竟然在300多名上海市数理化各科竞赛获奖者参加的角逐中脱颖而出，闯入了前40名。5月16日，孩子如愿以偿地进入了交大附中理科班。他不仅挤了进去，而且在两个月后令人难以置信地将学习成绩追到了前10名之内。

孩子是自觉的。他在生活、学习、德智体和社会活动的各个领域中堪称具有自制力的典范。尚在幼儿时，刚刚学步的他就端着饭碗走向食堂，把早餐买回家来，当他把饭菜票伸向柜台时，营业员甚至还看不见他的面目。当抽水马桶的污水由于堵塞而翻出地面时，他竟然用勺子将污水舀入澡盆，避免了居室进水。当一个人在家时，他会自己煮饭烧菜，然后吃好饭、洗好碗，独自安寝，没有丝毫害怕过。在一个还未成年的小孩子的身上，这种品质是难能可贵的。

孩子是优秀的。在交大附中高二的时候，他刚满18岁，就以品学兼优的成绩被列入学校入党积极分子考察培养对象，并且光荣地加入了中国共产党。他担任学校邓小平理论研究会会长，组织学员参加理论研究，撰写论文，开展活动。他担任秦鸿钧团支部书记，积极开展团的组织生活，努力开办团的刊物，撰写和组织稿件，并与烈士遗孀韩慧如老奶奶（电影《永不消逝的电波》中烈士原型李白的夫人）结成了忘年之交。他的学习是刻苦的、勤奋的、不达目的誓不罢休的。经过不懈努力，他终于获得了上海市高中物理竞赛三等奖。他对老师是尊敬的，对同学是团结的，对班内活动是倾注着满腔热忱的。就在他为学校争得区级跳远第二名的这场比赛中跌伤腿后，他还念念不忘学业和班级的活动。他带着伤痛参加了学校组织的革命圣地延安的故地重游，上了一堂不可多得的革命传统教育课。他没有辜负老师和校领导的期望，出色地完成了学习考察任务。

5月25日，这是孩子负伤的日子。当时他代表交大附中参加杨浦区的跳远比赛，前两跳他获得了第二名的成绩。按规则还剩下最后一跳的机会。他竭尽全力，奋起一搏，向冠军目标冲刺。在那决定命运的最后一跳中，他用力过猛，落地不慎，右小腿关节发生了180度翻转。这一跳给他留下了终身的遗憾。最初的就诊地是二军大医院。在傍晚时分，他被送进医院急诊。一个实习医生草草地给他上了石膏，这是一次误诊。当晚腿肿得十分厉害，韧带扭伤，肌肉撕裂，淤血沉积，包紧的石膏像铁箍一样把孩子的腿压迫得成了紫黑色，迫不得已才于翌日在医生指导下将石膏拆掉。

5月26日，孩子被送入石泉街道医院。重新拍了片子，发现腿部腓骨有裂缝，但不很明显。医生用中药给他敷上，扎好绑带。一周过去了，其间经历了七个难熬的不眠之夜。每晚腿部的剧烈疼痛不时发作，孩子硬是靠着服用止痛片才勉强忍受。

6月初，孩子回到青浦家中。在青浦人民医院拍了片子并上了石膏半托。维持两周后，拆卸石膏，开始功能锻炼。这时，只是在这时，才发现孩子的右脚背无法抬起，伴有右小腿外侧麻木，肌肉萎缩。意想不到的事情发生了。孩子的腿凶多吉少。我们顾不得参加学校召开的家长会，请了假就送孩子到上海市第六人民医院就诊。初步诊断意见是“腿部腓总神经损伤”。损伤的程度究竟如何，尚且不能马上确定。医生给他配了十剂B12针剂以调节神经功能，但没有效果。

7月22日，孩子被送到华山医院就诊。23日，做了腿部肌电图测试，结果显示为腓总神经完全损伤。经蔡佩琴副教授诊断后，决定立即实施腿部腓总神经外科探查手术。25日，办了加快手续，孩子住进华山医院六病区12床。29日上午9时进行手术，由陈德松教授和蔡佩琴副教授参加手术。经过2个多小时，至11时20分手术遂告完成。探查的结果是腿部腓总神经从腓窝处完全断裂，而且该神经在扭伤的拉扯过程中拉长变细，其严重程度使参加手术的教授和医生都深为吃惊。蔡教授说，虽经手术接通了神经，但预后不良的可能性极大，预后良好的可能性只是一线希望。为了固定神经，医生为他腿部重新上了石膏，需经6周后才能拆除。又是6周的磨难！炎热的夏季酷暑，更加重了孩子吃苦的程度。

是飞来横祸？是命中注定？是在劫难逃？抑或是大难不死必有后福？人生就是奋斗！人生就是受苦！人生的厄运为何偏偏降临到孩子的身上？我百思而不得其解，我茫然了。

命运的较量摆在了孩子的面前。时来黑土变金，运去黄金失色。孩子！正视现实，永不屈服，改变命运，志在必得！向着光明的前途，孩子！努力吧！愿奶奶保佑孙子！愿孩子以坚忍不拔的勇气渡过这人生的难关！愿那一线的渺茫希望化成万丈光芒！

曾经有人说过，意志可以战胜痛苦，意志可以创造奇迹，意志可以改变未来。孩子腿部的腓总神经若能接活，这是不幸中的万幸，我急切地期待着。孩子腿部的腓总神经若不能接活，这是不幸中的不幸，非人力所能挽回，但这并不能影响前程。华罗庚的残疾之躯没有妨碍他登上数学光辉的顶点。躯体只是载体，灵魂才是真谛。战士的流血是难免的，战士的挂彩是英勇的，战士的牺牲是壮烈的。战士之所以感人是因为他们曾经战斗过。飞蛾敢于扑向烈火，其精神是不屈的。为有牺牲多壮志，敢教日月换新天。伤痕累累不足惜，唯有奋斗价最高。人生本来就是抗争，唯有抗争生命才有意义。孩子的这一挫折只会使他变得更加坚强，孩子的坎坷经历只会使他加深对人生的理解，孩子的不幸遭遇只会使他进一步成熟起来。他不会悲观，他不会退缩，他不会后悔。因为他在以自己的行动体验着生活，品尝着人生，实现着飞跃。即使有一天，他的腿再也跳不起来了，但他也已经在新的高度上起步了。

谁言人无回天之力？祸福本来是不可分割的统一体，谁能断言祸中不会藏着福呢？天有不测风云，人有旦夕祸福。后果到底如何，我将拭目以待。

如今，16 年传奇般地过去了。孩子以惊人的毅力战胜了伤痛，经历了手术，完成了学业。于 1997 年以优异的成绩考入上海交通大学，2001 年获得双学士学位。同年受教育部国家留学基金管理委员会推荐，以全额奖学金前往法国巴黎国立高等先进技术学校深造。该校是巴黎高科技工程师学校集团的九所历史悠久、最负盛名的工程师学校之一。经过两年的刻苦攻读，孩子如期毕业，获得工程师硕士学位，并供职于法国阿塞洛钢铁集团公司。再经两年培训，2005 年被派往上海着手与宝钢联营的汽车板项目建设。当年的孩子已经步入了风华正茂、大展宏图的年代。

16 年如愿般地过去了。如今，我的孩子已经身为人父。他有两个儿子，长子马征、次子马行，兄弟二人合称“征行”(真行)。马征生于 2006 年 10 月 22 日，寓意“万里长征”，该日子值得纪念。这一天是中国工农红军长征胜利 70 周年纪念日，胡锦涛总书记发表重要讲话，号召全国人民进行新的长征。马行生于 2008 年 9 月 8 日，寓意“天马行空”，该日子值得回味。9 月 24 日，神舟七号飞船遨游苍穹，实现了乘载多人行天的历史性突破。马征、马行的出生，使我们有了第三代，增添了许多欢乐，正所谓香火不断，后继有人。

16 年梦幻般地过去了。特别可喜的是，我依然看见孩子驾驶着汽车在公路上行驶，我依然看见孩子在网球场上奔跑的身影。他战胜了病魔，他挑战了命运，他获得了新生，这是使人十分慰藉的。

这就是命运！

（原载《知心》杂志 2013 年第 1 期）

# 《教子之道初探》旧作新观

双休日在家，整理旧书，偶得1991年我在司法局独生子女教育研讨会上的发言材料《教子之道初探》，翻开一看，往事历历在目，不免心潮起伏，浮想联翩。虽然时过境迁，但子女的教育会随着时间的推移，在新世纪里显得更为重要。如今我们的孩子已于两年前以优异的成绩毕业于上海交通大学，并获双学士学位。同年受教育部国家留学基金管理委员会推荐，以全额奖学金前往法国巴黎国立高等先进技术学校深造。该校是巴黎高科技工程师学校集团中历史悠久、最负盛名的九所工程师学校之一。经过两年的刻苦攻读，孩子如期毕业，获得工程师硕士学位，并供职于法国阿塞洛钢铁集团公司。再经两年培训，将被派往上海着手与宝钢联营的项目建设。当年的孩子如今已经长大成人，面临新的挑战。同时，也已到了谈婚论嫁的年龄，该轮到他们这一代考虑如何教育后代的问题了。特以此篇旧作借得《知心》一角，以飨读者。

我们的儿子自1985年踏进学校大门以来，一直担任班级的小干部，三年级以后就担任少先队大队委员、副大队长等职。孩子在学校尊敬老师，团结同学，关心集体，热爱劳动，学习自觉，成绩优秀，多次被评为"三好"学生。孩子的表现得到了老师的肯定，受到大家的赞扬。

回顾孩子在德、智、体方面发展的过程，成绩的取得是学校老师辛勤教育的结果，是与社会教育分不开的，其间也有家长的一份心血。家庭是社会的一个细胞，一个基本生活单位，家长是孩子的第一任老师，对孩子的成长起了潜移默化的作用。我对孩子的教育，没有什么经验，仅有一些体会，汇报如下：

## 一、家庭教育是学校教育的先导

在当今独生子女成为家庭掌上明珠和"小皇帝"的时代，对孩子的教育最忌的便是溺爱和袒护。由于家庭中孩子没有竞争对象以及生活条件的富裕充足，形成了孩子要什么就有什么，要干什么就能干什么的客观条件，如果父母对孩子放任自流，任其各行其是，就会在孩子幼小的心灵深处养成任意放纵的心理态势。这种习惯一旦养成，今后要想改变就相当困难。为此，从孩子开始懂事时起，我对孩子的教育就采取“放手但不放任”的教育方式。从小就培养孩子逐渐懂得应该做什么，不应该做什么，应该如何去做的道理，养成良好的习惯。记得在孩子五六岁的时候，有一次做错了事，我要他认错，他就是不肯，反而要起性子，大哭大闹起来。我也发火了，打了他一顿，非要他认错不可。而他就是不肯认错。他不认错，我也不妥协，后来邻居们出来打圆场才解了围。但我抱定孩子不认错不行。之后，我就不去理他，让他在那里哭，就这样我们对峙了一个多小时，结果孩子跑到我面前，承认了错误，表示今后不再任性，我就耐心地和他说清妈妈为什么一定要他认错的道理，并告诉他应该怎样去做。从此以后，再也没有发生过类似的事情。在对孩子的教育问题上，我们夫妇始终是严格要求的。

现在的家庭，大都是独生子女，孩子在家中没有伙伴，比较孤独，我鼓励孩子和邻居的孩子玩耍，并教育他如何和别人和睦相处。有时，孩子间发生争吵，我从不袒护自己的孩子，即使自己的孩子被人打了，受了委屈，我也不去责怪别人的孩子。而一旦自己的孩子打了人家，我则严厉教育孩子，要他认错，并向人家赔礼道歉。久而久之，孩子就懂得如何和人相处了。在和表兄妹的相处当中，我注意不让孩子产生一种优越感。由于孩子聪明伶俐，爷爷奶奶格外喜欢他。尤其是奶奶经常当着几个表兄妹的面夸奖他，时间一长，就使孩子产生一种唯我独尊的观念。为此，我和奶奶交换意见，不要过多地表扬他。相反，当爷爷有时批评他时，我则及时指出他的许多不足，因势利导，让他明白自己的弱点，看到别人的长处，打掉他的骄气。

尽管目前经济条件较好，物质丰富，但我们始终不忘对孩子进行艰苦朴素的教育，经常向孩子讲述自己小时候的生活情景，例如，三年自然灾害期间的艰苦生活，一只苹果几个孩子分着吃，外出读书 6 元钱一个月的生活费，等等，使他懂得从小要过艰苦日子。所以孩子对衣着打扮从不挑剔，在穿着上没有向父母提出过什么要求，有时衣服破了，打了补丁，也无所谓。现在孩子长大了，给他穿一件时髦的衣服，他倒觉得不自在。

另外，我们也注意培养孩子的劳动观念，锻炼孩子独立处理事务的能力。孩子很小的时候就让他自己学穿衣服，拿筷子吃饭，上食堂买饭。在同龄人当中，我的孩子是第一个端着脸盆自己上浴室洗澡的，尽管开始时他洗不干净，耳朵旁留下了污垢，但我还是鼓励他自己去洗，并教他下次去洗澡时应注意的地方。记得孩子在大班时，有一次，他趁我们上班，带着四五个小孩在家里大扫除、拖地板、揩台子，抹家具，干得不亦乐乎。虽然没有洗干净的抹布到处留下了脏的痕迹，但我们仍给予了肯定。

## 二、家庭教育是学校教育的助手

孩子上学后，大量的学校教育，系统化、条理化、整体化、知识化的正规教育，使孩子对老师的尊敬、崇拜心理逐步形成并加深。只要是老师说的话，就认为是对的。只要是老师布置的事情就一定要做的，家长的话可以不听，老师的话是非听不可的。这时，学校教育上升为教育的主导地位，家庭教育则处于次要地位。但这时的家庭教育从某种意义上来说就显得更加重要，绝不是相反意义上的可有可无、无关紧要。因为，孩子的一大半时间还是在校外度过的，这段时间全靠老师去占领引导，实际上是不可能的。必须由每个孩子的家长有力地配合社会和学校去完成。我的体会是——

(1)要教育好孩子，首先自己要作表率。因为，家长的言行对孩子有着榜样的力量。记得孩子在很小的时候，看到我们大人在家中有客人时拿出糖果招待，他也学着我们的样，一有人来家时，他就会拿出糖果盒来招待别人。这件事给我留下很深的印象，它说明孩子的模仿性很强。父母对孩子的影响也很大，所以，我们大人讲话做事，一言一行都要让孩子看到父母是言行一致、表里如一的。要求孩子做到，首先我们家长自己先要做到。否则，孩子心里明白，家长是讲假话，就认为可听可不听了。时间一长，孩子甚至会直接反驳家长的“教育”，说你自己怎么怎么不好，为什么不去那样做。因此，凡是答应孩子的事，即使再小的事情，我都一定去办，决不失信于孩子。相反，凡是孩子的不正当要求，我决不无原则地迁就。

(2)要教育好孩子，家庭学校要互相配合。家长要经常与学校老师取得联系，了解孩子在学校中的第一手资料。孩子有什么思想也及时反映给老师，相互配合教育孩子。每次家长和老师的预约谈话，我都积极参加，如期赴约，决不放弃。如孩子在五年级时，成绩一度下降，考试成绩不理想，班主任和我联系后，我和孩子作了交谈。首先我不责备孩子，不给他造成心理上的压力，然后帮助他分析成绩下降的原因，找出问题，最后鼓励他克服自己的弱点，考出好成绩。结果孩子不负众望，期终考试三门主课得了 282 分，跻身于劳改局统考前 20 名的行列，是农场的第一名。当孩子取得成绩有点得意忘形时，我们又及时教育孩子，眼睛不要光盯着农场，要盯着劳改局、上海市，和孩子讲清别人都在进步，不进则退的道理。

孩子进了初中预备班。在分班时，他分在甲班。原先和他一个班的几个尖子同学都分到了乙班。孩子知道后对我说，×同学原先分到甲班，是家长找了老师后再分到乙班去的，也希望我能和老师讲讲。我告诉孩子，分在什么班都是一样的，关键在于自己。以后也有老师对我说，甲班成绩好的同学弱一些，孩子分在甲班是不利的。听到这些议论，我立即教育孩子，说明利和不利都是相对的，不是绝对的，首先自己要把握住自己，不能放松对自己的要求。做了孩子的工作后，孩子也比较安心了。但一段时间下来，孩子又在我面前流露出甲班没劲的想法，说甲班调皮同学多，上课不好好听，影响老师讲课，也影响自己听课，要求我去和老师讲讲把他换到乙班去。我告诉孩子，外因是变化的条件，内因是变化的根据，既然感到甲班竞争对手少，就和乙班成绩好的同学来竞争，只要自己用心听，不明白的地方课后多问问老师，就能不断进步。后来，我将孩子想换班的想法向学校领导作了反映，校领导对孩子的想法予以了肯定，但还是认为不换班为好。校领导告诉我说，对孩子的教育不光是知识的传授，还包括能力等各方面的培养，孩子分在甲班，在工作能力、组织能力上明显地有提高。分在甲班，对他是一个很好的锻炼机会。校领导的这些话，我都转告给了孩子，让他明白其中的道理，以后他就没再提出要换班了。他努力学习，认真做好班级工作，期终考试时，孩子六门功课得了 588.5 分，三门主课得了 295.5 分，获得全年级第一。

(3)要教育好孩子，方式方法要格外讲究。教育孩子要启发式、平等式，要心平气和地与孩子交谈，绝不能居高临下、盛气凌人，老子天下第一。如果不注意方式，采取压、骂，甚至打、吓的办法，是绝对不会有好效果的，甚至会造成孩子见机行事，父母在和不在完全不一样的状况。一旦形成这种状况，以后就很难扭转。尤其是大人做错了事,也要敢于在孩子面前认错。有一次不知为什么事,我批评了孩子,他不仅不认错,反而很委屈,事后一了解,情况有出入,是我错怪了孩子。因此,我就向孩子当面承认,得到了孩子的谅解,使孩子更亲近我,有什么话也都愿意告诉我。1989 年我外出读书,和孩子通信,对孩子每次来信都仔细阅读,认真修改孩子来信中的错别字,再寄回给孩子。一次他写了一篇《学烧饭》的作文寄给我。我指出他写作不够好的地方后,以此为内容,按简写、详写两种形式写了两篇文章寄给孩子,以开阔孩子的思路,循循善诱。

## 三、家庭教育的要旨:道德、自觉、刻苦

独生子女优越的生活条件和客观环境容易使孩子滋生骄娇二气和懒惰等不良习惯。为了防止孩子产生这些不良习气,我们对孩子始终贯彻了“道德、自觉、刻苦”六个字的教育。

孩子教育的要旨之一是道德。教育就是要教育孩子明白做一个什么样的人,以及怎样去做人的道理。我们经常教育孩子要尊敬长辈、团结同学、关心他人、爱护公物,要参加一些力所能及的劳动。所以,孩子在平时基本上能按照要求去做。1982 年孩子的外婆病故后,外公和我们吃住在一起有一年多时间,孩子能想到外公,遇到外公喜欢吃的食物,孩子会主动给外公先吃。甲鱼是孩子最喜爱吃的,一次,孩子听到外公从上海开刀回场了,就主动提出把家中仅有的一只甲鱼送给外公吃。孩子在进校门之前,主动和我们讲,我现在要读书了,以前的玩具不玩了,送给弟弟们玩,之后他把所有的玩具分成三份,送给几个弟弟。孩子在家中经常帮大人做些家务事。前几年,爷爷奶奶住在马村分场时,他放寒暑假去爷爷家中玩,跟着爷爷奶奶上山种地。一次,他一个人翻了一块菜地,手上磨起了血泡也毫不在乎。平时在家中,生炉子、烧饭他都会。1989 年我外出读书一年,孩子跟着奶奶吃饭,开始学着烧菜,一次他一个人从头到尾烧了四个菜,味道也不错,受到了爷爷奶奶的夸奖。孩子在读三四年级时,有一次,他原以为自己可以评上三好学生,结果没有评上,事与愿违,就表现得心灰意冷,在一段时间里做什么事都提不起劲来。当时,正值电视台播放曲啸的事迹,我就用曲啸如何对待挫折的事例来启发他,让他收听、收看曲啸的报告,要求他学习曲啸的精神,后来,电视台播小英雄赖宁的电视连续剧,孩子接连收看

了两遍，受到了深刻的教育。

孩子教育的要旨之二是自觉。孩子自觉性的养成，一靠教育，二靠习惯，三靠强烈的自尊、自爱意识。我的孩子自觉性较强，是与从小给他养成良好的习惯分不开的。俗话说“没有规矩不成方圆”，孩子做什么、怎么去做，都形成了规矩，从孩子进学校大门的第一天起到现在，我们从未对孩子的学习操过心。低年级时，每逢期中期末考试时，老师都会在联系册上要求家长帮助孩子复习，孩子每次都拿来给我们看，但每次我们除了督促外，从不手把手地教他复习。随着年级增高，功课也多了，孩子放学回家第一件事就是做功课，不需我们叮嘱，相反却要经常劝孩子吃了饭再做功课。有时孩子做作业忘了吃饭要催几次才停下手头的作业。现在每逢考试，先复习什么、后复习什么，他都自己安排。常常在清晨，我们还在睡梦中，孩子已开始起床复习功课了。

由于养成了良好的习惯，孩子做什么事都比较有分寸，能自我控制。一次暑假期间，孩子和几个同学经常在下午去一位同学家中打电子游戏，打到一定时候，孩子就主动提出不打了，要回家了。那位同学的家长以为是我们关照他的，其实我们并不知道。后来在和这位同学的家长谈起这件事后，这位同学的家长认为孩子有这个自觉性是很不容易的。

孩子教育的要旨之三是刻苦。“天下无难事，只怕有心人”“攻城不怕坚，攻书莫畏难，科学有险阻，苦战能过关”。刻苦是十分重要的，特别是在孩子打基础的时候，不确立刻苦的观念，基础就不扎实。刻苦教育是一种催化剂，它可以加速孩子健康茁壮地成长。许多孩子的天赋和智力往往是相差无几的，但他们后天的教育、学习、环境却大大影响了他们的发展。美丽的钻石是与石墨同质的，它们的差别只在于排列的方式、结构和紧密程度不同。所以，让孩子从小养成勤奋刻苦的习惯，形成坚强的毅力和坚持不懈的精神，是今后发展的前提和基础。“玉不琢不成器，人不学不知理”，艰难困苦，玉汝于成。唯有刻苦，普普通通的碳素，才有希望成为耀眼的钻石。为此，我平时教育孩子穿衣不要挑剔，生活应该俭朴，吃饭无论荤素，有啥吃啥。上课的内容一定要学会弄懂，对英语要多读、多记、多写，学而不厌。孩子看到其他孩子买了英文打字机，也提出要买，按经济条件完全可以答应他的要求，但是为了让他反复练习书写英文单词，不依赖于工具，我们坚持没买。我认为，望子成才当严格要求，孩子尚小更应千锤百炼。

上述是我教育子女的点滴体会，比起教育孩子的行家里手来，自己还相差很远。借此机会，我要感谢农场学校领导、老师、班主任为教育孩子付出的辛勤劳动；感谢农场工会、社会力量举办暑期托儿所班配合学校的耐心工作；感谢所有为培养祖国的花朵和未来不辞劳苦的同志们。作为孩子的家长，自己在教育孩子方面所作的努力，相形之下只是微乎其微、微不足道的。今后应该一如既往，继续搞好孩子的家庭教育，为学校、社会、家庭三结合教育子女的伟大事业，贡献自己的微薄之力。

（原载《知心》杂志 2003 年第 6 期，作者：马力　孙迎建）

# 后　记

唐朝诗人白居易《山泉煎茶有怀》言:“无由持一碗,寄与爱茶人。”我的《茶人之魅》是茶由心缘、茶由心爱、茶由心生、茶由心悟的产物,反映了我的“人生如茶”的生活轨迹,也记录了与我有关的人们“茶如人生”的脉搏跳动。我把她献给我所熟悉的、不熟悉的或将要熟悉的茶人、爱茶人或饮茶人。没有别的理由,因为全市茶人是一家,全国茶人是一家,全球茶人是一家。

我想起了炎帝发现茶的事迹:“神农尝百草,日遇七十二毒,得茶而解之。”

想起了唐代茶圣陆羽的话:“茶之为用,味至寒,为饮最宜精行俭德之人。”

想起了清朝大学士王文治的话:“茶,众品得慧,对品得趣,独品得神。”

想起了鲁迅先生的话:“有好茶喝,会喝好茶,是一种清福。”

想起了当代茶圣吴觉农的话:“中国茶业如睡狮一般,一朝醒来,绝不会长落人后,愿大家努力吧!”

想起了毛泽东主席 1958 年 9 月 16 日视察安徽舒茶时的话:“以后山坡上要多多开辟茶园。”

想起了胡锦涛主席的话:“茶事高雅,茶味清香,以茶为缘,以和为贵。”

想起了习近平主席的话:“品茶品味品人生。”2018 年,习主席亲自到民间查看传统制茶工序,并体验酥油茶制作,还多次与外国领导人茶叙,留下了许多难忘的“习茶瞬间”。他说:“中国是茶的故乡。茶叶深深融入中国人民生活,成为传承中华文化的重要载体。”

想起了陈宗懋院士的话:“饮茶一分钟,解渴;饮茶一小时,休闲;饮茶一个月,健康;饮茶一辈子,长寿。”

想起了刘启贵先生的话:“红茶是全球茶、大众茶、爱国茶、革命茶、和谐茶、百味茶。红茶是温和的、中性的、包容的、共赢的。红茶中富含的茶黄素是软黄金,对心血管病有疗效。”

想起了刘秋萍女士的话:“中国人最伟大的时候,是把泥巴变成瓷器卖出去,把树叶变成茶叶卖出去,把蚕宝宝变成丝绸卖出去。”

想起了许四海先生的话:“无事喝茶,喝茶无事。”

我写过一本书,书名叫《人生如茶》。茶是被人打顶去头,摘下芽叶,身经百战才加工而成的。茶须经过千揉万捻,在锅中炒、火中烤方得才貌双全。然后再经沸水冲泡,三起三落,几经磨难,起死回生,方能香味齐全,功成名就。没有一番轰轰烈烈,哪来一世清明留芳。造福人类是茶的本质特征,奉献是茶的固有品格。如果每个人都活出茶的品性,世界该多么美好啊!

我在微信中看到,如今,孩子们不爱喝茶,因为他们觉得世界是甜的,何需把茶的苦涩掺杂进去。青年人不爱喝茶,因为他们没有等待的时间,不如随手一听饮料、一瓶矿泉水,渴了就喝。只有人到中年,才忽然体会到了茶和人生的关联,初饮苦中带涩,青春已一笑而过;再品略有回甘,已到不惑之年;待得茶香平淡,方知人生如电,劝君日饮三杯。“茶”字拆开,上面是草,中间是人,下面是木,很简单,人在草木间。同样普普通通的一杯茶,佛门悟到了禅,道家观到了气,儒家尊到了礼,商家赢到了利。茶,就是一杯水,给你最多的就是想象,你想到什么,什么就是你。想得高深,茶禅一味;想得淡然,热茶烫嘴,晾凉再喝,解渴。

喝茶虽苦回味甘,茶中自有清香在。茶如人生,茶是水的灵魂,茶是人的志趣。它有时让你沉淀,有时又让你升华;有时让你雄浑豪放,有时让你冷静安宁。非淡泊无以明志,非宁静无以致远。茶香宁静却可以致远,茶人淡泊却可以明志,现代社会中的人太需要这样的品格。

上海著名老茶人钱樑先生曾经写过一篇散文《茶之魅》,热情讴歌茶的灵性与魅力。既然茶有这么多好处,我们后来人就有责任和义务让茶之魅发展到极致,让茶人之魅发展到极限。愿祖国的茶叶让中华民族永远受益,让龙的传人回归自然,让更多的人延年益寿。

大家一起来,饮茶体不衰。全民皆饮茶,世界多精彩。

马　力

2019 年 12 月 31 日

于上海中宁家园